《深入浅出西门子自动化产品系列丛书》

编委会

西门子(中国)有限公司 自动化与驱动集团
市场推广部门

本书主编

副主编

本书编委

编 写

《深入浅出西门子自动化产品系列丛书》
编委会

西门子(中国)有限公司 自动化与驱动集团
自动化系统部

本书主编

苏昆哲

本书编者

何　华

深入浅出西门子自动化产品系列丛书

深入浅出
西门子 WinCC V6

（第 2 版）

西门子(中国)有限公司 自动化与驱动集团

北京航空航天大学出版社

内容简介

本书是《深入浅出西门子自动化产品系列丛书》之一,系统地介绍了 SIEMENS HMI/SCADA 软件 WinCC V6.0 的主要功能及其组态方法,是学习 WinCC V6.0 的有益工具。本书分为基础篇和高级篇两大部分:基础篇内容涉及 WinCC 变量记录系统、报警记录系统、图形编辑器、报表系统、脚本系统和通讯系统等应用部分;高级篇内容包括 WinCC 客户机/服务器结构、全集成自动化、开放性、WinCC 浏览器/服务器结构及工厂智能等应用部分。

本书附赠内容包括交互式自学系统、演示版软件、样例工程和技术文档等,可在出版社网站"下载专区"下载。

本书可作为大专院校相关专业师生、电气设计及调试编程人员自学参考书。

图书在版编目(CIP)数据

深入浅出西门子 WinCC V6/西门子(中国)有限公司自动化与驱动集团编. —2 版. —北京:北京航空航天大学出版社,2004.5
ISBN 978-7-81077-492-5

Ⅰ. 深… Ⅱ. 西… Ⅲ. 窗口软件,Windows
Ⅳ. TP316.7

中国版本图书馆 CIP 数据核字(2004)第 043017 号

版权声明:本书著作权归西门子(中国)有限公司 自动化与驱动集团所有。

深入浅出西门子 WinCC V6(第 2 版)
西门子(中国)有限公司 自动化与驱动集团
责任编辑　王　实　刘晓明
*
北京航空航天大学出版社出版发行
北京市海淀区学院路 37 号(100083)　发行部电话:(010)82317024　传真:(010)82328026
http://www.buaapress.com.cn　E-mail:bhpress@263.net
北京时代华都印刷有限公司印装　各地书店经销
*
开本:787×1092　1/16　印张:19.25　字数:490 千字
2004 年 5 月第 1 版　2005 年 9 月第 2 版　2021 年 3 月第 22 次印刷　印数:86 001~87 000 册
ISBN 978-7-81077-492-5　定价:59.00 元

序

监控组态软件不仅有监控和数据采集（SCADA）功能，而且有组态、开发和开放功能。监控组态软件是伴随着计算机技术、DCS和PLC等工业控制技术的突飞猛进而发展起来的。随着个人计算机（PC）的普及和开放系统的推广，基于PC的监控组态软件在工业控制领域不断发展壮大。监控组态软件广泛运用于工业、农业、楼宇和办公等领域的自动化系统。

随着计算机硬件和软件技术的发展，自动化产品呈现出小型化、网络化、PC化、开放式和低成本的发展趋势，并逐渐形成了各种标准的硬件、软件和网络结构系统。监控组态软件已经成为其中的桥梁和纽带，是自动化系统集成中不可缺少的关键组成部分。

西门子公司的WinCC是Windows Control Center（视窗控制中心）的简称。它集成了SCADA、组态、脚本（Script）语言和OPC等先进技术，为用户提供了Windows操作系统（Windows 2000或XP）环境下使用各种通用软件的功能。WinCC继承了西门子公司的全集成自动化（TIA）产品的技术先进和无缝集成的特点。

WinCC运行于个人计算机环境，可以与多种自动化设备及控制软件集成，具有丰富的设置项目、可视窗口和菜单选项，使用方式灵活，功能齐全。用户在其友好的界面下进行组态、编程和数据管理，可形成所需的操作画面、监视画面、控制画面、报警画面、实时趋势曲线、历史趋势曲线和打印报表等。它为操作者提供了图文并茂、形象直观的操作环境，不仅缩短了软件设计周期，而且提高了工作效率。WinCC的另一个特点在于其整体开放性，它可以方便地与各种软件和用户程序组合在一起，建立友好的人机界面，满足实际需要。用户也可将WinCC作为系统扩展的基础，通过开放式接口，开发其自身需要的应用系统。

WinCC因其具有独特的设计思想而具有广阔的应用前景。借助于模块化的设计，能以灵活的方式对其加以扩展。它不仅能用于单用户系统，而且能构成多用户系统，甚至包括多个服务器和客户机在内的分布式系统。WinCC集生产过程和自动化于一体，实现了相互间的集成。

我们相信，WinCC V6的发布将会促进监控组态软件在我国的进一步推广和发展。

教授
清华大学自动化系
2004年5月18日于清华园

前 言

海纳百川,有容乃大。HMI/SCADA 软件系统的发展史,就是近 30 年来气势恢弘的工业自动化系统、软件工业及 IT 技术发展史的缩影。无论是平台的变迁,还是技术的更迭,现代 HMI/SCADA 系统都折射出同时代工业自动化系统和软件工业的最先进技术。从工业自动化系统的发展来看,PLC 技术、总线和通讯技术、诊断技术等,早已成为 HMI/SCADA 软件的核心技术;从软件工业和 IT 技术的发展来看,客户机/服务器系统、瘦客户机、Web 技术、组件技术、数据库技术、软件冗余技术乃至方兴未艾的 XML 和.NET 技术等,都已深深地渗透到 HMI/SCADA 软件开发、工程实施及运行的各个阶段。

西门子公司的 HMI/SCADA 软件系统 WinCC,正是这样的系统。它帮助我们站在了自动化技术与软件和 IT 技术融合的峰顶浪尖上,让我们同时享受到二者的无限风光。纵观 WinCC 系统的特点,我们可以看到两个明显的特征。

一、深厚的自动化系统领导厂商背景

作为传统的自动化系统领导厂商,无论是现代自动化系统的核心——可编程控制器,还是工业自动系统的神经系统——总线技术,西门子公司都始终走在技术和创新的最前沿。全集成自动化 TIA(Totally Integrated Automation),更是把这种优势推向了前所未有的高度和广度。正是基于这样博大精深的自动化系统,WinCC 承袭了西门子公司的 TIA 产品家族技术先进和相互间无缝集成的特点。这也就意味着,WinCC 不是孤立的软件系统,它时刻与以下系统集成在一起:

- 与自动化系统的无缝集成。西门子公司的 PLC 产品,经历了从早期致力于提高运行速度,到增强系统通信和联网能力,再到融合了运动控制技术等诸多技术的 T 系列产品以及故障安全型的 F 系统的发展阶段。在这样的背景下,WinCC 与相应的硬件系统紧密结合,通过统一的组态和编程、统一的数据管理及统一的通讯,极大地降低了用户软硬件组态的工程量,实现了整个产品范围内的高度集成。

- 与自动化网络系统的集成。从现场总线 PROFIBUS 到工业以太网,再到 PROFINET 技术和基于组件的自动化技术 CBA(Component - Based Automation),以及无线通讯解决方案,由于 WinCC 内置了基于 S5/S7 协议的通讯系统,并提供了大量面向这些系统和技术的组件,从而为 WinCC 和这些系统的最优化通讯和良好的互操作性提供了保证。至于在 WinCC 平台上实现基于 PROFIBUS 的诊断功能,以及基于以太网的网络管理功能等,更是锦上添花之笔。

- 与 MES 系统的集成。制造执行系统 MES(Manufacturing Execution Systems),作为连接企业生产系统和管理系统的桥梁,包含了生产订单管理、原材料管理、生产运营记录、设备管理、工厂信息管理、生产规范管理系统和实验室信息管理等系统,代表着现代化智能工厂发展的最新潮流。来自西门子公司的 MES 系统 SIMATIC IT 正是代表这一潮流的优秀系统。通过适当的适配系统,WinCC 可以轻松地集成在该系统下。换言之,实施了基于 WinCC 的 HMI/SCADA 系统,就为实施 MES 系统打下了坚实的基础。
- 与相应的软硬件系统一起，实现系统级的诊断功能。诊断功能包括产品和系统的层次，贯穿于工程实施阶段、调试阶段和运行阶段。配合适当的软硬件系统，如ProAgent等，WinCC可以方便地实现基于不同通讯协议、从软件到硬件、从自动化站到操作站乃至整个SCADA网络的诊断。
- WinCC不仅是可以独立使用的HMI/SCADA系统，而且是西门子公司众多软件系统的重要组件。比如，WinCC是西门子公司DCS系统PCS7的人机界面核心组件，也是电力系统监控软件PowerCC和能源自动化系统SICAM的重要组成部分。

这也许正是WinCC在不到10年的时间里，发展成为HMI/SCADA软件领域全球领导品牌的原因之一。

二、坚持开放性和先进性高于一切的理念

开放性和标准化是软件系统的生命线。当WinCC作为与技术和行业无关的通用自动化系统信息软件平台时，这一点就显得更为突出了。而WinCC，正是从以下三个方面体现出了其开放的特性：

- 整个系统通过完整和丰富的编程系统实现了双向的开放性。借助C脚本，WinCC几乎可以通过Win32 API无限制地访问到Windows操作系统及该平台上各种应用的功能，这正是现代SCADA系统的魅力所在；而VB脚本则从易用性和开发的快速性上相得益彰。反过来，通过ODK，WinCC的整个组态和运行系统又完全呈现给任何用户自行开发的系统，为希望以WinCC作为平台软件进行工厂管理级软件和信息系统开发的用户提供了绝佳的平台。
- 数据库系统全面开放。数据库是SCADA系统的灵魂。从最基本的单用户系统开始，WinCC就内置了高效的数据库系统。它既可与操作站部署在同一台PC上，又可以紧耦合（中央归档服务器）或松耦合（长期归档服务器）的方式独立于操作站配置。通过ADO、OLE DB、SQL等，WinCC的数据库系统完全开放，这就为构成灵活而高效的IT和商务系统做好了充分的准备。
- 广泛采用最新的开放性软件技术和标准，面向多种操作系统平台。WinCC是第一个完全基于32位内核的HMI/SCADA软件，因而，各种开放和最新的软件技术就成为WinCC的代名词。西门子公司作为OPC规范的五个发起公司之一，在各类产品中广泛支持OPC，WinCC更是囊括了OPC DA、OPC HDA、OPC A&E和OPC XML等多种规范。与此同时，WinCC支持包括Windows CE在内的多种Windows平台，能满足用户从移动式设备（如PDA）到远程瘦客户机等各种应用需求。

相信通过这样一本小小的书籍，展现在您面前的将不仅仅是一个现代HMI/SCADA软件系统的冰山一角，而更是博大精深的现代自动化系统、软件及IT知识海洋中一朵绚丽的浪花。透过它，您将看到海的壮美，海的宽广。

本书汇集了西门子（中国）有限公司、德国西门子公司总部、美国西门子公司多位同事的关注、创意和心血。他们是：WinCC亚太技术中心工程师、本书的编者苏昆哲先生和何华先生，自动化系统部总经理、SIMATIC中文版的坚定推动者Uwe Haeberer先生，自动化系统部副总经理、本套丛书的策划者刘志生先生，自动化系统部的和振玮小姐，德国总部负责亚太业务

的 Berthold Ziegler 先生，WinCC Step by Step 英文版的作者、来自美国西门子公司的 Bob Meads、Steve Morales 和 Jochen Rahm 先生等，自动化与驱动集团客户支持部王平先生、王威先生、张凡女士、朱昱先生和雷鸣先生，MES 业务经理雷宏先生，来自华南区的陈宇驹先生，为 WinCC Step by Step 中文版的制作付出辛勤劳动的实习生曹宗涛同学。此外，也要特别感谢许斌先生的策划和协调。来自市场部的齐林伟先生、张岩峰先生以及自动化系统部的多位产品经理在本书的形成过程中给予了大力的支持，在此一并表示诚挚的谢意！

开卷有益，让我们开始领略过程可视化的全新视界吧！

WinCC 产品经理 张新勇
2004 年 5 月于北京

目 录

基础篇

第1章 组态软件基础知识

1.1 概 述 …………………………………… 3
1.2 功 能 …………………………………… 3
1.3 发展趋势 ………………………………… 3
1.4 WinCC 简介及产品分类 ……………… 5
 1.4.1 简 介 ………………………………… 5
 1.4.2 性能特点 …………………………… 5
 1.4.3 WinCC V6.0 的新增功能 ………… 6
 1.4.4 WinCC V6.0 SP3 新特性 ………… 7
 1.4.5 产品信息 …………………………… 10

第2章 WinCC 的安装

2.1 安装前的准备 …………………………… 13
 2.1.1 对安装 WinCC 系统的基本
    要求 ………………………………… 13
 2.1.2 消息队列服务和 SQL Server
    2000 的安装 ……………………… 15
2.2 WinCC 的安装与卸载 ………………… 16

第3章 组态第一个工程

3.1 建立项目 ………………………………… 21
 3.1.1 启动 WinCC ……………………… 21
 3.1.2 建立一个新项目 ………………… 22
3.2 组态项目 ………………………………… 23
 3.2.1 组态变量 …………………………… 23
 3.2.2 创建过程画面 …………………… 26
 3.2.3 改变画面对象的属性 …………… 28
3.3 指定 WinCC 运行系统的属性 ………… 29
3.4 运行工程 ………………………………… 30
3.5 使用变量模拟器 ………………………… 31

第4章 项目管理器

4.1 WinCC 项目管理器介绍 ……………… 32
 4.1.1 启 动 ………………………………… 32
 4.1.2 WinCC 项目管理器的结构 ……… 32
4.2 项目类型 ………………………………… 34
4.3 创建和编辑项目 ………………………… 35
 4.3.1 创建项目前的准备 ……………… 35
 4.3.2 创建项目的步骤 ………………… 36
 4.3.3 更改计算机的属性 ……………… 37
4.4 激活项目 ………………………………… 38
 4.4.1 运行系统的设置 ………………… 38
 4.4.2 启动和退出运行系统 …………… 40
4.5 复制项目 ………………………………… 40

第5章 组态变量

5.1 变量管理器 ……………………………… 42
 5.1.1 变量的功能类型 ………………… 42
 5.1.2 变量管理器的结构 ……………… 43
 5.1.3 变量组 ……………………………… 43
5.2 变量的数据类型 ………………………… 43
 5.2.1 数值型变量 ………………………… 43
 5.2.2 字符串类型变量 ………………… 45
 5.2.3 其他类型变量 …………………… 45
5.3 创建和编辑变量 ………………………… 45
 5.3.1 创建内部变量 …………………… 45
 5.3.2 创建过程变量 …………………… 46
 5.3.3 创建结构类型和变量组 ………… 48

第6章 创建过程画面

6.1 WinCC 图形编辑器 …………………… 50
 6.1.1 WinCC 项目管理器中的图形
    编辑 ………………………………… 50
 6.1.2 图形编辑器的布局 ……………… 51

6.1.3 画面布局 …………………… 52
6.2 使用图形、对象和控件 …………… 53
  6.2.1 使用画面 …………………… 53
  6.2.2 对象的基本静态操作 ………… 55
  6.2.3 对象属性的动态化 …………… 56
  6.2.4 对象的事件 ………………… 58
  6.2.5 使用控件和图库 …………… 60
6.3 使用图形编辑器的一些例子 ……… 61

第7章 过程值归档

7.1 过程值归档基础 ………………… 69
  7.1.1 作用和方法 ………………… 69
  7.1.2 组态系统功能描述 …………… 69
7.2 组态过程值归档 ………………… 70
7.3 输出过程值归档 ………………… 75

第8章 消息系统

8.1 组态报警 ………………………… 80
  8.1.1 报警记录的内容和功能 ……… 80
  8.1.2 组态报警的步骤 …………… 81
  8.1.3 组态模拟量报警 …………… 84
8.2 报警显示 ………………………… 87

第9章 报表系统

9.1 页面布局编辑器 ………………… 91
9.2 行布局编辑器 …………………… 92
9.3 打印作业 ………………………… 93
9.4 组态报警消息顺序报表 …………… 94
9.5 组态变量记录运行报表 …………… 99
9.6 行式打印机上的消息顺序报表 … 104
9.7 通过 ODBC 接口在报表中打印外部数据库中的数据 ……… 107

第10章 脚本系统

10.1 ANSI-C 脚本 …………………… 112
  10.1.1 概述 ……………………… 112
  10.1.2 全局脚本编辑器 ………… 113
  10.1.3 创建编辑函数 …………… 114
  10.1.4 创建编辑动作 …………… 118

  10.1.5 创建全局动作 …………… 121
  10.1.6 在函数或动作中使用动态链接库 ……………………… 123
10.2 VBScript ……………………… 124
  10.2.1 过程、模块和动作 ……… 124
  10.2.2 VBScript 编辑器 ………… 126
  10.2.3 创建编辑过程 …………… 127
  10.2.4 创建编辑动作 …………… 131
  10.2.5 调试诊断 VBS 脚本 ……… 133
  10.2.6 WinCC VBS 参考模型 …… 137
  10.2.7 VBScript 例程 …………… 137
10.3 VB for Application …………… 142
  10.3.1 VBA 的适用范围 ………… 142
  10.3.2 VBA 编辑器 ……………… 143
  10.3.3 在图形编辑器中使用 VBA ……………………… 144
  10.3.4 在其他编辑器中使用 VBA ……………………… 150

第11章 通讯

11.1 过程通讯原理 ………………… 151
  11.1.1 通讯术语 ………………… 151
  11.1.2 WinCC 通讯原理 ………… 152
11.2 WinCC 与 SIMATIC S7 PLC 的通讯 …………………………… 153
  11.2.1 通道单元的类型 ………… 153
  11.2.2 添加驱动程序 …………… 155
  11.2.3 通道单元 ………………… 155
11.3 WinCC 与 SIMATIC S5 PLC 的通讯 …………………………… 162
  11.3.1 通过串口与 S5 的通讯 …… 162
  11.3.2 通过 PROFIBUS 与 S5 的通讯 …………………………… 163
  11.3.3 通过 Ethernet 与 S5 的通讯 …………………………… 163
11.4 OPC 通讯 ……………………… 164
  11.4.1 基本知识 ………………… 164
  11.4.2 服务器功能 ……………… 164
  11.4.3 OPC DA 服务器的 DCOM

　　　　配置 …………………………… 165
　11.4.4　客户机 ………………………… 166
11.5　系统信息和通讯诊断 …………… 168
　11.5.1　系统信息通道的功能和可用的
　　　　系统信息 ……………………… 168
　11.5.2　组态系统信息通道 …………… 169
　11.5.3　通讯诊断 ……………………… 169
11.6　H 系统与 WinCC 的通讯 ………… 170
　11.6.1　系统与 WinCC 的通讯要求
　　　　………………………………… 170
　11.6.2　组态过程 ……………………… 170
　11.6.3　在 STEP7 全集成自动化框架
　　　　内组态 WinCC 工程 ………… 177

高级篇

第12章　系统组态

12.1　WinCC 客户机/服务器结构 …… 183
　12.1.1　客户机/服务器结构概述 … 183
　12.1.2　WinCC 可实现的客户机/
　　　　服务器方案 …………………… 183
　12.1.3　WinCC 中客户机和服务器
　　　　可能的数目 …………………… 185
12.2　客户机/服务器结构组态步骤 … 185
　12.2.1　多用户结构的服务器组态
　　　　………………………………… 186
　12.2.2　多用户结构的客户机组态 … 189
　12.2.3　分布式结构的服务器工程
　　　　组态 …………………………… 190
　12.2.4　分布式结构中客户机工程
　　　　组态 …………………………… 192
　12.2.5　冗余系统组态 …………………… 198

第13章　全集成自动化

13.1　在 STEP 7 全集成自动化框架内
　　组态 WinCC 工程 ………………… 201
　13.1.1　WinCC 作为 PC Station 的
　　　　应用程序组态 ………………… 202
　13.1.2　组态步骤 ……………………… 203

13.2　集成诊断功能 …………………… 209
　13.2.1　WinCC 到硬件诊断的梯形环
　　　　跳转 …………………………… 209
　13.2.2　WinCC 到网络入口跳转 …… 213
13.3　使用 WinCC 进行工业以太网网络
　　管理 ………………………………… 215

第14章　WinCC 的开放性

14.1　开放性概述 ………………………… 221
14.2　Microsoft Windows 2000/XP——
　　开放的操作系统 …………………… 221
14.3　VBScript 和 C - Script——编写
　　脚本的明智选择 …………………… 222
　14.3.1　VBScript 实现开放性数据
　　　　交换 …………………………… 222
　14.3.2　C - Script 实现开放性数据
　　　　交换 …………………………… 224
14.4　ActiveX 控件——应用程序模块
　　的开放接口 ………………………… 225
　14.4.1　在 WinCC 中直接插入 ActiveX
　　　　控件 …………………………… 225
　14.4.2　用 VBScript 访问 ActiveX 控件
　　　　………………………………… 226
　14.4.3　用 VBA 组态 ActiveX 控件
　　　　………………………………… 227
14.5　OPC——过程通讯的开放性接口
　　………………………………………… 228
　14.5.1　OPC 规范 …………………… 228
　14.5.2　WinCC OPC DA ……………… 228
　14.5.3　WinCC OPC HDA Server
　　　　………………………………… 230
　14.5.4　WinCC OPC A&E Server
　　　　………………………………… 232
14.6　WinCC 数据库直接访问方法 …… 233
　14.6.1　使用 ADO/OLE - DB 访问
　　　　归档数据库 …………………… 233
　14.6.2　使用 WinCC OLE - DB 访问
　　　　WinCC 数据库的方案 ………… 233
　14.6.3　利用 ADO/WinCC OLE - DB

访问数据库的语法 ………… 235
14.6.4 ADO/WinCC OLE-DB 数据库
      访问的实例 ………… 239
14.7 Microsoft SQL Server 2000——
    高性能的实时数据库 ………… 243
  14.7.1 WinCC 的归档系统 ………… 243
  14.7.2 归档的路径和名称 ………… 244
  14.7.3 用 MS SQL Server 2000 查看
        归档数据 ………… 245
  14.7.4 数据转换服务 ………… 247

第 15 章 WinCC 浏览器/服务器结构
15.1 WinCC Web Navigator 功能概述
      ………… 251
15.2 WinCC Web Navigator Server 可
    组态系统结构 ………… 251
15.3 安装组态 ………… 254
  15.3.1 安装条件 ………… 254
  15.3.2 授权 ………… 254
  15.3.3 安装步骤 ………… 255
  15.3.4 组态 Web 工程 ………… 258
15.4 WinCC/Dat@Monitor 功能概述
      ………… 270
  15.4.1 Dat@Monitor 授权 ………… 271
  15.4.2 WinCC/Dat@Workbook ………… 271
  15.4.3 WinCC/Dat@View ………… 271

15.4.4 WinCC/Dat@Symphony ………… 272

第 16 章 工厂智能
16.1 工厂智能概述 ………… 273
16.2 工厂智能组件 ………… 274
  16.2.1 WinCC/Dat@Monitor ………… 274
  16.2.2 SIMATIC WinBDE ………… 275
  16.2.3 WinCC/Connectivity Pack
        ………… 275
  16.2.4 WinCC/IndustrialDataBridge
        ………… 276
16.3 工厂智能实例解析 ………… 277
  16.3.1 问题解析 ………… 277
  16.3.2 工厂拓扑结构 ………… 277
  16.3.3 方案设计实施 ………… 278

附录 A 性能数据
附录 B WinCC 兼容性
附录 C 智能工具
  C.1 概述 ………… 289
  C.2 智能工具描述 ………… 289

附录 D 过程控制选件
  D.1 概述 ………… 292
  D.2 PCS7 环境下组态方式 ………… 293

基础篇

第1章　组态软件基础知识

1.1　概　述

　　组态软件是数据采集监控系统 SCADA(Supervisory Control and Data Acquisition)的软件平台工具,是工业应用软件的一个组成部分。它具有丰富的设置项目,使用方式灵活,功能强大。组态软件由早先单一的人机界面向数据处理机方向发展,管理的数据量越来越大。随着组态软件自身以及控制系统的发展,监控组态软件部分地与硬件发生分离,为自动化软件的发展提供了充分发挥作用的舞台。OPC(OLE for Process Control)的出现,以及现场总线尤其是工业以太网的快速发展,大大简化了异种设备间互连,降低了开发 I/O 设备驱动软件的工作量。I/O 驱动软件也逐渐向标准化的方向发展。

　　实时数据库的作用进一步加强。实时数据库是 SCADA 系统的核心技术。从软件技术上讲,SCADA 系统的实时数据库,实质上就是一个可统一管理的、支持变结构的、支持实时计算的数据结构模型。在实时数据库技术中,还有对工业标准的支持(如 OPC 规范等),对分布式计算的支持和对实时数据库系统冗余的支持,等等。

　　社会信息化的加速是组态软件市场增长的强大推动力。在最终用户的眼里,组态软件在自动化系统中发挥的作用逐渐增大,甚至有的系统就根本不能缺少组态软件。其中的主要原因是软件的功能强大,用户也存在普遍的需求,广大用户逐渐认识了软件的价值所在。

1.2　功　能

　　目前看到的所有组态软件都能实现类似的功能:几乎所有运行于 32 位 Windows 平台的组态软件都采用类似资源浏览器的窗口结构,并对工业控制系统中的各种资源(设备、标签量、画面等)进行配置和编辑;处理数据报警及系统报警;提供多种数据驱动程序;各类报表的生成和打印输出;使用脚本语言提供二次开发的功能;存储历史数据并支持历史数据的查询,等等。

1.3　发展趋势

　　很多新技术将不断被应用到组态软件当中,促使组态软件向更高层次和更广范围发展。其发展方向如下:

　　① 多数组态软件提供多种数据采集驱动程序(driver),用户可以进行配置。在这种情况下,驱动程序由组态软件开发商提供,或者由用户按照某种组态软件的接口规范编写。由 OPC 基金组织提出的 OPC 规范基于微软的 OLE/DCOM 技术,提供了在分布式系统下,软件

组件交互和共享数据的完整的解决方案。服务器与客户机之间通过 DCOM 接口进行通讯,而无须知道对方内部实现的细节。由于 COM 技术是在二进制代码级实现的,所以服务器和客户机可以由不同的厂商提供。在实际应用中,作为服务器的数据采集程序往往由硬件设备制造商随硬件提供,可以发挥硬件的全部效能;而作为客户机的组态软件则可以通过 OPC 与各厂家的驱动程序无缝连接,故从根本上解决了以前采用专用格式驱动程序总是滞后于硬件更新的问题。同时,组态软件同样可以作为服务器为其他的应用系统(如 MIS 等)提供数据。随着支持 OPC 的组态软件和硬件设备的普及,使用 OPC 进行数据采集成为组态中更合理的选择。

② 脚本语言是扩充组态系统功能的重要手段。因此,大多数组态软件提供了脚本语言的支持。其具体的实现方式分为两种:一是内置的 C/Basic 语言;二是采用微软的 VBA 的编程语言。C/Basic 语言要求用户使用类似高级语言的语句书写脚本,使用系统提供的函数调用组合完成各种系统功能。微软的 VBA 是一种相对完备的开发环境。采用 VBA 的组态软件通常使用微软的 VBA 环境和组件技术,把组态系统中的对象以组件方式实现,并使用 VBA 的程序对这些对象进行访问。

③ 可扩展性为用户提供了在不改变原有系统的情况下,向系统内增加新功能的能力。这种增加的功能可能来自于组态软件开发商、第三方软件提供商或用户自身。增加功能最常用的手段是 ActiveX 组件的应用。所以更多厂商会提供完备的 ActiveX 组件引入功能及实现引入对象在脚本语言中的访问。

④ 组态软件的应用具有高度的开放性。随着管理信息系统和计算机集成制造系统的普及,生产现场数据的应用已不仅仅局限于数据采集和监控。在生产制造过程中,需要现场的大量数据进行流程分析和过程控制,以实现对生产流程的调整和优化。这就需要组态软件大量采用"标准化技术",如 OPC、DDE、ODBC、OLE - DB、ActiveX 和 COM/DCOM 等,使得组态软件演变成软件平台,在软件功能不能满足用户特殊要求时,可以根据自己的需要进行二次开发。

⑤ 与 MES(Manufacturing Execution Systems)和 ERP(Enterprise Resource Planning)系统紧密集成。经济全球化促使每个公司都需要在合适的软件模型基础上表达复杂的业务流程,以达到最佳的生产率和质量。这就要求不受限制的信息流在公司范围内的各个层次朝水平方向和垂直方向不停地自由传输。ERP 解决方案正日益扩展到 MES 领域,并且正在寻求到达自动化层的链路。自动化层的解决方案,尤其是 SCADA 系统,正日益扩展到 MES 领域,并为 ERP 系统提供通讯接口。SCADA 系统是用于构造全厂信息平台的一种理想的框架。由于它们管理过程画面,因而能直接访问所有的底层数据;此外,SCADA 系统还能从外部数据库和其他应用中获得数据;同时,处理和存储这些数据。所以,对 MES 和 ERP 系统来说,SCADA 系统是理想的数据源。在这种情况下,组态软件成为中间件,是构造全厂信息平台承上启下的重要组成部分。

⑥ 现代企业的生产已经趋向国际化、分布式的生产方式。Internet 将是实现分布式生产的基础。组态软件将从原有的局域网运行方式跨越到支持 Internet。使用这种瘦客户方案,用户可以在企业的任何地方通过简单的浏览器,输入用户名和口令,就可以方便地得到现场的过程数据信息。这种 B/S(Browser/Server)结构可以大幅降低系统安装和维护费用。

1.4 WinCC 简介及产品分类

1.4.1 简 介

西门子视窗控制中心 SIMATIC WinCC(Windows Control Center)是 HMI/SCADA 软件中的后起之秀,1996 年进入世界工控组态软件市场,当年就被美国 *Control Engineering* 杂志评为最佳 HMI 软件,以最短的时间发展成第三个在世界范围内成功的 SCADA 系统;而在欧洲,它无可争议地成为第一。

在设计思想上,SIMATIC WinCC 秉承西门子公司博大精深的企业文化理念,性能最全面、技术最先进、系统最开放的 HMI/SCADA 软件是 WinCC 开发者的追求。WinCC 是按世界范围内使用的系统进行设计的,因此从一开始就适合于世界上各主要制造商生产的控制系统,如 A‑B,Modicon,GE 等,并且通讯驱动程序的种类还在不断地增加。通过 OPC 的方式,WinCC 还可以与更多的第三方控制器进行通讯。

WinCC V6.0 采用标准 Microsoft SQL Server 2000(WinCC V6.0 以前版本采用 Sybase)数据库进行生产数据的归档,同时具有 Web 浏览器功能,可使经理、厂长在办公室内看到生产流程的动态画面,从而更好地调度指挥生产,是工业企业中 MES 和 ERP 系统首选的生产实时数据平台软件。

作为 SIMATIC 全集成自动化系统的重要组成部分,WinCC 确保与 SIMATIC S5,S7 和 505 系列的 PLC 连接的方便和通讯的高效;WinCC 与 STEP 7 编程软件的紧密结合缩短了项目开发的周期。此外,WinCC 还有对 SIMATIC PLC 进行系统诊断的选项,给硬件维护提供了方便。

1.4.2 性能特点

WinCC 具有以下性能特点:

① 创新软件技术的使用。WinCC 是基于最新发展的软件技术。西门子公司与 Microsoft 公司的密切合作保证了用户获得不断创新的技术。

② 包括所有 SCADA 功能在内的客户机/服务器系统。即使最基本的 WinCC 系统仍能够提供生成复杂可视化任务的组件和函数,并且生成画面、脚本、报警、趋势和报表的编辑器也是最基本的 WinCC 系统组件。

③ 可灵活裁剪,由简单任务扩展到复杂任务。WinCC 是一个模块化的自动化组件,既可以灵活地进行扩展,从简单的工程到复杂的多用户应用,又可以应用到工业和机械制造工艺的多服务器分布式系统中。

④ 众多的选件和附加件扩展了基本功能。已开发的、应用范围广泛的、不同的 WinCC 选件和附加件,均基于开放式编程接口,覆盖了不同工业分支的需求。

⑤ 使用 Microsoft SQL Server 2000 作为其组态数据和归档数据的存储数据库,可以使用 ODBC,DAO,OLE‑DB,WinCC OLE‑DB 和 ADO 方便地访问归档数据。

⑥ 强大的标准接口(如 OLE,ActiveX 和 OPC)。WinCC 提供了 OLE,DDE,ActiveX,OPC 服务器和客户机等接口或控件,可以很方便地与其他应用程序交换数据。

⑦ 使用方便的脚本语言。WinCC 可编写 ANSI-C 和 Visual Basic 脚本程序。

⑧ 开放 API 编程接口可以访问 WinCC 的模块。所有的 WinCC 模块都有一个开放的 C 编程接口(C-API)。这意味着可以在用户程序中集成 WinCC 的部分功能。

⑨ 具有向导的简易(在线)组态。WinCC 提供了大量的向导来简化组态工作。在调试阶段还可进行在线修改。

⑩ 可选择语言的组态软件和在线语言切换。WinCC 软件是基于多语言设计的。这意味着可以在英语、德语、法语以及其他众多的亚洲语言之间进行选择,也可以在系统运行时选择所需要的语言。

⑪ 提供所有主要 PLC 系统的通讯通道。作为标准,WinCC 支持所有连接 SIMATIC S5/S7/505 控制器的通讯通道,还包括 PROFIBUS DP、DDE 和 OPC 等非特定控制器的通讯通道。此外,更广泛的通讯通道可以由选件和附加件提供。

⑫ 与基于 PC 的控制器 SIMATIC WinAC 紧密接口,软/插槽式 PLC 和操作、监控系统在一台 PC 机上相结合无疑是一个面向未来的概念。在此前提下,WinCC 和 WinAC 实现了西门子公司基于 PC 的、强大的自动化解决方案。

⑬ 全集成自动化 TIA(Totally Integrated Automation)的部件。TIA 集成了西门子公司的各种产品包括 WinCC。WinCC 是工程控制的窗口,是 TIA 的中心部件。TIA 意味着在组态、编程、数据存储和通讯等方面的一致性。

⑭ SIMATIC PCS7 过程控制系统中的 SCADA 部件,如 SIMATIC PCS7 是 TIA 中的过程控制系统;PCS7 是结合了基于控制器的制造业自动化优点和基于 PC 的过程工业自动化优点的过程处理系统(PCS)。基于控制器的 PCS7 对过程可视化使用标准的 SIMATIC 部件。WinCC 作为 PCS7 的操作员站。

⑮ 符合 FDA 21 CFR Part 11 的要求。

⑯ 集成到 MES 和 ERP 中。标准接口使 SIMATIC WinCC 成为在全公司范围 IT 环境下的一个完整部件。这超越了自动控制过程,将范围扩展到工厂监控级,为公司管理 MES(制造执行系统)和 ERP(企业资源管理)提供管理数据。

1.4.3 WinCC V6.0 的新增功能

WinCC 为所有领域,从简单的单用户系统到具有冗余服务器的分布式多工作站系统,以及具有 Web 客户端的跨区域的解决方案,提供了基于 Windows 2000 和 XP 的完整的操作和监控功能。

(1) 基本系统中的历史数据归档

- 以很高的压缩比进行长期数据归档,具备数据导出功能和备份机制。

(2) 对 IT 功能和商务集成优化

- 通过 Microsoft SQL Server 2000 实现历史数据归档;
- 增加了客户端的数据评估工具;
- 增加了用于业务集成的开放式接口。

(3) 可连续扩展

- 系统中可以有多达 12 台服务器和 32 个 WinCC 客户端,每台服务器都可以有自己的冗余服务器。

(4) 新支持的开放性标准
- VBA（组态自动化）；
- Visual Basic 脚本（运行系统脚本）；
- OPC HDA，OPC A&E，OLE-DB。

(5) 增强的 Web 功能
- 可以在 WinCC 客户端上安装 Web Navigator 服务器，用做更具安全性的数据集中器；
- Web Navigator 具备 WinCC 客户端的功能。

(6) 新的选件
- WinCC/Dat@Monitor Web Edition(历史数据归档工具)；
- WinCC/Connectivity Pack（通过 OPC HDA，OPC A&E 和 OLE-DB 访问 WinCC 数据库）；
- WinCC/IndustrialDataBridge（通过标准接口与 WinCC 交换数据）；
- WinCC/SIMATIC Logon，WinCC/Audit 和 WinCC/Electronic Signiture(当实施符合 FDA CFR21 Part 11 解决方案时提供支持)。

(7) 改进了报表系统
- 具有更强的灵活性；
- 具有更强的开放性；
- 更容易使用。

1.4.4 WinCC V6.0 SP3 新特性

SIMATIC WinCC V6.0 SP3 进一步完善了作为 SCADA 系统在生产和过程自动化中的各项功能；同时，适应全球在工业生产领域降低消耗、高效节能的需要，首次引入了"工厂智能"的概念。由此带来基本系统、选件以及附加件的一系列改进。

1. 在线分析中新添评估功能

最新的 WinCC V6.0 SP3 版本在线分析评估功能加强。它的一些相应选件能够使生产更加透明化，充分挖掘生产潜力。

过程值和消息归档的在线评估可以使用统计函数，统计结果可以输出显示到 WinCC 在线趋势控件或归档控件中。

对于过程值的采集，可以自由定义特殊时间段采集数据的最小值、最大值、平均值和标准方差，并且在线显示这些值；通过改进的数据分析和绘制曲线选项工具，可以自由组态曲线的粗细；右击曲线，文本提示就会显示单击点的详细信息：归档名、归档变量、日期时间戳和过程值；区间游标线的使用使数据分析变得简单；目前也可以绘制基于对数坐标轴的曲线。

消息顺序列表可以显示特定消息产生后平均和累积的延续时间，同样也可以显示平均的、累积的确认时间。在这种情况下，可以按相关事件、报警位置及时间间隔来过滤消息；也可以以升序或者降序方式分类，这有助于快速判断车间的关键位置和瓶颈所在；还可以用 Excel 表格中使用的方式在消息顺序列表中对消息分类。

2. VB 脚本语言

集成的 VB 脚本语言支持全局的 VBS 变量，通过 DataSet 对象，可以在不同的脚本之间交换数据。

通过同步或异步多变量读写方式,可以使用一条指令同时读写多个 WinCC 变量。C 脚本使用 SetTagMultiWait 或 GetTagMultiWait 系统函数完成这种功能;而 VB 脚本中具有特殊性,无须 Wait 就可以执行这种功能。这样,使用一条指令就把几个变量值送到控制器,并且无须等待控制器的返回消息,脚本可以接着往下执行。同时,读写多个变量的方式可以降低通讯负荷。

@DatasourcNameRT 系统变量可以更加灵活地访问当前的工程,并且为访问数据库提供当前的 ODBC 访问名。@LocalMachineName 系统变量用于分配当前计算机名。

此外,可以通过 ActiveProject 属性访问工程路径,还可以通过 VB 脚本以灵活的方式从长期归档中删除和恢复过程量或消息。

3. FDA 行业长期归档

经过一段时期内的长期归档,迟早需要导出备份数据。对于过程或者是产品数据需要追踪或者统计的企业(如:符合 FDA 21 CFR Part 11 认证的制药行业),对导出的归档数据进行电子签名是很关键的,这样就可以检测数据是否已经被操作。

4. Automation License Manager

最新的 Automation License Manager 能够被将来的 SIMATIC 软件后续使用,并且它还提供了更方便的工程技术和最新功能。在网络中,可以建立多个 WinCC 工程师站,先后使用同一个授权。Automation License Manager 以授权秘钥取代 AuthorsW 软件管理授权的方式。在本地网络上,可在任何一台服务器存储授权。当任何一台工程师计算机的 WinCC 项目启动时,就会自由分派一个服务器上的授权;当关闭 WinCC 项目时,授权秘钥会被释放。这样,就可在多台计算机上安装 WinCC 组态软件,只要服务器上还有授权秘钥,就可以启动 WinCC 项目。这类授权叫浮动授权,只有在 WinCC 工程师站是有效的。

5. 其他新功能

WinCC V6.0 SP3 还有以下新的功能:

① Windows XP SP2 操作系统平台支持 WinCC 软件;

② 在 WinCC 动态对话框中,不使用脚本就可以访问过程变量的连接质量代码;

③ 在运行系统中,可以在打印报表前使用预览功能查验报表;

④ 可以在多语言 WinCC 工程中设置全球默认语言,如果在特殊场合,工程中设置的多语言运行文本翻译丢失,系统就会显示默认文本;

⑤ 为符合 FDA 认证要求,必须在同一工程中采用一致的时间和日期格式,这种格式必须参照 ISO 8601 标准;

⑥ 从 5.x 版本到 6.0 版本的工程转换变得更加简单,整个转换只需一步。

6. WinCC 新选件

(1) WinCC/Web Navigator V6.1

SIMATIC WinCC 既包含基本过程控件(Basic process control),同时提供了附加的对象和组态工具,可以完成典型设备和控制工艺的组态。在过程控制组态中可采用大量设备和控制工艺技术,例如:

① 用于低级别干扰中"或"干扰(报警、警告、错误)和直接跳转到相应过程画面的组显示;

② 把屏幕分为概貌区、工作区和按键区；

③ 通过屏幕分层浏览；

④ 消息窗口显示新的和旧的消息，包含了操作记录、设备和控制工艺状态、归档记录及信号报警设备的连接状态。

在新版本的 WinCC/Web Navigator 中，可以在 Web 客户端通过浏览器使用针对设备和控制工艺的操作员输入选件。

除此之外，系统支持 Web 客户端的操作员消息，例如：无论在 WinCC 客户端，还是 Web 客户端，都可以在操作记录中查找操作员输入。

（2）WinCC/IndustrialDataBridge V6.1

现在，使用 WinCC/IndustrialDataBridge，除了可以实现实时过程数值、过程归档值和消息归档值的数据交换外，还可以方便实现用户归档的数据交换。如同维护 WinCC 内部数据库记录一样，可以方便维护存储在外部数据库中的配方。通常，无须编程就可以完成数据的传送，可以把数据从用户归档写到数据库、Excel 和文件等目标数据源中。

当访问归档数据（过程值归档和消息归档）时，可采用当地时间（相对格林尼治时间而言）；当组态数据转移时，用户可以指明提供数据的系统的时区，而无须将格林尼治时间转换到本地时间。

（3）WinCC/Connectivity Pack V6.1

外部应用程序可以通过 WinCC OLE-DB Provider 访问 WinCC 实时或者历史数据。在新版本中，除了访问过程值和消息归档外，还可以访问用户归档。

如果是使用外部工具评估 WinCC 过程值归档和消息归档，可以通过 WinCC OLE-DB Provider 插入统计函数；可以获取定制时间段采集数据的最大值、最小值、累计值、平均值、标准方差和漂移，并把它们传送到评估工具。就消息评估而言，服务器可以统计消息出现的次数、延续时间和确认时间。对于远程访问来说，统计工作在服务器上完成，可以显著降低网络负荷，减少客户端的处理任务。现在，一次数据访问就可以读出几个归档变量。在这种情况下，可以用一条包含普通时间戳的查询语句获取查询结果。

除此之外，WinCC/Connectivity Pack 仍然包含了从任何一台计算机访问当前和历史数据的 OPC 服务器，如 OPC A&E（报警事件），OPC HDA（历史数据访问）和 OPC XML DA（数据访问）。

（4）WinCC/Dat@Monitor V6.1

Dat@Monitor 的组件 Dat@View 对过程值和消息归档具有拓展分析的功能。基于因特浏览器的 Dat@View 可以分析和显示过程值归档或长期归档中的历史数据。在这种情况下，系统能以表格的形式输出消息，以表格或曲线的形式输出过程值。获取过程值时，可以定义和显示定制时间段采集数据的最大值、最小值、累计值、平均值、标准方差、漂移和漂移平均值，并把它们打印出来。

消息序列列表可以显示特定消息产生后平均和累积的延续时间，同样可以显示平均和累积的确认时间。在这种情况下，可以通过相关事件、报警位置和时间间隔来过滤。

Dat@Workbook 组件支持多服务器模式，组态工具能够在 Excel 工作簿中集成使用 WinCC 的归档数据和实时过程数据，并可使用 Excel 的功能对它们进行评估和图表描述。工作簿中显示的数据可以来自公司内部不同站点的各个低端 Web 服务器。这样，在一张工作簿或流程表中就可以比较生产数据（投入、质量和能源消耗）。

7. 工厂智能选件

工厂智能通过提取使用企业内部智能信息优化生产过程，目的在于降低成本，避免浪费，在原料消耗过程中保持高的利用率，确保企业的高效生产，追求高利润。

WinCC V6.0 版本的着眼点也在于此，因为 WinCC 具有基于 SQL Server 2000 的归档数据库，通过智能函数和工具就可以获取重要生产数据。对操作人员、经理或企业内部的任何一个员工来说，可以在任何时间和地点把这些数据归类提升到全企业的生产决策参考信息。

WinCC 基本系统具有强大的显示和评估功能，基于"工厂智能"理念的 IT 和商务集成选件还可使用附加的智能工具优化生产，其中包括：WinCC/Dat@Monitor，SIMATIC WinBDE，WinCC/Connectivity Pack 和 WinCC/IndustrialDataBridge。

1.4.5 产品信息

1. Power Tags 定义

WinCC 的变量分为内部变量和过程变量。把与外部控制器没有过程连接的变量叫做内部变量。内部变量可以无限制地使用。相反，与外部控制器(例如 PLC)具有过程连接的变量叫做过程变量(俗称外部变量)。Power Tags 是指授权使用的过程变量，也就是说，如果购买的 WinCC 具有 1 024 个 Power Tags 授权，那么 WinCC 项目在运行状态下，最多只能有 1 024 个过程变量。过程变量的数目和授权使用的过程变量(Power Tags)的数目显示在 WinCC 管理器的状态栏中。

2. WinCC 产品分类

WinCC 产品分为基本系统、WinCC 选件和 WinCC 附加件。

WinCC 基本系统分为完全版和运行版。完全版包括运行和组态版本的授权，运行版仅有 WinCC 运行的授权。运行版可以用于显示过程信息、控制过程、报告报警事件、记录测量值和制作报表。根据所连接的外部过程变量数量的多少，WinCC 完全版和运行版都有 5 种授权规格：128 个、256 个、1 024 个、8 000 个和 65 536 个变量(Power Tags)。其中的 Power Tags 是指存在过程连接到控制器的变量，不管此变量是 32 位的整型数，还是 1 位的开关量信号，只要给此变量命名并连接到外部控制器，都被当作 1 个变量。相应的授权规格决定所连接的过程变量的最大数目。无过程连接的内部变量可以被无限制地使用。

表 1-1 列出了 WinCC 的产品分类。

3. WinCC 系统构成

WinCC 基本系统是很多应用程序的核心。它包含以下九大部件：

(1) 变量管理器

变量管理器(tag management)管理 WinCC 中所使用的外部变量、内部变量和通讯驱动程序。

(2) 图形编辑器

图形编辑器(graphics designer)用于设计各种图形画面。

(3) 报警记录

报警记录(alarm logging)负责采集和归档报警消息。

表 1-1 WinCC 产品分类

注：
RC 为用于特定数目的过程变量的组态和运行系统；
RT 为只用于特定数目的过程变量的运行系统；
升级包(powerpacks)包括 Power Tags 升级，以便使用更多的过程变量；
归档变量(Archive Tags)升级包可以归档多于 512 个变量。

（4）变量归档

变量归档(tag logging)负责处理测量值，并长期存储所记录的过程值。

（5）报表编辑器

报表编辑器(report designer)提供许多标准的报表，也可设计各种格式的报表，并可按照预定的时间进行打印。

（6）全局脚本

全局脚本(global script)是系统设计人员用 ANSI-C 及 Visual Basic 编写的代码，以满足项目的需要。

（7）文本库

文本库(text library)编辑不同语言版本下的文本消息。

（8）用户管理器

用户管理器(user administrator)用来分配、管理和监控用户对组态和运行系统的访问权限。

（9）交叉引用表

交叉引用表(cross-reference)负责搜索在画面、函数、归档和消息中所使用的变量、函数、OLE 对象和 ActiveX 控件。

4．WinCC 选件

WinCC 以开放式的组态接口为基础，迄今已经开发了大量的 WinCC 选件(options)（来自 Siemens A&D）和 WinCC 附加件(add-ons)（来自 Siemens 内部和外部合作伙伴）。WinCC 选件能满足用户的特殊需求，主要包括以下部件：

（1）服务器系统

服务器系统(server)用来组态客户机/服务器系统。服务器与过程控制建立连接并存储过程数据；客户机显示过程画面。

（2）冗余系统

冗余系统（redundancy）即两台 WinCC 系统同时并行运行，并互相监视对方状态，当一台机器出现故障时，另一台机器可接管整个系统的控制。

（3）Web 浏览器

Web 浏览器（Web navigator）可通过 Internet/Intranet 使用 Internet 浏览器监控生产过程状况。

（4）用户归档

用户归档（user archive）给过程控制提供一整批数据，并将过程控制的技术数据连续存储在系统中。

（5）开放式工具包

开放式工具包（ODK）提供了一套 API 函数，使应用程序可与 WinCC 系统的各部件进行通讯。

（6）WinCC/Dat@Monitor

WinCC/Dat@Monitor 是通过网络显示和分析 WinCC 数据的一套工具。

（7）WinCC/ProAgent

WinCC/ProAgent 能准确、快速地诊断由 SIMATIC S7 和 SIMATIC WinCC 控制和监控的工厂和机器中的错误。

（8）WinCC/Connectivity Pack

WinCC/Connectivity Pack 包括 OPC HDA，OPC A&E 以及 OPC XML 服务器，用来访问 WinCC 归档系统中的历史数据。采用 WinCC OLE－DB 能直接访问 WinCC 存储在 Microsoft SQL Server 数据库内的归档数据。

（9）WinCC/IndustrialDataBridge

WinCC/IndustrialDataBridge 工具软件利用标准接口将自动化连接到 IT 世界，并保证了双向的信息流。

（10）WinCC/IndustrialX

WinCC/IndustrialX 可以开发和组态用户自定义的 ActiveX 对象。

（11）SIMATIC WinBDE

SIMATIC WinBDE 能保证有效的机器数据管理（故障分析和机器特征数据）。其使用范围既可以是单台机器，也可以是整套生产设施。

第 2 章　WinCC 的安装

本章讲述安装 WinCC 的基本的硬件和软件要求以及从光盘上安装 WinCC 的详细步骤。

2.1　安装前的准备

2.1.1　对安装 WinCC 系统的基本要求

WinCC V6.0 是运行在 IBM-PC 兼容机上，基于 Microsoft Windows 2000/XP 的组态软件。在安装 WinCC 之前，必须配置适当的硬件和软件，并保证它们能正常运转。这意味着所有的硬件应该出现在 Windows 2000/XP 的硬件兼容性列表中；还意味着硬件和软件都必须被正确地安装和配置。在安装过程中，WinCC 将逐一检查以下各项是否满足要求：
- 使用的操作系统；
- 用户登录的权限；
- 显示器的分辨率；
- Internet Explorer；
- Microsoft 消息队列服务（Microsoft message queuing services）；
- Microsoft SQL Server；
- 是否已重启系统。

如果其中之一没有满足要求，WinCC 将停止安装，并在屏幕上显示相应的错误消息，如表 2-1 所列。

表 2-1　出错消息一览

出错消息	说　明
为了正确安装，请重新启动计算机	安装在计算机上的软件需要重新启动操作系统。在 WinCC 可安装之前，计算机应重启一次
必需的操作系统 Windows XP/Windows 2000 SP2	将要安装 WinCC 的计算机的操作系统升级到 Windows XP 或 Windows 2000 SP2。Windows 升级包随 WinCC 一起提供
该应用程序需要 VGA 或更高的分辨率	检查显示器的设置，如果需要，请升级显示适配器
需要管理员权限来安装本产品	以具有管理员权限的用户身份再次登录到 Windows
未安装 Microsoft 消息队列服务	请先安装 Microsoft 消息队列服务。为此，需要 Windows 安装光盘
未安装所需的 SQL Server 2000 SP3 实例	从所附光盘中安装 Microsoft SQL Server 2000 SP3

1. 安装 WinCC 的硬件条件

为了能可靠和高效地运行 WinCC，应满足一定的硬件条件，如表 2-2 所列。最小的硬件需求只能保证 WinCC 运行，而不能保证在生产环境中满足大用户数、大数据量的访问。在实际配置时，应根据特定的应用需求，为 WinCC 配置适当的硬件。一般情况下，这些配置都会比以下的最低要求大一些。对于单用户运行,应满足以下最小硬件需求;如需高效的运行,则应满足推荐的配置要求。

表 2-2 WinCC 的硬件需求

硬 件	最低要求	推荐配置
CPU	客户机:Intel Pentium Ⅱ,300 MHz 服务器:Intel Pentium Ⅲ,800 MHz 集中归档服务器:Intel Pentium 4,2 GHz	客户机:Intel Pentium Ⅲ,800 MHz 服务器:Intel Pentium 4,1 400 MHz 集中归档服务器:Intel Pentium 4,2.5 GHz
主存储器/RAM	客户机:256 MB 服务器:512 MB 集中归档服务器:1 GB	客户机:512 MB 服务器:1 GB (1 024 MB) 集中归档服务器:≥1 GB
硬盘上的可用存储器空间 - 用于安装 WinCC[1] - 用于使用 WinCC[2]	客户机:500 MB/服务器:700 MB 客户机:1 GB/服务器:1.5 GB/集中归档服务器:40 GB	客户机:700 MB/服务器:1 GB 客户机:1.5 GB/服务器:10 GB/集中归档服务器:80 GB
虚拟工作内存[3]	1.5 倍速工作内存	1.5 倍速工作内存
用于 Windows 打印机假脱机程序的工作内存[4]	100 MB	>100 MB
图形卡	16 MB	32 MB
颜色数量	256	真彩色
分辨率	800×600	1 024×768

1) 安装程序至少需要 100 MB 的可用存储器空间,用于在安装操作系统的驱动器上的附加系统文件。通常,操作系统位于驱动器"C:"。

2) 取决于项目大小及归档和程序包的大小。当激活项目时,至少应有额外的 100 MB 可用空间。

3) 在区域"用于所有驱动器的交换文件总的大小"中为"指定驱动器的交换文件的大小"使用推荐的数值。请在"开始大小"域及"最大值"域中都输入推荐的数值。

4) WinCC 需要 Windows 打印机假脱机程序对打印机错误进行检测。因此,不能安装任何其他的打印机假脱机程序。

2. 安装 WinCC 的软件要求

安装 WinCC 也应满足一定的软件要求,在安装 WinCC 前就应安装所需的软件并正确配置好。安装 WinCC 的机器上应安装 Microsoft 消息队列服务和 SQL Server 2000。

(1) 操作系统

单用户系统应运行在 Windows 2000 Professional SP2 及以上版本、Windows XP Professional 或 Windows XP Professional SP1。对于多用户系统的 WinCC 服务器,推荐使用 Windows 2000 Server SP2 或 Windows 2000 Advanced Server SP2。

(2) Internet 浏览器

WinCC V6.0 要求安装 Mircorsoft Internet Explorer 6.0(IE6.0) SP1 或以上版本,IE6.0 SP1 安装盘随 WinCC V6.0 安装盘一起提供。

安装和设置 IE6.0 必须选择以下选项:

- "安装选择"选项为"标准安装";
- "更改 Windows 桌面"选项为"不更改";
- "激活通道选择"选项为"无"。

- 如果需要使用 WinCC 的 HTML 帮助,则必须在 Internet 浏览器上进行设置。通过单击"菜单工具">Internet 选项,开启 Java 脚本为"允许"。

(3) Mircorsoft 消息队列服务

安装 WinCC V6.0 前,必须安装 Microsoft 消息队列服务。

(4) Microsoft SQL Server 2000

WinCC V6.0 的组态数据和运行时的归档数据使用关系数据库系统 Microsoft SQL Server 2000 来存储。安装 WinCC V6.0 前,必须安装 Microsoft SQL Server 2000 SP3。

2.1.2 消息队列服务和 SQL Server 2000 的安装

在 WinCC 中使用了 Microsoft 消息队列服务。虽然 Windows 2000 和 Windows XP Professional 操作系统都包含了消息队列服务组件,但在操作系统的安装中没有设置消息队列服务为默认安装。因此在安装 WinCC 前,应安装好消息队列服务组件。安装此组件需要相应的 Windows 安装盘。

1. Windows 2000 下的消息队列服务安装步骤

- 单击"开始">"设置">"控制面板">"添加/删除程序"。
- 在"添加/删除程序"对话框中,单击左边菜单条中的"添加/删除 Windows 组件"按钮,打开"Windows 组件向导"对话框,如图 2-1 所示。

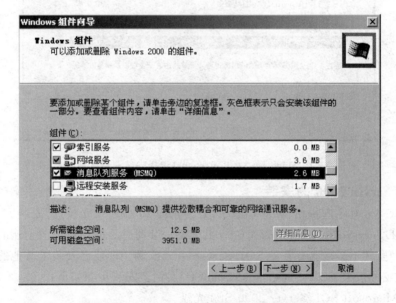

图 2-1 Windows 2000 选择安装消息队列服务

- 选择"消息队列服务(MSMQ)",并单击"下一步"。
- 选择消息队列服务类型为"独立客户",单击"下一步"。
- 选择"消息队列服务不访问活动目录"选项,单击"下一步"。
- 如果出现"插入磁盘"对话框,则将 Windows 安装盘装入 CD-ROM 驱动器,并单击"确定"按钮,开始安装。
- 单击"结束"按钮,关闭安装向导。

2. Windows XP Professional 下的消息队列服务安装步骤

- 单击"开始">"设置">"控制面板">"添加/删除程序"。
- 在"添加/删除程序"对话框中,单击左边菜单条中的"添加/删除 Windows 组件"按钮,打开"Windows 组件向导"对话框,如图 2-2 所示。
- 选择组件"消息队列",激活"详细信息"按钮。
- 单击"详细消息"按钮,打开"消息队列服务"对话框。
- 在"消息队列服务"对话框中,选择组件"公共",取消选择其他所有的组件,单击"确定"按钮。
- 如果出现"插入磁盘"对话框,则将 Windows 安装盘装入 CD-ROM 驱动器,并单击"确定"按钮,开始安装。
- 单击"结束"按钮,关闭安装向导。

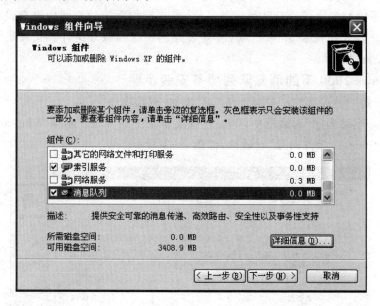

图 2-2 Windows XP Professional 选择安装消息队列服务

3. SQL Server 2000 的安装

随 WinCC V6.0 一起提供 Microsoft SQL Server 2000 SP3 安装盘,安装完成后,将建立一个新的 SQL Server 2000 实例(WinCC)。此实例安装时总是使用英语。创建的 SQL Server 2000(WinCC)实例不影响已存在的 SQL Server 2000 实例。即使已安装了其他的 SQL Server 2000 实例,也必须安装 SQL Server 2000(WinCC)实例。安装步骤如下:

- 启动 Microsoft SQL Server 2000 SP3 光盘。
- 选择"安装 SQL Server 2000"。
- 按屏幕提示进行安装操作。

2.2 WinCC 的安装与卸载

1. 安装 WinCC

WinCC 安装光盘上提供了一个自动运行程序,可自动启动安装。将 WinCC 安装光盘放入

CD-ROM 驱动器,便开始安装。如果没有自动启动安装程序,请运行光盘上的 Start.exe 程序。经过简短的装入程序后,出现如图 2-3 所示对话框。

图 2-3　WinCC V6.0 安装对话框

- 单击"安装 SIMATIC WinCC",开始 WinCC 的安装。
- 在打开的对话框中单击"下一步"。
- 在"软件许可证协议"对话框中,如接受许可证协议中的条款,请单击"是"。
- 在"用户信息"对话框中,输入相关信息以及序列号,如图 2-4 所示,并单击"下一步"。

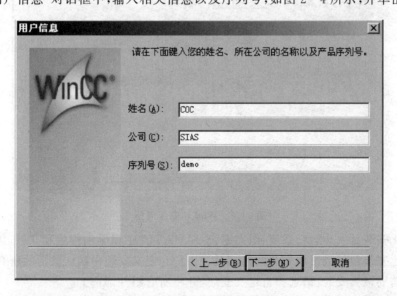

图 2-4　用户注册信息对话框

- 在"选择安装路径"对话框中,选择 WinCC 的目标文件及公共组件的安装路径,选择单击"下一步",如图 2-5 所示。
- 在"选择附加的 WinCC 语言"对话框中,选择需要附加的语言,单击"下一步"。

- WinCC 提供了 3 种基本的安装选择:最小化安装、典型化安装和自定义安装,如图 2-6 所示。

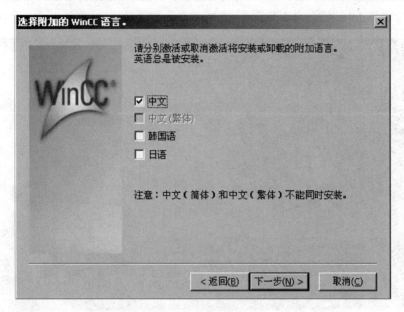

图 2-5 选择安装语言

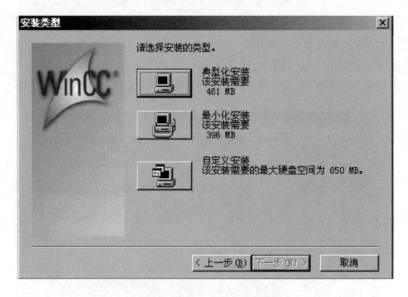

图 2-6 WinCC 安装类型

最小化安装是安装运行系统、组态系统、SIMATIC 通讯驱动程序和 OPC 服务器。
典型化安装包括最小化安装的内容及在用户自定义安装中默认激活的所有组件。
如果需要最大安装,请选择自定义安装,并将所有组件都选上。

- 如选择"自定义安装",则在如图 2-7 所示的"选择组件"对话框中选择需要安装的组件,单击"下一步"。
- 在"授权"对话框中出现刚刚选择安装的组件需要的授权种类。由于授权也可在安装完成后再进行,可选择"否,稍后执行授权"。如果没有授权,则 WinCC 只能运行在演示方式下,运行 1 h([小]时)后自动退出。单击"下一步",如图 2-8 所示。

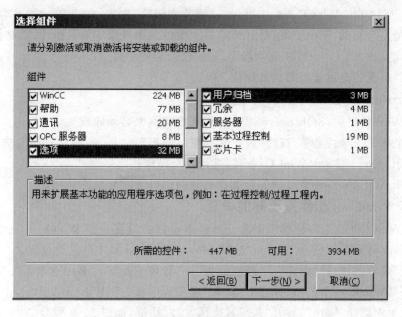

图 2-7 选择安装的组件

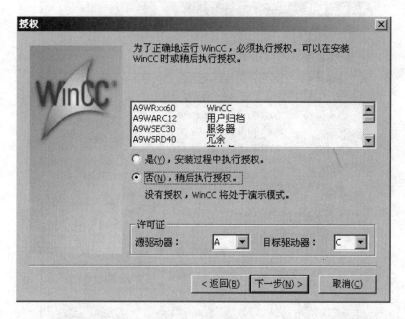

图 2-8 授权对话框

- 打开"所选安装组态的概要"对话框。此对话框列出了在安装 WinCC 时所做的安装选择。如需要改变某些选项,单击"上一步";如对所做的选择满意,单击"下一步"。安装程序将开始安装,把光盘上的文件复制到硬盘上。
- 在最后一个对话框中请选择"是,我想现在重新启动计算机",完成整个安装过程。

2. WinCC 的卸载

在计算机上既可完全卸载 WinCC,也可删除单个组件,例如语言或组件。卸载步骤如下:

- 打开操作系统"开始"菜单,并选择"设置">"控制面板">"添加/删除程序"。
- 选择 SIMATIC WinCC V6.0,并单击"更改和删除"按钮,启动 WinCC 安装程序。
- 选择是完全卸载 WinCC,还是只删除单个组件。如果希望删除组件,则必须将 WinCC 安装光盘放入 CD-ROM 驱动器中,显示已安装的组件。
- 按照屏幕上的提示进行后面的操作。

3. Microsoft SQL Server 2000 的卸载

在卸载 WinCC 之后,SQL Server 2000 WinCC 实例也必须卸载。

打开操作系统"开始"菜单,选择"设置">"控制面板">"添加/删除程序",选择要卸载的 Microsoft SQL Server 2000(WinCC)条目,进行删除操作。

Microsoft SQL Server 2000 只有在拥有有效的许可证时才允许使用。

4. 改变 Windows 事件查看器的设置

当安装 WinCC 时,其安装程序会改变事件查看器的设置。在 WinCC 卸载之后,这些设置不会被自动改回原有的值,可自行调整 Windows 事件查看器中的这些设置。

在"开始"菜单中,选择"设置">"控制面板">"管理工具">"事件查看器"。右击"系统"和"应用程序"(Windows XP)或"系统日志"和"应用程序日志"(Windwos 2000)上的左侧子窗口,在快捷菜单中选择"属性",打开"系统日志属性"对话框,如图 2-9 所示。

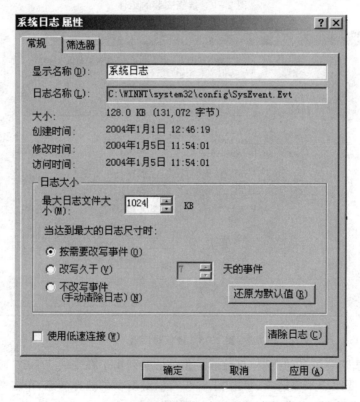

图 2-9 更改系统日志属性

在"系统日志属性"对话框中将最大日志文件大小 1 024 KB 改为原有值 512 KB。当达到最大的日志尺寸时,将"按需要改写事件"改成原有设置"改写久于 7 天的事件"。

第 3 章 组态第一个工程

本章介绍 WinCC 的基本组件,并通过一个简单的例子来说明如何建立和编辑 WinCC 项目。

WinCC 的基本组件是组态软件和运行软件。WinCC 项目管理器是组态软件的核心,对整个工程项目的数据组态和设置进行全面的管理。开发和组态一个项目时,使用 WinCC 项目管理器中的各个编辑器建立项目使用的不同元件。

使用 WinCC 的运行软件,操作人员可监控生产过程。

使用 WinCC 来开发和组态一个项目的步骤如下:
- 启动 WinCC。
- 建立一个项目。
- 选择及安装通讯驱动程序。
- 定义变量。
- 建立和编辑过程画面。
- 指定 WinCC 运行系统的属性。
- 激活 WinCC 画面。
- 使用变量模拟器测试过程画面。

3.1 建立项目

3.1.1 启动 WinCC

启动 WinCC,单击"开始">SIMATIC>WinCC>Windows Control Center 6.0 菜单项,如图 3-1 所示。

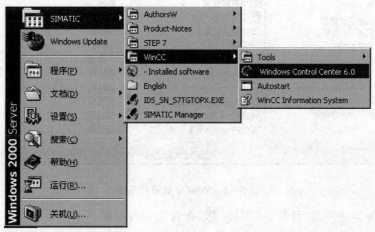

图 3-1 启动 WinCC

3.1.2 建立一个新项目

第一次运行 WinCC 时,出现一个对话框,选择建立新项目的类型包括以下有 3 种:
- 单用户项目;
- 多用户项目;
- 客户机项目。

如果希望编辑和修改已有项目,可选择"打开已存在的项目"。

建立 Qckstart 项目的步骤如下:

- 选择"单用户项目",并单击"确定"按钮。
- 在"新项目"对话框中输入 Qckstart 作为项目名,并为项目选择一个项目路径。如有必要可以对项目路径重新命名;否则,将以项目名作为路径中最后一层文件夹的名字。本次关闭 WinCC 前所打开的项目,在下一次启动 WinCC 时将自动打开。如果本次关闭 WinCC 前项目是激活的,则下一次启动 WinCC 是也将自动激活所打开的项目。
- 打开 WinCC 资源管理器如图 3-2 所示,实际窗口内容根据配置情况有细微差别。窗口的左边为浏览窗口,包括所有已安装的 WinCC 组件。有子文件夹的组件在其前面标有符号"+",单击此符号可显示此组件下的子文件夹。窗口右边显示左边组件或文件夹所对应的元件。

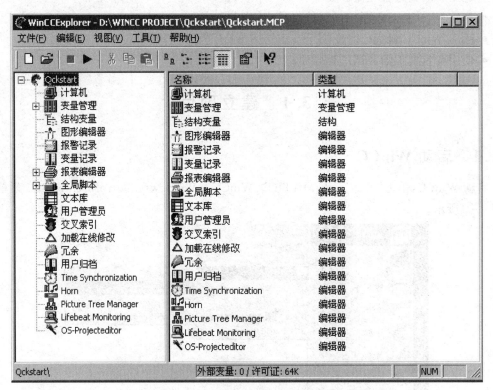

图 3-2 WinCC 资源管理器

- 在导航窗口中单击"计算机"图标 ,在右边窗口中将显示与用户的计算机名一样的计算机服务器。右击此计算机,在快捷菜单中选择"属性"菜单项,在随后打开的对话框中可设置 WinCC 运行时的属性,如设置 WinCC 运行系统的启动组件和使用的语言等。

3.2 组态项目

3.2.1 组态变量

1. 添加逻辑连接

若要使用 WinCC 来访问自动化系统(PLC)的当前过程值,则在 WinCC 与自动化系统间必须组态一个通讯连接。通讯将由称作通道的专门的通讯驱动程序来控制。WinCC 有针对自动化系统 SIMATIC S5/S7/505 的专用通道以及与制造商无关的通道,例如 PROFIBUS - DP 和 OPC。

- 添加一个通讯驱动程序,右击浏览窗口中的"变量管理",在快捷菜单中选择"添加新的驱动程序",菜单项如图 3-3 所示。

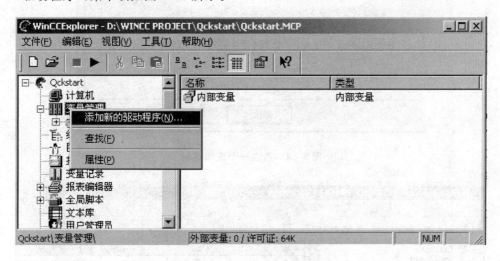

图 3-3 添加一个通讯驱动程序

- 在"添加新的驱动程序"对话框中,选择一个驱动程序,例如选择 SIMATIC S7 Protocol Suite.chn,并单击"打开"按钮,所选择的驱动程序将显示在变量管理的子目录下。
- 单击所显示的驱动程序前面的"+",将显示当前驱动程序所有可用的通道单元。通道单元可用于建立与多个自动化系统的逻辑连接。逻辑连接表示与单个的、已定义的自动化系统的接口。
- 右击 MPI 通道单元,在快捷菜单中选择"新驱动程序的连接"菜单项。在随后打开的如图 3-4 所示的"连接属性"对话框中输入 PLC1 作为逻辑连接名,单击"确定"按钮。

2. 建立内部变量

- 如果 WinCC 资源管理器"变量管理"节点还没有展开,可双击"变量管理"子目录。
- 右击"内部变量"图标,在快捷菜单中选择"新建变量"菜单项,如图 3-5 所示。
- 在"变量属性"对话框中,将变量命名为 TankLevel。在数据类型列表框中,选择数据类型为"有符号 16 位数",单击"确定"按钮,确认输入,如图 3-6 所示。所建立的所有变量显示在 WinCC 项目管理器的右边窗口中。

如需要创建其他的内部变量,可重复上述操作,还可对变量进行复制、剪切、粘贴等操作,快速建立多个变量。

图 3-4 建立一个逻辑连接

图 3-5 建立内部变量

3. 建立过程变量

- 在建立过程变量前,必须先安装一个通讯驱动程序和建立一个逻辑连接。在前面已建

图 3-6 内部变量的属性

立了一个命名为 PLC1 的逻辑连接。

- 单击"变量管理">SIMATIC S7 PROTOCOL SUITE>MPI 前面的"＋",展开各自节点,右击出现的节点 PLC1,在快捷菜单中选择"新建变量"菜单项,如图 3-7 所示。

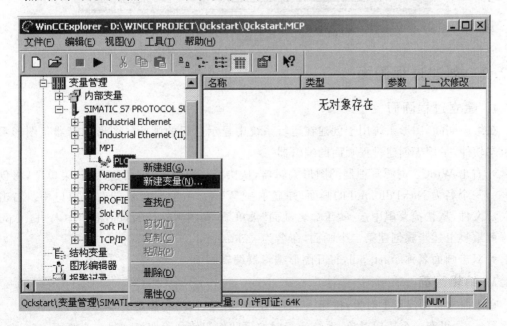

图 3-7 建立一个过程变量

- 在"变量属性"对话框中给变量命名,并选择数据类型。WinCC 中的数据类型有别于 PLC 中使用的数据类型,如有需要可在"改变格式"列表框中选择格式转换。
- 必须给过程变量分配一个在 PLC 中的对应地址,地址类型与通讯对象相关。单击地址域旁边的"选择"按钮,打开"地址属性"对话框,如图 3-8 所示。
- 在过程变量的"地址属性"对话框中,选择数据列表框中过程变量所对应的存储区域。地址列表框和编辑框用于选择详细地址信息。
- 单击"确定"按钮,关闭"地址属性"对话框。单击"确定"按钮,关闭"变量属性"对话框。

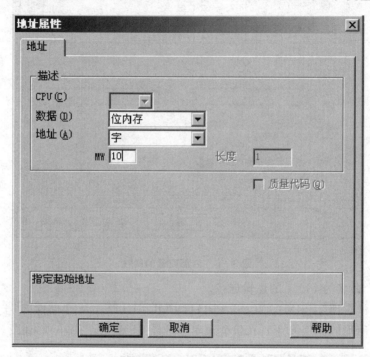

图 3-8 过程变量的属性对话框

3.2.2 创建过程画面

1. 建立过程画面

在组态期间,图形系统用于创建在运行系统中显示过程的画面。图形编辑器是图形系统的组态软件,是用于创建过程画面的编辑器。

- 右击 WinCC 资源管理器的图形编辑器,从快捷菜单中选择"新建画面"菜单项,将创建一个名为 NewPdl0.pdl 的画面,并显示在 WinCC 资源管理器的右边窗口中。右击此文件,从快捷菜单中选择"重命名画面"菜单项,在随后打开的对话框中输入 start.pdl。
- 重复上述步骤创建第二个画面,命名为 sample.pdl。
- 双击画面名称 start.pdl,打开图形编辑器编辑画面。

2. 编辑画面

在画面中将创建以下对象:按钮、一个蓄水池、管道、阀门和静态文本。

第一步:组态一个按钮对象,系统运行时按下此按钮使画面切换到另一个画面。

在图形编辑器中选择对象选项板上的窗口对象,单击窗口对象前面的"+",展开窗口对象。选择"按钮",将鼠标指向画图区中放置按钮的位置,拖动至所需要的大小后释放,出现"按钮组态"对话框。在"文本"的文本框中输入文本内容,如输入 sample。单击对话框底部的图标 ,打开"画面"对话框,选择需要切换的画面,如图 3-9 所示。关闭对话框,并单击工具栏上的 按钮,保存画面。

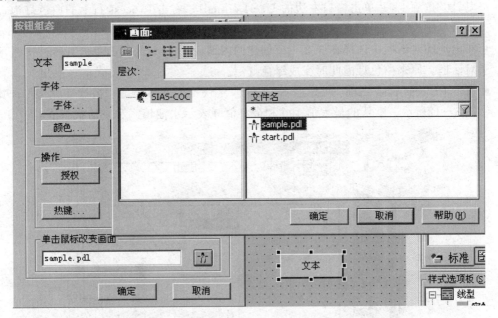

图 3-9 组态画面中的按钮

为在切换到另一个画面时能回到本画面,在画面 sample.pdl 中应组态另一按钮。在"按钮组态"对话框中的"单击鼠标改变画面"文本框中选择 start.pdl。

第二步:将在画面上组态蓄水池、管道、阀门。

- 选择菜单"查看">"库"或单击工具栏上的图标 ,显示对象库中的对象目录。双击"全局库"后显示全局库中的目录树,双击 PlantElements,双击 Tanks。单击对象库工具栏上的图标 ,可预览对象库中的图形。单击 Tank1,并将其拖至画图区中。拖动此对象周围的黑色方块可改变对象的大小。
- 单击"全局库">PlantElements>Pipes-Smart Objects,选择管道放置在画面上。
- 单击"全局库">PlantElements>Valves-Smart Objects,选择阀门放置在画面上。
- 选择"标准对象"中的"静态文本",将其放置在画面的右上角。输入标题"试验蓄水池"。选择字体大小为 20,调整对象的大小。创建的画面如图 3-10 所示。

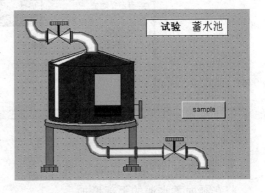

3-10 创建的画面

3.2.3 改变画面对象的属性

1. 更改 Tank 对象的属性

画面上的图形要动态地变化,必须将对象的某个属性与变量相关联。

- 选择 Tank1 对象并右击,从快捷菜单中选择"属性"菜单项。在"对象属性"窗口中选择"属性"选项卡,并单击窗口左边的 UserDefined1。右击 Process 行上的白色灯泡,从快捷菜单中选择"变量"菜单项,如图 3-11 所示。
- 在出现的对话框中选择在 3.2.1 节创建的内部变量 TankLevel,单击"确定"按钮,退出对话框。原来白色灯泡此时变成绿色灯泡。
- 右击 Process 行,"当前"列处显示"2秒",从快捷菜单中选择"根据变化"菜单项,如图 3-12 所示。默认的最大值 100 和最小值 0 表示水池填满和空的状态值。

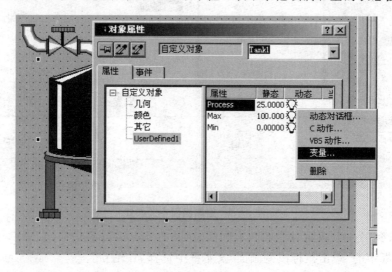

图 3-11 选择过程变量

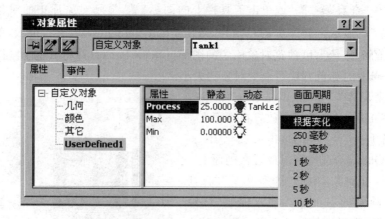

图 3-12 选择更新周期

2. 添加一个"输入/输出域"对象

将在画面蓄水池的上部增加另一个对象"输入/输出域",此对象不但可以显示变量值,还可以改变变量的值。
- 在对象选项板上,选择"智能对象">"输入/输出域"。
- 将"输入/输出域"放置在绘图区中,并拖动到要求的大小后释放,出现"I/O 域组态"对话框,如图 3-13 所示。
- 单击图标![],打开变量选择对话框,选择变量 TankLevel。
- 单击更新周期组合框右边的箭头,选择"500 毫秒"作为更新周期。
- 单击"确定"按钮,退出对话框。

注意　如果在完成设置前意外地退出"I/O 域组态"对话框或其他对象的组态对话框,则右击需要组态的对象,从快捷菜单中选择"组态"对话框,可继续组态。

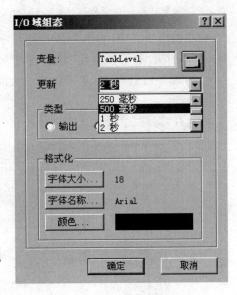

图 3-13　"I/O 域组态"对话框

3. 更改输入/输出域对象的属性
- 右击刚刚创建的"输入/输出域"对象,从快捷菜单中选择"属性"菜单项。
- 在"对象属性"窗口上,单击"属性"选项卡,如图 3-14 所示。选择属性"限制值"。

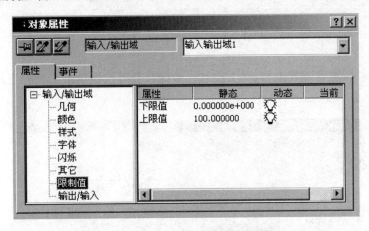

图 3-14　更改输入/输出域对象的属性

- 双击窗口右边的"下限值"。在随后打开的对话框中输入 0,单击"确定"按钮。
- 双击窗口右边的"上限值"。在随后打开的对话框中输入 100,单击"确定"按钮。
- 单击工具栏上的图标![],保存画面,并将图形编辑器最小化。至此画面组态完成。

3.3　指定 WinCC 运行系统的属性

本节讲述如何改变一些属性值。这些属性值影响项目在运行时的外观。其操作步骤如下:

- 单击 WinCC 项目管理器浏览窗口上的 图标。
- 在右边窗口中,右击以你计算机名字命名的服务器。从快捷菜单中选择"属性"菜单项,打开"计算机属性"对话框,选择"图形运行系统"选项卡,设置项目运行时的外观,如图 3-15 所示。单击窗口右边的"浏览"按钮,选择 start.pdl 作为系统运行时的启动画面。
- 选择"标题"、"最大化"和"最小化"作为窗口的属性。单击"确定"按钮,关闭对话框。

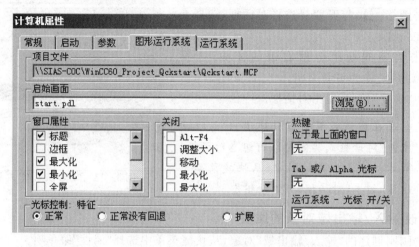

图 3-15 设置工程运行时的属性

3.4 运行工程

选择 WinCC 资源管理器主菜单"文件">"激活",也可直接单击工具栏上的图标 ,运行工程。运行效果如图 3-16 所示。

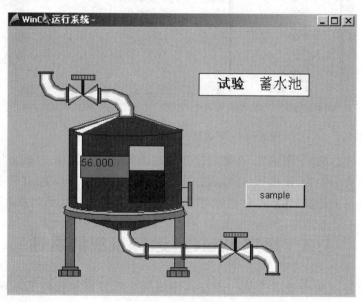

图 3-16 工程运行画面

3.5 使用变量模拟器

如果 WinCC 没有连接到 PLC，而又想测试项目的运行状况，则可使用 WinCC 提供的工具软件变量模拟器(WinCC Tag Simulator)来模拟变量的变化。

- 单击 Windows 任务栏的"开始"，并选择 SIMATIC＞WinCC＞Tools 菜单项，单击 WinCC Tag Simulator，运行变量模拟器。

注意 只有当 WinCC 项目处于运行状态时，变量模拟器才能正确地运行。

- 在 Simulation 对话框中，选择 Edit＞New Tag 菜单项，从变量选择对话框中选择 TankLevel 变量。
- 在"属性"选项卡上，单击 Inc 选项卡，选择变量仿真方式为增1。
- 输入起始值为 0，终止值为 100，并选中右下角的"激活"复选框，如图 3-17 所示。在 List of Tags 选项卡上，单击 Start Simulation 按钮，开始变量模拟。TankLevel 值会不停地变化。

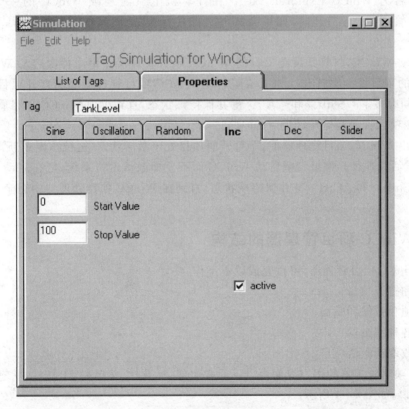

图 3-17　变量模拟器

第4章 项目管理器

WinCC 项目管理器代表最高层,所有的模块都从这里启动。启动 WinCC 时即进入 WinCC 项目管理器窗口。

4.1 WinCC 项目管理器介绍

4.1.1 启　动

安装完成之后,WinCC 将出现在操作系统的开始菜单上。启动 WinCC 可使用 Windows Control Center 6.0 命令,也可通过其他方式启动 WinCC 项目管理器。WinCC 项目管理器的可执行文件名为 WinCC Explorer.exe。在计算机上只能装载 WinCC 的一个实例。当 WinCC 项目管理器已经打开时,如果尝试再次将其打开,则该操作不会被执行,且没有出错信息。

首次启动 WinCC,将打开没有项目的 WinCC 项目管理器。每当再次启动 WinCC 时,上次最后打开的项目将再次打开。如果希望启动 WinCC 项目管理器而不打开项目,可在启动 WinCC 时,同时按下<Shift>和<Alt>键并保持该状态,直到出现 WinCC 项目管理器窗口。这时 WinCC 项目管理器打开,但不打开项目。

如果退出 WinCC 项目管理器前,所打开的项目处于激活状态(运行),则重新启动 WinCC 时,将自动激活该项目。如果希望启动 WinCC 而不立即激活运行系统,可在启动 WinCC 时,同时按下<Shift>和<Ctrl>键并保持该状态,直到在 WinCC 项目管理器中完全打开和显示项目。

4.1.2 WinCC 项目管理器的结构

使用 WinCC 项目管理器,可以完成以下工作:
- 创建和打开项目;
- 管理项目数据和归档;
- 打开各种编辑器;
- 激活或取消激活项目。

WinCC 项目管理器的用户界面由以下元素组成:标题栏、菜单栏、工具栏、状态栏、浏览窗口和数据窗口,如图 4-1 所示。

1. 标题栏

标题栏显示当前所打开项目的详细路径和项目是否激活。

2. 菜单栏和工具栏

菜单栏上的大部分菜单项的定义及操作与 Windows 相同,在此不一一介绍。这里只介绍 WinCC 上独有的菜单项。

— "激活"菜单项：位于"文件"菜单下，用于激活或取消激活项目。相当于工具栏上的 ▶ 和 ■ 按钮。
— "驱动程序连接状态"菜单项：用于查看所有建立的通道单元的连接状态及变量读/写信息。

3. 状态栏

状态栏显示与编辑有关的一些提示，还显示文件的当前路径、已组态外部变量数目和授权范围内的变量数目。

4. 浏览窗口和数据窗口

在 WinCC 项目管理器中，在浏览窗口和数据窗口中都可进行工作，如图 4-1 所示。在这些窗口中，右击可打开每个元素的快捷菜单。

浏览窗口包含 WinCC 项目管理器中的编辑器和功能的列表。双击列表或使用相应的快捷菜单可打开相应的编辑器。

数据窗口位于窗口的右侧，单击浏览窗口中的编辑器或文件夹，数据窗口将显示编辑器或文件夹的元素。所显示的信息将随编辑器的不同而变化。

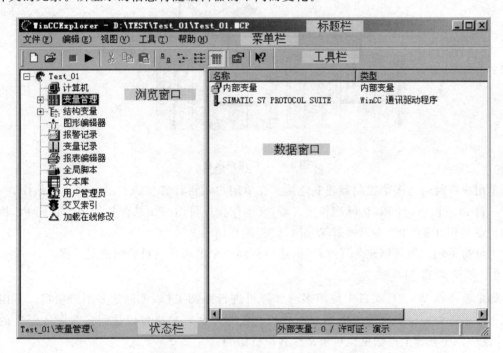

图 4-1 "WinCC 项目管理器"窗口

5. 搜索功能

通过选择项目、计算机或变量管理器的快捷菜单中的"查找"命令，可在 WinCC 项目管理器浏览窗口和数据窗口中启动搜索功能。此功能在菜单栏上无相应的菜单项，只能在快捷菜单中完成。可在项目中搜索的元素有：客户机计算机、服务器计算机、驱动程序连接、通道单元、连接、变量组和变量。

所搜索的名称支持"*"字符用做通配符，进行搜索的条目均不分大小写。

4.2 项目类型

WinCC 中的工程项目分为 3 种类型：单用户项目、多用户项目和客户机项目。

1. 单用户项目

如果只希望在 WinCC 项目中使用一台计算机进行工作，可创建单用户项目，运行 WinCC。

项目的计算机既用做进行数据处理的服务器，又用做操作员输入站。其他计算机不能访问该计算机上的项目（通过 OPC 等的访问除外）。典型的单户项目如图 4-2 所示。

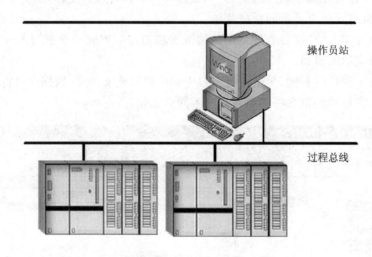

图 4-2 单用户项目

单用户项目可与多个控制器建立连接。在单用户项目计算机所在的自动化网络中，一般只有一台 PC 机。这台 PC 机既当作服务器，又当作操作员站。如果有多台 PC 机，则 PC 机上的数据也是相互独立的，不可通过 WinCC 进行相互访问。

也可将单用户项目创建为冗余系统，还可创建一个单用户项目的归档服务器。

2. 多用户项目

如果希望在 WinCC 项目中使用多台计算机进行协调工作，可创建多用户项目。多用户系统可以组态为一至多台的服务器和客户机。任意一台客户机可以访问多台服务器上的数据；任意一台服务器上的数据也可被多台客户机访问。

在服务器上创建多用户项目，与可编程控制器建立连接的过程通讯只在服务器上进行。多用户项目中的客户机没有与 PLC 的连接。在多用户项目中，可组态对服务器进行访问的客户机。在客户机上创建的项目类型为客户机项目。

如果希望使用多个服务器进行工作，则将多用户项目复制到第二个服务器上，对所复制的项目作出相应的调整；也可在第二台服务器上创建一个与第一台服务器上的项目无关的第二个多用户项目。服务器也可以以客户机的角色访问另一台服务器的数据。

WinCC V6.0 可使用 12 台服务器（如果每台服务器都冗余即有 24 台服务器），可有 32 台客户机。典型的多用户项目如图 4-3 所示。

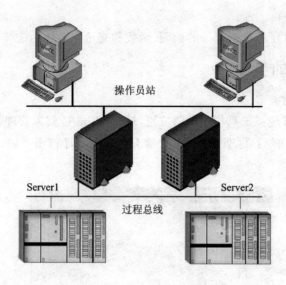

图 4-3 多用户项目

3. 客户机项目

如果创建了多用户项目,则随后必须创建对服务器进行访问的客户机,并在将要用做客户机的计算机上创建一个客户机项目。对于 WinCC 客户机,存在下面两种情况:

(1) 具有一台或多台服务器的多用户系统

客户机访问多台服务器。运行系统数据分布于不同服务器上。多用户项目中的组态数据位于相关服务器上。客户机上的客户机项目中可以存在本机的组态数据:画面、脚本和变量。在这样的多用户系统中,必须在每个客户机上创建单独的客户机项目。

(2) 只有一台服务器的多用户系统

客户机访问一台服务器。所有数据均位于服务器上,并在客户机上进行引用。在这样的多用户系统中,没有必要在 WinCC 客户机上创建单独的客户机项目。

4.3 创建和编辑项目

4.3.1 创建项目前的准备

为了更有效地创建 WinCC 项目,应对项目的结构给出一些初步的考虑。根据所规划项目的大小,按照确定的规则进行某些设置。在开始创建一个项目前应考虑以下几方面:

(1) 项目类型

在开始创建项目前,应清楚创建的是单用户项目,还是多用户项目。

(2) 项目路径

可将 WinCC 项目创建在一个单独的分区上,不要将 WinCC 项目放在系统分区上。

(3) 项目名称

一旦完成项目的创建,再对项目的名称进行修改就会涉及许多步骤。因此,建议在创建项目之前就确定合适的名称。

此外,所创建的项目还应具有统一的画面、函数和变量命名的约定等。

4.3.2 创建项目的步骤

第一步:指定项目的类型。

单击 WinCC 项目管理器工具栏上的 按钮,打开"WinCC 资源管理器"对话框,如图 4-4 所示。选择所需要的项目类型,并单击"确定"按钮,即打开"创建新项目"对话框,如图 4-5 所示。

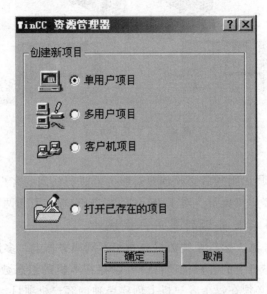

图 4-4 "WinCC 资源管理器"对话框

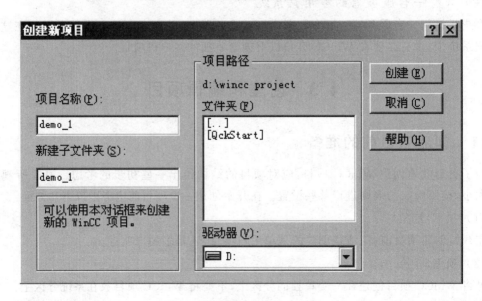

图 4-5 "创建新项目"对话框

第二步：指定项目名称和项目存放的文件夹。

在"创建新项目"对话框中输入项目名称和项目的完整存放路径。单击"创建"按钮后，WinCC 开始创建所需名称的项目，随后在 WinCC 项目管理器中将该项目打开。

第三步：更改项目的属性。

- 单击 WinCC 项目管理器浏览窗口中的项目名称，并在快捷菜单中选择"属性"菜单项，打开"项目属性"对话框，如图 4-6 所示。

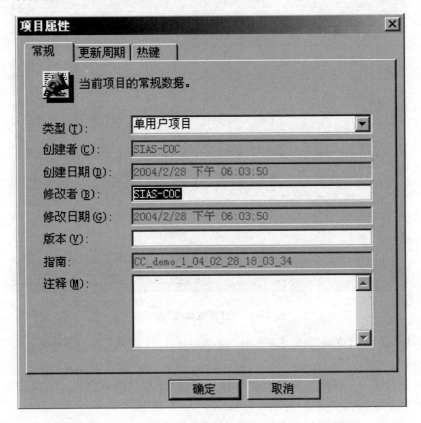

图 4-6 "项目属性"对话框

- 在"项目属性"对话框中，可修改项目的类型、修改者及版本等内容。
- 在"更新周期"选项卡上，可选择更新周期，并可定义五个用户周期。用户周期的时间可选择。
- 在"热键"选项卡上，可为 WinCC 用户登录和退出定义热键。

4.3.3 更改计算机的属性

创建项目后，必须调整计算机的属性。如果是多用户项目，必须单独为每台创建的计算机调整属性。其操作步骤如下：

- 单击 WinCC 项目管理器浏览窗口中的"计算机"图标，选择所需要的计算机，并在快捷菜单中选择"属性"命令，打开"计算机属性"对话框，如图 4-7 所示。
- 在"常规"选项卡上，检查"计算机名称"输入框中是否输入了正确的计算机名称。此名称应与 Windows 的计算机名称相同。Windows 下的计算机名称可在 Windows 控制

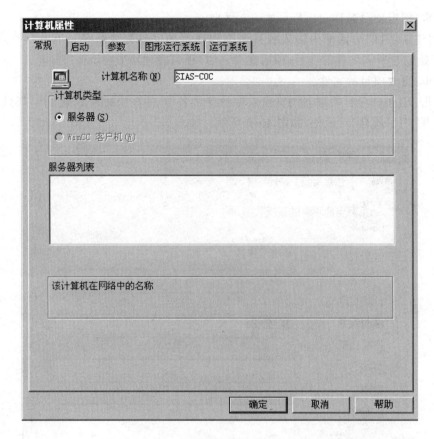

图 4-7 "计算机属性"对话框

面板中"系统"下的网络标志(Windows 2000)或"计算机名称"(Windows XP)选项卡上找到。
- 如果创建了一个多用户项目,则"计算机类型"可指示此计算机组态是服务器,还是客户机。单击"确定"按钮,关闭对话框。

如果对项目中的计算机名称进行了修改,则必须关闭并重新打开项目才能生效。

4.4 激活项目

如果希望对过程进行监控,则必须激活项目,并激活与外部可编程控制器及其他控制器的通讯。激活 WinCC 项目即是启动 WinCC 运行系统。运行系统启动后,所有的过程数据都存储在服务器运行系统数据库中。

4.4.1 运行系统的设置

激活项目时,将装载运行系统所需要的附加程序模块。在启动列表中,可指定激活项目时将要启动的应用程序。
- 在浏览窗口中选择"计算机",在右边的数据窗口中选择需要修改的计算机,并从快捷菜单中选择"属性"菜单项,在随后打开的对话框中选择"启动"选项卡,如图 4-8 所示。

图 4-8 "计算机属性"对话框"启动"选项卡

此选项卡包括两个部分：

在"WinCC 运行系统的启动顺序"文本框中,包含所有缺省 WinCC 运行系统模块的列表。

在"附加的任务/应用程序"文本框中,可选择未在缺省部分列出,但又必须启动的应用程序。

- 在"启动"选项卡上,可选择 WinCC 运行系统的启动组件,根据项目的要求进行选择。缺省状态下,将始终启动并激活图形运行系统。为获得更好的性能,如果项目目前没有使用到某个组件,则可不进行选择。
- 在"参数"选项卡上,可选择运行系统中的语言和时基。
- 在"图形运行系统"选项卡上,应设置 WinCC 项目的启动画面。这样,项目启动时将首先打开所选择的启动画面。在此选项卡上,还可设置 WinCC 图形运行系统的窗口属性以及其他图形运行系统的属性。
- 在"运行系统"选项卡上,可设置 Visual Basic 画面脚本和全局脚本的调试特性,还可设置是否启用监视键盘(软件键盘)等选项。
- 当启动 WinCC 运行系统时,WinCC 使用在"计算机属性"对话框中设置的属性进行运行,并可随时修改运行系统的这些设置。对运行系统的修改,大部分的设置在重新激活后即可生效;部分设置须重新启动后,才能生效。

4.4.2 启动和退出运行系统

1. 启动运行系统

在 WinCC 项目管理器中打开所需要的项目,单击工具栏上的▶按钮,WinCC 将按照"计算机属性"对话框中所选择的设置启动运行系统。

对于多用户系统,必须首先启动所有服务器上的运行系统。当所有服务器上的项目都已激活时,才可启动 WinCC 客户机上的运行系统。

对于冗余系统,应首先启动主服务器上的运行系统,再启动备份服务器上的运行系统。

2. 设置自动运行

当一个项目投入正常运行后,可以设置在启动 Windows 后,使用自动运行程序自动启动 WinCC。

- 选择 WinCC 程序组上的 AutoStart 应用程序,打开如图 4-9 所示的"AutoStart 组态"应用程序对话框。

图 4-9 设置自动启动 WinCC

- 单击"项目"框中的 ... 按钮,选择所需要打开的 WinCC 项目。如果希望在运行系统中打开项目,选中"启动时激活项目"复选框,WinCC 项目在运行系统中启动,WinCC 项目管理器不打开。
- 单击"添加到 AutoStart"按钮。下一次计算机启动后,WinCC 将自动启动。如不希望 WinCC 自动启动可单击"从 AutoStart 删除"按钮。

3. 退出运行系统

退出运行系统时,取消激活项目。所有激活的过程均将停止。

单击工具栏上的■按钮,"WinCC 运行系统"窗口关闭,退出运行系统。

4.5 复制项目

1. 复制项目

复制项目,即将项目与所有重要的组态数据复制到同一计算机的另一个文件夹或网络中的另一台计算机上。项目复制器完成这项工作的最近选择。使用项目复制器,只复制项目和所有组态数据,运行系统数据不复制。

- 单击 Windows"开始"菜单,依次选择 Simatic>WinCC>Tools 菜单项,最后单击 Project Duplicator 命令,打开"WinCC 项目复制器"对话框,如图 4-10 所示。
- 在"选择要复制的源项目"文本框中输入希望复制的项目,单击旁边的 ... 按钮浏览选择。单击"另存为"按钮,打开"另存为 WinCC 项目"对话框,选择复制的目的文件夹,并给项目赋予一个名称,此项目名称可与原项目名称相同也可以不同。单击"保存"按钮,开始复制。复制完毕后,单击"关闭"按钮,关闭项目复制器。

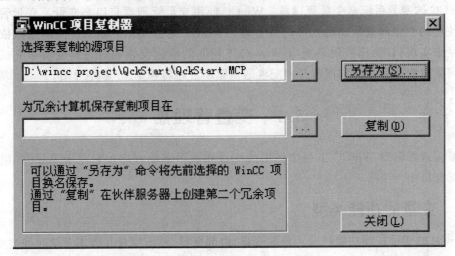

图 4-10 "WinCC 项目复制器"对话框

2. 复制冗余服务器项目

冗余系统上的 WinCC 项目必须完全相同。如果创建了一套冗余系统,则每当完成主服务器的任何修改之后,必须对备份服务器上的项目进行同步。复制冗余服务器项目,不能使用 Windows 资源管理器的复制和粘贴功能,只能使用 WinCC 项目复制器。

在如图 4-10 所示的"WinCC 项目复制器"对话框中的"选择要复制的源项目"文本框中选择源项目,在"为冗余计算机保存复制项目在"文本框中选择冗余服务器的目的项目存储位置。单击"复制"按钮,开始复制冗余系统中的冗余服务器的项目。

第 5 章 组态变量

变量系统是组态软件的重要组成部分。在组态软件的运行环境下,工业现场的生产状况将实时地反映在变量的数值中;操作人员监控过程数据,他在计算机上发布的指令通过变量传送给生产现场。

WinCC 的变量系统是变量管理器。WinCC 使用变量管理器来组态变量。变量管理器对项目所使用的变量和通讯驱动程序进行管理。WinCC 与自动化控制系统间的通讯依靠通讯驱动程序来实现;自动化控制系统与 WinCC 工程间的数据交换通过过程变量来完成。本章讲述如何创建组态变量。如何选择和配置通讯驱动程序将在第 11 章中介绍。

5.1 变量管理器

变量管理器管理 WinCC 工程中使用的变量和通讯驱动程序。它位于 WinCC 项目管理器的浏览窗口中。

5.1.1 变量的功能类型

WinCC 的变量按照功能可分为外部变量、内部变量、系统变量和脚本变量四种类型。

1. 外部变量

由外部过程为其提供变量值的变量,称为 WinCC 的外部变量,也称为过程变量。每一个外部变量都属于特定的过程驱动程序和通道单元,并属于一个通道连接。相关的变量将在该通讯驱动程序的目录结构中创建。外部变量的最大数目由 Power Tags 授权限制。

2. 内部变量

过程没有为其提供变量值的变量,称为内部变量。内部变量没有对应的过程驱动程序和通道单元,不需要建立相应的通道连接。内部变量在"内部变量"目录中创建。所组态的内部变量的数目不受限制。

3. 系统变量

WinCC 提供了一些预定义的中间变量,称为系统变量。每个系统变量均有明确的意义,可以提供现成的功能,一般用以表示运行系统的状态。系统变量由 WinCC 自动创建,组态人员不能创建系统变量,但可使用由 WinCC 创建的系统变量。系统变量以"@"开头,以区别于其他变量。系统变量可以在整个工程的脚本和画面中使用。

4. 脚本变量

脚本变量是在 WinCC 的全局脚本及画面脚本中定义并使用的变量。它只能在其定义时所规定的范围内使用。

5.1.2 变量管理器的结构

1. 浏览窗口

变量管理器位于 WinCC 项目管理器的浏览窗口中。内部变量及其相关联的变量组均位于"内部变量"目录下。WinCC 将在变量管理器中为每个已安装的通讯驱动程序创建一个新的目录。在通讯驱动程序目录下,可找到通道单元及其连接以及相关联的变量组和过程变量。

2. 数据窗口

WinCC 项目管理器的数据窗口将显示浏览窗口中所选目录的所有内容。

3. 工具提示

在运行系统中,可以以工具提示的方式查看与连接和变量有关的状态信息。移动鼠标指针到所希望的连接或变量上可显示状态信息。

工具提示包含了下列信息:
- 对于连接,显示与状态有关的简短信息;
- 对于变量,显示变量的当前值及变量的质量代码;
- 上一次修改变量时的日期。

4. 菜单栏

在"编辑"菜单下,可对变量和变量组进行剪切、复制、粘贴和删除等操作。在"编辑">"属性"下,可查看所选变量、通讯驱动程序、通道单元或连接等的属性。此操作也可使用快捷菜单来完成。

5. 查 找

在变量管理器中,可在快捷菜单中打开搜索功能,对变量、变量组、连接、通道单元和驱动程序进行搜索。

5.1.3 变量组

如果在一个项目中因处理大量的数据而需要许多变量时,建议将变量组织为变量组。只有这样才能在大型项目中始终注意各种事件。然而,变量组并不能保证变量的惟一性,即使在不同的变量组下变量名也应该是惟一的。一般可将完成同一功能的变量或属于同一设备的变量归结为一个组。

5.2 变量的数据类型

当创建变量时,将给变量分配某种可能的数据类型。数据类型取决于用户将怎样使用该变量。WinCC 中的变量分为以下数据类型:二进制变量、有符号 8 位数、无符号 8 位数、有符号 16 位数、无符号 16 位数、有符号 32 位数、无符号 32 位数、32 位浮点数、64 位浮点数、8 位字符集文本变量、16 位字符集文本变量、结构类型变量、原始数据类型和文本参考。

5.2.1 数值型变量

下面介绍各种数值型变量。

(1) 二进制变量

二进制变量(binary tag)取值为 TRUE 或 1,以及 FALSE 或 0。二进制变量在存储系统中占用 1 字节。

(2) 有符号 8 位数

有符号 8 位数(signed 8-bit value)占用 1 字节的存储空间,取值范围为 $-128 \sim 127$。

(3) 无符号 8 位数

无符号 8 位数(unsigned 8-bit value)占用 1 字节的存储空间,取值范围为 $0 \sim 255$。ASCII 字符用这种类型的变量来表示。

(4) 有符号 16 位数

有符号 16 位数(signed 16-bit value)表示一个短整数占用 2 字节的存储空间,取值范围为 $-32\,768 \sim 32\,767$。

(5) 无符号 16 位数

无符号 16 位数(unsigned 16-bit value)占用 2 字节的存储空间,取值范围为 $0 \sim 65\,535$。

(6) 有符号 32 位数

有符号 32 位数(signed 16-bit value)表示一个长整数占用 4 字节的存储空间,取值范围为 $-2\,147\,483\,648 \sim 2\,147\,483\,647$。

(7) 无符号 32 位数

无符号 32 位数(unsigned 32-bit value)占用 4 字节的存储空间,取值范围为 $0 \sim 4\,294\,967\,295$。

(8) 32 位浮点数

32 位浮点数(floating-point 32-bit IEEE 754)占用 4 字节的存储空间,取值范围为 $\pm 3.402\,823E+38$。

(9) 64 位浮点数

64 位浮点数(floating-point 64-bit IEEE 754)占用 4 字节的存储空间,取值范围为 $\pm 1.797\,693\,134\,862\,31E+308$。

各种不同数值型变量在 WinCC、STEP 7 和 C 动作中的声明类型如表 5-1 所列。

表 5-1 各种数值型变量的 WinCC、STEP 7 和 C 动作变量的类型声明

变量类型名称	WinCC 变量	STEP 7 变量	C 动作变量
二进制变量	Binary Tag	BOOL	BOOL
有符号 8 位数	Signed 8-bit Value	BYTE	char
无符号 8 位数	Unsigned 8-bit Value	BYTE	unsigned char
有符号 16 位数	Signed 16-bit Value	INT	short
无符号 16 位数	Unsigned 16-bit Value	WORD	unsigned short, WORD
有符号 32 位数	Signed 32-bit Value	DINT	int
无符号 32 位数	Unsigned 32-bit Value	DWORD	unsigned int, DWORD
32 位浮点数	Floating-point 32-bit IEEE 754	REAL	float
64 位浮点数	Floating-point 64-bit IEEE 754		double

5.2.2 字符串类型变量

1. 8位字符集文本变量

8位字符集文本变量占用的存储空间为 0~255 字节,可以用来表示 ASCII 字符集中的字符串。每个 ASCII 字符占 1 字节的存储空间。

2. 16位字符集文本变量

16位字符集文本变量占用的存储空间为 0~255 字节。该类型的变量一般用来表示 Unicode 字符集的文本变量。每个 Unicode 字符占 2 字节的存储空间。如需表示中文的字符串,变量类型应为 16 位字符集文本变量。

5.2.3 其他类型变量

1. 原始数据类型

外部和内部原始数据类型变量均可在 WinCC 变量管理器中创建。原始数据类型变量的格式和长度均不是固定的。其存储范围为 1~65 535 字节。它既可以由用户来定义,也可以是特定应用程序的结果。原始数据类型变量的内容是不固定的。只有发送者和接收者能解释原始数据类型变量的内容,WinCC 不能对其进行解释。原始数据类型变量不能在"图形编辑器"中显示。

2. 文本参考

文本参考数据类型变量是指 WinCC 文本库中的条目。只可将文本参考组态为内部变量。例如,当希望交替显示不同文本块时,可使用文本参考。可将文本库中条目的相应文本 ID 分配给变量。

5.3 创建和编辑变量

5.3.1 创建内部变量

在 WinCC 项目管理器的变量管理器中,打开"内部变量"目录。右击并从快捷菜单中选择"新建变量"菜单项,打开"变量属性"对话框,见图 3-6。

输入变量名称并在数量类型列表框中选择变量的数据类型。如有需要,可在"限制/报告"选项卡上设置上限值、下限值和起始值。

这里创建了后面章节中要用到的变量,如表 5-2 所列。

表 5-2 创建的内部变量

序号	变量名称	变量类型	变量含义
1	oil_temp	有符号16位数	油温
2	motor_set	有符号16位数	1#电机设定值
3	motor_actual	有符号16位数	1#电机实际值
4	tank_alarm	无符号8位数	报警字节
5	cycle_pos	无符号16位数	测试对象位置

注:tank_alarm 的 0,1,2 位分别代表超油位、低油位和油泵电机故障。

5.3.2 创建过程变量

1. 创建过程变量的步骤

在创建过程变量之前，必须安装通讯驱动程序，并至少创建一个过程连接。

- 在 WinCC 项目管理器的变量管理器中，打开将为其创建过程变量的通讯驱动程序。选择所需要的通道单元及相应的连接。
- 右击相应的连接，并从快捷菜单中选择"新建变量"菜单项，打开"变量属性"对话框。在"常规"选择卡上输入变量的名称，并选择变量的数据类型，如图 5-1 所示。

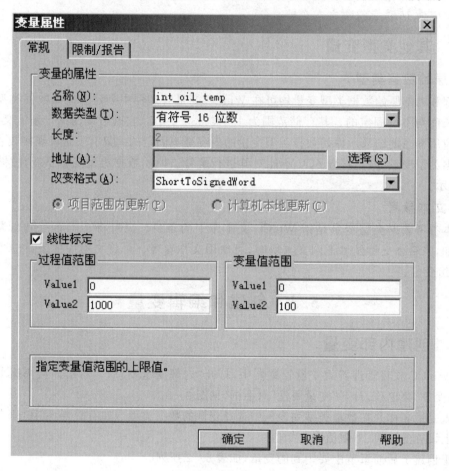

图 5-1 创建过程变量

- 单击"选择"按钮，打开"地址属性"对话框，输入此变量的地址，见图 3-8。单击"确定"按钮关闭对话框，完成过程变量的创建。
- 变量创建完后还可对地址进行修改。右击希望修改的过程变量，从快捷菜单中选择"寻址"菜单项，即可打开"地址属性"对话框。

2. 设置限制值

除二进制变量外，过程变量和内部变量的数值型变量都可以设定上限值和下限值。使用限制值，可以避免变量的数值超出所设置的限制值。当过程值超出上限值和下限值的范围时，

WinCC 将使数值变为灰色,且不再对其进行任何处理。

在"变量属性"对话框中选择"限制/报告"选项卡,选择"上限"和"下限"复选框,激活相应上限和下限的文本框,输入所期望的上、下限值,如图 5-2 所示。

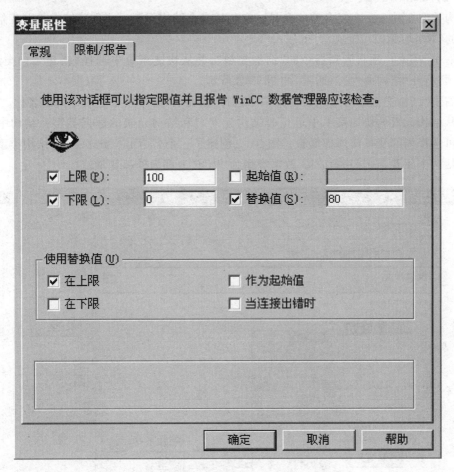

图 5-2 设置限制和替换值

3. 设置替换值

当与自动化系统的连接出错,或不存在有效的过程值,或过程值超出上、下限值时,可以用预先定义的替换值来代替。在图 5-2 中可选择在什么情况下使用替换值。内部变量无替换值。

4. 设置线性标定

如果希望以不同于自动化系统所提供的过程值进行显示,则可使用线性标定,如图 5-1 所示进行设置线性标定。先选择"线性标定"复选框,再分别输入过程值范围和变量值范围。图 5-1 的线性表示当过程值为 0 时,变量值为 0;当过程值为 1 000 时,变量值为 100。按照这种线性进行标定。线性标定并没有规定过程值和变量值的上、下限值。当过程值为 2 000 时,对应于变量的值为 200。

5.3.3 创建结构类型和变量组

1. 创建结构类型

结构类型变量为一个复合型的变量。它包括多个结构元素。要创建结构类型变量须先创建相应的结构类型。

- 右击 WinCC 项目管理器中的"结构类型",并从快捷菜单中选择"新建结构类型"菜单项,打开"结构属性"对话框,如图 5-3 所示。
- 右击"结构类型",可以从快捷菜单中选择"重命名"菜单项来更改结构的名称。
- 从结构元素的快捷菜单中可更改结构元素名和结构元素的数据类型。结构中的元素可选择内部变量或外部变量。图 5-3 创建了一个名为 motorspeed 的结构类型。它包括两个元素:set 和 actual。数据类型为 WORD,都为外部变量。

图 5-3 创建结构类型

2. 创建结构类型的变量

创建结构类型以后,就可创建相应的结构类型变量。创建结构类型变量的方法与创建普通变量的方法一样。但在选择变量类型时就不是选择简单的数据类型了,而是选择相应的结构类型。创建结构类型变量后,每个结构类型变量将包含多个简单变量。结构类型变量的使用与普通变量一样。

3. 创建变量组

当一个 WinCC 项目较大时,将有比较多的内部和外部变量,这时可将变量分组以方便 WinCC 项目的管理。

右击相应的连接或"内部变量",从快捷菜单中选择"新建组"菜单项,在随后出现的对话框中输入组名即可创建变量组。

4. 编辑变量

工具栏和快捷菜单均可用于完成对变量组、结构类型和变量进行的剪切、复制、粘贴、删除等操作。复制变量时,WinCC 自动将名称加 1 或给名称添加一个计数;复制变量组时,WinCC 将自动复制所包含的每一个变量。可复制结构类型变量,但不能复制结构变量中的单个元素。

第6章 创建过程画面

图形编辑器是用于创建过程画面并使其动态化的编辑器。只能为 WinCC 项目管理器中当前打开的项目启动图形编辑器。WinCC 项目管理器可以用来显示当前项目中可用画面的总览。WinCC 图形编辑器所编辑画面文件的扩展名为 .PDL。

6.1 WinCC 图形编辑器

6.1.1 WinCC 项目管理器中的图形编辑

1. 浏览窗口的快捷菜单

右击 WinCC 项目管理器的图形编辑器,将弹出快捷菜单。它包含以下菜单项:

(1)"打 开"

打开图形编辑器,并新建一个画面。

(2)"新建画面"

新建一个画面,但不打开图形编辑器。

(3)"图形 OLL"

可以被当前项目组态对象选择,也可以导入其他对象库。当打开"对象 OLL"对话框后,出现在"选定的图形 OLL"列表框中的文件所包含的对象,将显示在图形编辑器中的"对象选项板"上。

(4)"选择 ActiveX 控件"

图形系统中可以使用 WinCC 或第三方公司的 ActiveX 控件。图形编辑器中的"对象选项板"上的控件标签列出了当前项目可直接使用的 ActiveX 控件。如何添加 ActiveX 控件到"对象选项板"上将在后面章节中介绍。

(5)"转换画面"

用旧版本的 WinCC 图形编辑器所创建的画面必须转换成当前版本的格式。

(6)"转换全局库"

使用该菜单项,转换全局库中所有画面对象。

(7)"转换项目库"

使用该菜单项,转换项目库中所有画面对象。

2. 画面名称的快捷菜单

选择 WinCC 项目管理器的图形编辑器,在它的右边数据窗口显示该项目下的所有画面名称,右击任一画面,弹出的快捷菜单包含的菜单项有:"打开画面"、"重命名画面"、"删除画面"、"定义画面为启动画面"和"属性"。

6.1.2 图形编辑器的布局

图形编辑器由图形程序和各种各样的工具组成。基于 Windows 标准,图形编辑器具有创建和动态修改过程画面的功能;与 Auto CAD 等图形软件相似的程序界面和操作方法可以很容易地使用 WinCC 的图形编辑器;直接帮助提供了对问题的快速问答;用户还可以自定义工作环境。

图形编辑器的画面布局如图 6-1 所示。

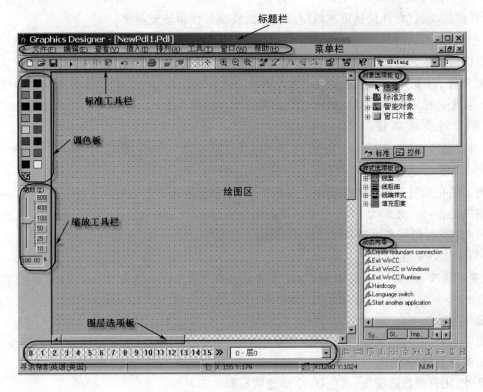

图 6-1 图形编辑器构成

图形编辑器包括以下元素:

(1) 绘图区

绘图区位于图形编辑器的中央。在绘图区中,水平方向为 x 轴,垂直方向为 y 轴。画面的左上角为画面的坐标原点,其坐标为 $x=0, y=0$。坐标以像素为单位。

绘图区中的对象原点位于包围对象的矩形的左上角。

(2) 标题栏

显示当前编辑的画面名称。

(3) 菜单栏

操作方法与标准 Windows 操作类似。单击菜单栏上的菜单"查看">"工具栏"菜单项,打开"工具栏"对话框。在此对话框中可以设置显示或隐藏画面编辑器中的各种工具栏。

(4) 标准工具栏

位于图形"编辑"菜单栏下的标准工具栏是缺省设置,包括常用的 Windows 命令按钮。按住<Alt>键并双击工具栏,"自定义工具栏"对话框打开。在这里,用户可以添加和删除按钮,并改变标准工具栏上的按钮顺序。如要恢复缺省设置的工具栏,可单击"重置"按钮。

(5)"对象选项板"

"对象选项板"包含在过程画面中频繁使用的不同类型的对象。它包括"标准"和"控件"两个选项卡。"标准"选项卡包括"标准对象"、"智能对象"和"窗口对象"。"控件"选项卡上默认是 WinCC 提供的最常用的 ActiveX 控件,如有需要可以链接其他控件。

(6)"样式选项板"

"样式选项板"允许快速更改线型、线粗细、线端样式和填充图案。

(7)"动态向导"

默认情况下,"动态向导"工具栏没有显示在图形编辑器中。"动态向导"提供了大量预定义的 C 动作,以支持频繁重复出现的过程组态。各种动作按"动态向导"的各选项卡中的主题排序。各个选项卡的内容可根据所选对象类型的不同而改变。

(8)"对齐选项板"

"对齐选项板"工具栏包括"对齐"、"居中"、"间距等同"、"匹配宽度"和"高度"等按钮。

(9)"图层选项板"

为了简化在复杂的过程画面中处理单个对象,图形编辑器允许使用图层。WinCC 画面编辑器横向最多可以分配为 32 个图层。这些图层可以单个显示或隐藏;缺省情况下,当前图层是图层 0。所有图层都可选择可见或不可见。

(10)"变量选项板"

"变量选项板"默认情况下为隐藏。"变量选项板"允许快速链接变量到对象的某个属性上。

操作方法如下:

打开对象的"对象属性"窗口,在"变量选项板"上选择一变量,拖动变量到"对象属性"窗口的某一属性上,释放。

此外,还有缩放选项板、调色板、字体选项板和状态栏等。

6.1.3 画面布局

画面上的任一位置都可以放置各种对象和控件。这可根据个人对画面美观的理解和操作画面的方便性等进行画面的布局。下面介绍的布局是根据大多数现场画面布局得出的两种基本布局方式,而且是根据以下条件进行画面布局设计的:

- 画面分辨率设置为 1 024×768 像素。
- 系统位于控制室内,通过鼠标和键盘进行操作。

(1)画面布局一

画面布局一如图 6-2 所示。

(2)画面布局二

画面布局二如图 6-3 所示。

图 6-2 画面布局一

图 6-3 画面布局二

画面划分成 3 个部分:总览区、按钮区和现场画面区。

(3) 布局原理

使用一个空白起始画面,然后在其中创建 3 个画面窗口(对象选项板上的智能对象):总览区、按钮区和现场画面区窗口。运行期间,可以根据需要交换这些画面窗口内显示的画面。这就给出了一种简便而灵活的修改画面的方法。

(4) 画面各区的内容

- 总览区:组态标志符、画面标题、带有日期和数据的时钟以及当前报警行。在画面布局二中将公司的标志符独立放置在画面的左上部分。
- 按钮区:组态在每个画面中显示的固定按钮和依靠现场画面显示的显示按钮。
- 现场画面区:组态各个设备的过程画面。

在运行期间,单击画面中的按钮时,对 3 个区(也可能是 1 个区或 2 个区)的画面名称进行切换。

6.2 使用图形、对象和控件

6.2.1 使用画面

在图形编辑器中,画面是一张绘图纸形式的文件。画面以 PDL 格式保存在项目目录的 GraCS 的子目录下。

对画面可以进行与操作普通文件一样的操作。由于操作比较简单,本书不一一介绍,只介绍 WinCC 图形编辑器中比较特殊或有用的一些用法。

1. 导出功能

导出功能位于"文件"菜单下,可将画面或选择的对象导出到其他文件中。导出的文件格式可为图元文件(.wmf)和增强型图元文件(.emf)。而以这两种文件格式导出的对象,动态设置和一些对象指定属性将丢失,因为图形格式不支持这些属性。

还可以以程序自身的 PDL 格式导出图形。以 PDL 格式只能导出整个画面,而不是所选择的对象。以 PDL 格式导出时,画面的动态得以保留。对象导出后,在"对象选项板"上选择智能对象上的"状态显示"或"图形对象",便可显示导出的对象。当把通过 WinCC 导出的对象添加到画面上时,放大和缩小不会使对象变形。

2. 导入功能

导入功能位于"插入"菜单下,使用其他程序创建的图形可以作为图形对象、OLE 对象或可编辑图形插入到图形编辑器中。可编辑图形必须是以 EMF 或 WMF 格式保存的向量图形。

3. 激活运行系统

运行系统位于"文件"菜单下。在图形编辑器中激活运行系统(工具栏上的 ▶ 按钮)时,在运行系统中也将使图形编辑器的当前画面打开。当对画面修改后,没有必要关闭运行系统画面,只要保存文件后,直接单击,便可显示修改后的运行系统画面。

4. 组对象

组对象位于"编辑"菜单下。当需要将多个对象当作一个整体使用时,可使用组对象。选择需要编组的各个对象,单击菜单中的"编辑">"组对象">"编组"菜单项,可完成对象编组(也可通过快捷菜单来完成)。对象编组后,可对组进行操作。

5. 设　置

单击菜单中的"工具">"设置"菜单项,可打开图形编辑器的"设置"对话框。其中包含"网格"、"选项"、"可见层"、"隐藏/显示"、"菜单/工具栏"和"缺省对象设置"6 个选项卡。

6. 使用图层

在图形编辑器中,画面由 32 个可放置对象的图层组成。对象总是添加到激活的图层中,但是可以快速移动到其他图层上。对象的图层分配可以使用"对象属性"窗口中的"图层"属性来改变。

当打开画面时,画面的全部 32 个图层都将被显示。图层选项板可以用于隐藏除激活图层外的全部图层。用此方法,可以集中编辑激活图层上的对象。在预备画面包含许多不同类型的对象时,图层尤其有用。

默认情况下,对象被添加到当前激活的图层上。对象图层可以改变。改变对象分配图层的步骤如下:

- 右击需要改变图层的对象。
- 从快捷菜单中选择"属性"菜单项,打开"对象属性"窗口。
- 选择"属性"选项卡上的对象类型,双击"图层"属性,然后输入所期望的图层的编号,如图 6-4 所示。

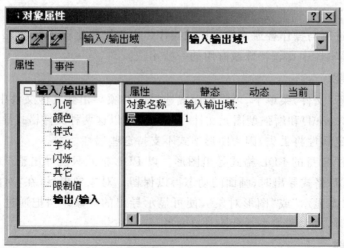

图 6-4　更改对象的图层

对象的图层可以显示和隐藏,在图 6-5 中,图层 1,2 和 3 为隐藏,其他图层显示。激活的图层是图层 0。单击右边的下拉列表框的▼按钮可以改变激活的图层。

图 6-5 图层选项板

6.2.2 对象的基本静态操作

WinCC 的对象包括标准对象、智能对象和 Windows 对象。它们位于对象选项板上。

不同对象类型有不同的默认属性。如果把对象插入到画面中,对象就采用这些缺省设置。如果对某个对象类型要建立多个对象,那么对每个对象的属性进行一个一个地修改就比较费时。这时,除了通过复制对象的方法外,还可以采用更改对象类型的缺省对象属性。

第一步:更改对象类型的缺省对象属性。
- 将鼠标指向"对象选项板",右击需要修改缺省对象属性的对象类型。
- 从快捷菜单中选择"属性"菜单项,打开"对象属性"窗口,更改期望修改的对象属性。

下一次添加该对象类型的对象时,将按照新的缺省属性添加对象。

第二步:将对象插入画面。
- 打开要插入对象的画面。
- 在"对象选项板"上单击一对象,如"圆"。
- 将光标定位在要插入的画面上,鼠标指针变成带有一个要添加对象符号的十字准线,如带"圆"的十字准线。
- 拖动矩形到所需大小。一旦释放,对象将被插入。

第三步:改变对象名。

对象名在画面中是惟一的。在插入对象时,按标准分配的对象名是用连续数字描述的对象类型。该名称可以使用"对象名称"属性更改。
- 右击画面中要改名的对象,从快捷菜单中选择"属性"菜单项。
- 打开"对象属性"窗口,如图 6-4 所示。选择"属性"选项卡,双击"对象名称"。
- 打开"文本输入"对话框,输入新的名称,单击"确定"按钮确认。

第四步:选择多个对象。

使用<Shift>键选择多个对象。

按住<Shift>键,同时一个接一个地单击所要选择的对象。

第五步:缩放对象。

对象的大小由包围对象的矩形几何参数确定。当通过显示选择标记选择对象时,围绕对象的矩形用符号表示。

对象缩放有两种方法:一种是拖动选择标记到新的位置;另一种是改变对象属性中的"宽度"和"高度"值。

对象的基本静态操作还有定位、镜面映射、对齐、旋转、剪切、复制和粘贴等操作。

6.2.3 对象属性的动态化

"对象属性"窗口包括两个选项卡,即"属性"和"事件"。

图6-4所示为"属性"选项卡,在图中的右边数据窗口中显示的列有"属性"、"静态"、"动态"、"时间"和"间接"。

"属性"列:指对象属性的名称,如位置 x、宽度等。

"静态"列:表示静态的对象属性值,如果在"动态"列中没有进行组态,则在运行状态下对象呈现出的是此列定义的属性值。

"动态"列:定义对象的动态属性值。如果组态了该列,在项目运行状态下,对象的属性值可以动态变化。如图6-6所示,对象的动态链接属性可用动态对话框、C动作、VBS动作和变量来实现。

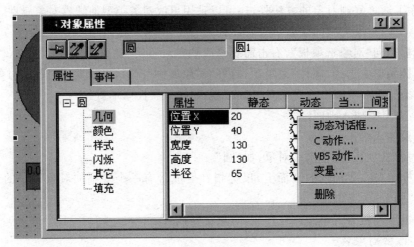

图6-6 实现对象属性的动态化

对象的某一属性通过不同方式实现动态链接时,在"动态"列将显示不同的图标。

白色灯泡:没有动态连接。

绿色灯泡:用变量连接。

红色灯泡:通过"动态"对话框实现动态。

带"VB"缩写的浅蓝色闪电:用VBS动作实现的动态。

带"C"缩写的绿色闪电:用C动作实现的动态。

带"C"缩写的黄色闪电:用C动作实现的动态,但C动作还未通过编译。

下面用例子来说明如何使用上述的动态链接。

新建一个画面,取名为PropAndEvent.pdl,添加一个圆和一个输入/输出域对象到画面中,将输入/输出域对象连接到第5章所建立的内部变量cycle_pos上,圆对象的位置 x 随cycle_pos的值改变而改变。以下步骤为使用4种方法前都要完成的过程:

- 右击画面上的"圆1"对象。
- 从快捷菜单中选择"属性"菜单项,打开"对象属性"对话框。
- 选择"属性"选项卡上的"几何"属性。
- 选择右边窗口中的"位置X",右击此行"动态"列上的灯泡,见图6-6。

(1) 用动态对话框实现
- 从快捷菜单中选择"动态对话框",打开"动态值范围"对话框,如图 6-7 所示。

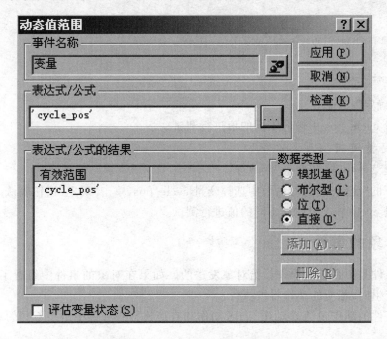

图 6-7 "动态值范围"对话框

- 在"数据类型"列表框中选择"直接"单选项。
- 单击"表达式/公式"文本框右边的 ⋯ 按钮,从菜单中选择"变量"。
- 从打开的"变量选择"对话框中选择变量 cycle_pos,单击"确定"按钮确认。
- 单击"应用"按钮,关闭"应用值范围"对话框。
- 单击图形编辑器工具栏上的图标 ⊟ ,保存画面。
- 单击图形编辑器工具栏上的图标 ▶ ,当在"输入/输出域"对象上输入不同值给 cycle_pos 变量时,圆的水平位置也在改变。

(2) 用 C 动作实现
- 从快捷菜单中选择"删除"菜单项,删除前面所做的动态对话框链接。
- 从快捷菜单中选择"C 动作"菜单项。
- 在打开的"编辑动作"对话框的右边编辑窗口的字符"}"的前面一行输入如下语句:

return GetTagWord("cycle_pos");

- 单击"确定"按钮。
- 在变量 cycle_pos 中输入不同的值进行测试。

(3) 用 VBS 动作实现
- 从快捷菜单中选择"删除"菜单项,删除前面所做的 C 动作链接。
- 从快捷菜单中选择"VBS 动作"菜单项。

- 打开"编辑 VB 动作"对话框,在右边编辑窗口的 Function Left_Trigger(Byval Item)和 End Function 语句之间输入下列语句:

```
Dim pos
Set pos = HMIRuntime.Tags("cycle_pos")
pos.Read()
Left_Trigger = pos.Value
```

- 单击"确定"按钮。
- 在变量 cycle_pos 中输入不同的值进行测试。

(4) 用变量链接实现
- 从快捷菜单中选择"变量"菜单项。
- 在打开的"变量选择"对话框中选择变量 cycle_pos,单击"确定"按钮确认。
- 在变量 cycle_pos 中输入不同的值进行测试。

6.2.4 对象的事件

对象的事件是由系统或操作员给对象发送的。如果在对象的事件中组态了一个动作,那么当有事件产生时,相应的动作将被执行。

可组态事件的动作包括 C 动作、VBS 动作和直接连接。事件中组态不同的动作有不同的图标表示。

白色灯泡:事件没有组态动作。
蓝色灯泡:事件组态为直接连接的动作。
带"C"缩写的绿色闪电:事件组态为 C 动作。
带"C"缩写的黄色闪电:事件组态为 C 动作,但 C 动作还没有通过编译。
带"VB"缩写的浅蓝色闪电:事件组态为 VBS 动作。

例 在 PropAndEvent.pdl 画面中增加一个按钮,将其"文本"属性改为清零。它的作用是在单击此按钮时将变量 cycle_pos 赋值为 0。在分别用 3 种动作实现此按钮的功能前,先完成如下的共同步骤:

- 右击此按钮,从快捷菜单中选择"属性"菜单项,打开"对象属性"窗口。
- 选择"事件"选项卡上的"鼠标"事件,在右边窗口中选择"按左键"行,"动作"列,右击白色闪电图标,弹出快捷菜单,结果如图 6-8 所示。

1) 事件组态为直接连接
- 从快捷菜单中选择"直接连接"菜单项,打开"直接连接"对话框。
- 在"源"框中选择单选项"常数",并在编辑框中输入数值 0。
- 在"目标"框中选择单选项"变量",单击旁边的按钮,打开"变量选择"对话框,选择变量 cycle_pos。
- 单击"确定"按钮确认,如图 6-9 所示。
- 单击"确定"按钮,关闭"直接连接"对话框。
- 单击图形编辑器工具栏上的图标,保存画面。
- 单击图形编辑器工具栏上的图标,单击"清零"按钮,测试效果。

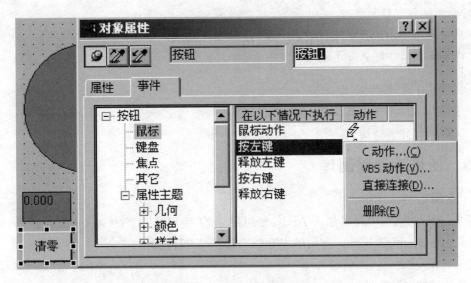

图 6-8 组态对象事件的动作

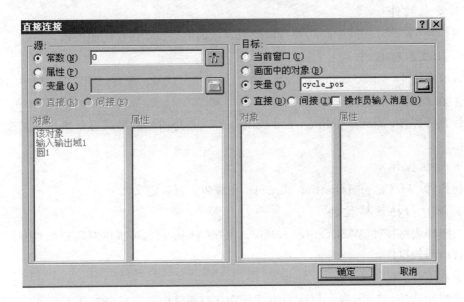

图 6-9 事件的"直接连接"对话框

2) 事件组态为 VBS 动作
- 在如图 6-8 所示的"对象属性"窗口中,从快捷菜单中选择"删除"菜单项。
- 再从快捷菜单中选择"VBS 动作"菜单项,打开"编辑 VB 动作"对话框。
- 在对话框的右边编辑窗口的 Sub 和 End Sub 语句间输入如下的语句:

Dim pos
Set pos = HMIRuntime.Tags("cycle_pos")
pos.Write(0)

- 单击"确定"按钮,关闭"编辑 VB 动作"对话框。
- 保存画面并进行测试。

3) 事件组态为 C 动作
- 从快捷菜单中选择"C 动作"菜单项,打开"编辑动作"对话框。
- 在编辑窗口中输入如下语句:

SetTagWord("cycle_pos",0);

- 单击"确定"按钮确认。
- 保存画面并进行测试。

6.2.5 使用控件和图库

1. 使用控件

在 WinCC 的画面中可以加入 ActiveX 控件,除了使用第三方的 ActiveX 控件外,WinCC 也自带了一些 ActiveX 控件。常用的 WinCC ActiveX 控件如下:

(1) 时钟控件

时钟控件(WinCC digital/analog clock control),可用于将时间显示集成到过程画面。

(2) 量表控件

量表控件(WinCC gauge control),以模拟表盘的形式显示监控的测量值。

(3) 在线表格控件

在线表格控件(WinCC online table control),以表格形式显示来自归档变量表单中的数值。

(4) 在线趋势控件

在线趋势控件(WinCC online trend control),以趋势曲线的形式显示来自归档变量表单中的数值。

(5) 按钮控件

按钮控件(WinCC push button control),在按钮上可以定义图形。

(6) 用户归档表格控件

用户归档表格控件(WinCC user archive – table element),可提供对用户归档和用户归档视图进行访问的控件。

(7) 报警控件

报警控件(WinCC alarm control),可用于在运行系统中显示报警消息。

此外,还有磁盘空间控件和滚动条控件等。

将"对象选项板"的"控件"选项卡上的控件添加到画面中的方法与其他对象相同。它们的使用方法将在后面的各章节陆续介绍。

对于不在"控件"选项卡上的 ActiveX 控件,如果经常使用,则可将其添加到"控件"选项卡上。其步骤如下:

- 将鼠标指向"对象选项板"的"控件"选项卡上的空白区域,右击空白区域。
- 从控件菜单中选择"添加/删除"菜单项。
- 打开"选择 OCX 控件"对话框,选中希望添加的 ActiveX 控件的复选按钮。
- 如果 ActiveX 控件还没有注册,在"可用的 OCX 控件"框中将不会显示出来,可单击"注册 OCX"按钮进行注册。控件注册成功后将显示在"可用的 OCX 控件"栏中。

第 6 章 创建过程画面

- 单击"确定"按钮,关闭"选择 OCX 控件"对话框后,刚刚添加的控件将出现在"控件"选项卡上。

如果想要添加的控件不是经常使用,则可使用如下步骤来添加控件到画面中:

- 选择"对象选项板"的"标准"选项卡,单击智能对象前面的"+"号展开智能对象。
- 选取智能对象的"控件"。
- 拖动"控件"使其达到希望的大小时释放。
- 打开如图 6-10 所示的"插入控件"对话框。

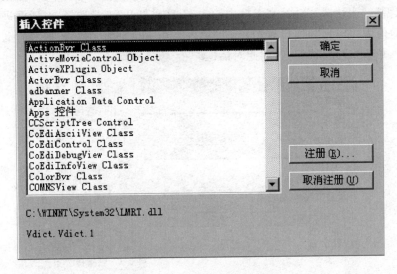

图 6-10 "插入控件"对话框

- 选择希望插入的控件,单击"确定"按钮后,所选择的控件将添加到画面中。

2. 使用图库中的对象

WinCC 提供了丰富的图库元件供使用。用户也可添加自己的图库对象。

图库对象使用步骤:

- 单击图形编辑器标准工具栏上的图标 ,打开图库。
- 找到希望添加的对象后,选中此对象并将其拖动到画面上。

6.3 使用图形编辑器的一些例子

本节将举一些例子来说明如何组态画面。

1. On/Off 开关的切换显示

现有两个按钮"启动"和"停止"。"启动"按钮为绿色,"停止"按钮为红色。当单击"启动"按钮后,"停止"按钮显示,"启动"按钮隐藏,将关联变量 bit1 置 1;单击"停止"按钮后,"启动"按钮显示,"停止"按钮隐藏,变量 bit1 置 0。

- 新建一个内部变量 bit1。变量类型为"二进制变量"。
- 在画面增加两个按钮,按钮 1 为"停止",按钮 2 为"启动",并设置按钮的颜色属性值。
- 单击"停止"按钮,打开"对象属性"窗口,选择"事件"选项卡,组态一个"按左键"事件的直接连接。打开"直接连接"对话框,在"源"框中选中"常数"并输入 0,在"目标"框中选中"变量"并输入 bit1,单击"确定"按钮关闭。
- 单击"启动"按钮,在"对象属性"窗口的"事件"选项卡上组态一个"按左键"事件的直接连接。打开"直接连接"对话框,在"源"框中选中"常数"并输入 1,在"目标"框中选中"变量"并输入 bit1,单击"确定"按钮关闭。
- 单击"启动"按钮,在"对象属性"窗口上,选择"属性"选项卡,对属性"显示"创建一个"动态对话框"的连接,打开"动态值范围"对话框,如图 6-11 所示。"数据类型"选择为"布尔型","表达式/公式"文本框中输入 bit1(或打开"变量选择"对话框进行选择)。当 bit1 的值为"是/真"时,设置"显示"为"否";当 bit1 的值为"否/假"时,设置"显示"为"是"。单击"应用"按钮,关闭此对话框。

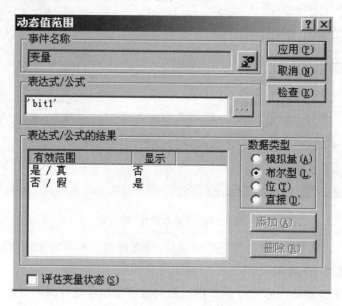

图 6-11 组态对象的显示与隐藏

- 将"启动"按钮和"停止"按钮放置在同一位置,"启动"按钮叠加在"停止"按钮的上面,只显示出"启动"按钮。如果两个按钮叠加在一起时只显示"停止",则此时可选择"停止"按钮,单击标准工具栏上的图标 ,将"停止"按钮移动到后台。
- 在画面上添加一个"输入/输出域"对象,从打开的"组态"对话框中选择变量 bit1。
- 保存画面,激活工程进行测试。

2. 画面切换

现有两个画面,画面名称为 start.pdl 和 PropAndEvent.pdl。现在组态两个按钮分别放置在这两个画面,当单击 start.pdl 上的按钮时,将把画面切换到 PropAndEvent.pdl 上;当单击 PropAndEvent.pdl 上的按钮时,切换到 start.pdl 上。实现这种切换,可以采用图 3-9 所介绍的方法。

下面介绍用动态向导来实现的步骤:
- 单击图形编辑器上的菜单"查看">"工具栏"菜单项,打开"工具栏"配置对话框。
- 选中"动态向导"复选按钮,单击"确定"按钮后,动态向导出现在图形编辑器上。

- 在 start.pdl 画面上添加一个按钮对象,把它的"文本"属性改为 PropAndEvent,并选择此按钮。
- 移动鼠标到"动态向导"工具栏上,选择 Picture 选项卡,如图 6-12 所示。

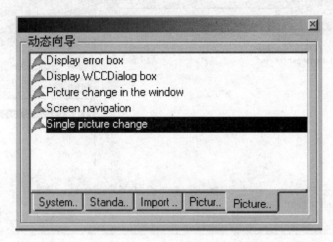

图 6-12 "动态向导"工具栏

- 双击 Single picture change,打开"欢迎来到动态向导"窗口。
- 单击"下一步",打开"选择触发器"窗口。
- 选择 left mouse key,单击"下一步",打开"设置选项"窗口。
- 单击此窗口上的浏览图标,打开"画面浏览器"对话框,从中选择名称为 PropAndEvent.pdl 的画面,单击"确定"。
- 单击"下一步",打开"完成"窗口,单击"完成"。
- 保存画面。
- 打开 PropAndEvent.pdl 画面,重新执行上述各步骤的操作,在"画面浏览器"对话框中选择的画面应为 start.pdl。

3. 使用状态显示对象

状态显示对象可以定义在某一变量为不同值时显示不同的图形对象。下面的步骤说明如何使用状态显示对象来显示不同的图形对象。

- 在变量管理器创建一个名为 is_right 的二进制变量。
- 在画面上用"多边型"对象画一个向右的三角形。
- 选择该三角形后,单击菜单"文件">"导出"。
- 打开"保存为图元文件"对话框,输入文件名 right_arrow 后,单击"保存"。
- 单击标准工具栏上的图标 ◢◣,垂直翻动该三角形,即将三角形朝左。
- 选择该三角形后,单击菜单"文件">"导出"。
- 打开"保存为图元文件"对话框,输入文件名 left_arrow 后,单击"保存"按钮。
- 在画面上添加一个智能对象"状态显示"。
- 打开"状态显示组态"对话框。
- 选择变量为 is_right,选择更新周期为"1 秒"。
- 按照如图 6-13 所示设置状态和基准画面,单击"确定"按钮退出。

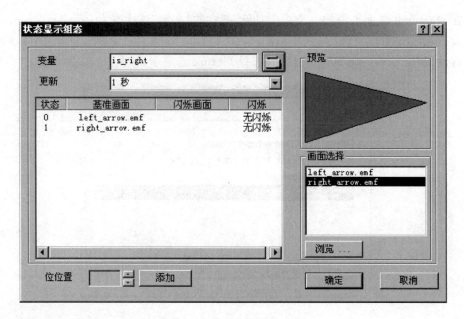

图 6-13 状态显示的组态

可以对变量 is_right 赋 0 和 1 时进行测试。当 is_right 为 0 时,对象显示为向左的三角形;当为 1 时,显示向右的三角形。

4. 画中画

本例使用两个画面,较大画面的名称为 start.pdl,小画面的名称为 disp_speed.pdl。大画面包含小画面,缺省情况下,小画面不显示。当单击大画面上的"显示"按钮时,显示小画面;当单击小画面的"隐藏"按钮时,小画面隐藏。组态步骤如下:

- 新建一个画面,命名为 disp_speed.pdl。
- 在此画面上添加 3 个对象,包括一个"输入/输出域"、一个按钮和一个 WinCC Gauge Control 控件。将"输入/输出域"对象用变量连接到第 5 章建立的变量 motor_actual 上,将 WinCC Gauge Control 控件的 Value 属性也用变量连接到 motor_actual 上,画面的宽度和高度分别设置为 200 和 250,如图 6-14 所示。
- 将按钮的"文本"属性改为"隐藏",对按钮的"按左键"事件组态一个"直接连接"。在直接连接的"源"框中选择"常数"为 0,选择"目标"框中的"当前窗口"单选按钮,选择"属性"框中的"显示"项,保存画面。
- 打开 start.pdl 画面,在画面上添加一个智能对象"画面窗口"和一个按钮对象,将按钮对象的"文本"属性改为"显示速度",将画面窗口对象的窗口宽度和高度分别改为 210 和 260。"显示"属性设置为"否","标题"和"边框"属性设置为"是"。"画面名称"属性设置为 disp_speed.pdl,"标题"属性设置为"电机速度"。设置结果如图 6-15 所示。
- 单击将事件组态为一个直接连接,在"直接连接"对话框的"源"框中选中"常数"单选按钮,并输入数值 1,在"目标"框中,选中"画面中的对象"单选按钮,在"对象"栏中选择"画面窗口 1",在"属性"栏中选择"显示",如图 6-16 所示。
- 保存 start.pdl,单击工具栏的激活按钮,运行结果见图 6-14。

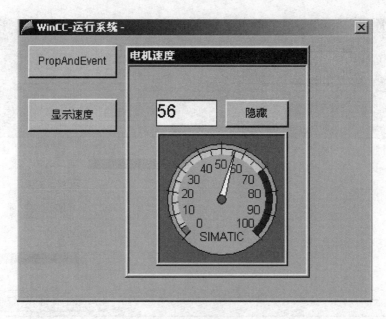

图 6-14 小画面

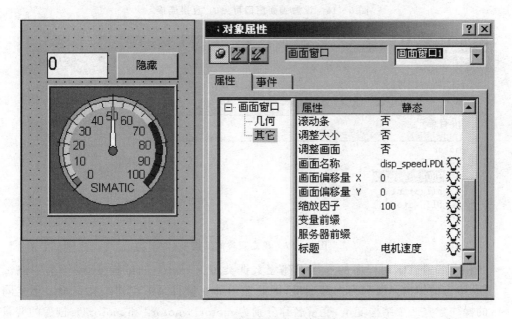

图 6-15 设置画面窗口的属性

5. 组态画面模板

现有 3 台电机,每台电机的属性有:速度设定值、速度实际值、电机启动/停止、单击手动/自动。组态一个可以显示 3 台电机的画面的步骤如下:

- 右击 WinCC 项目管理器浏览窗口中的"结构变量"。从快捷菜单中选择"新建结构类型"菜单项,打开"结构属性"对话框,将结构类型重命名为 motor。在此结构下建立 4 个结构元素,即 set(速度设定值)、actual(速度实际值)、start(电机启动)、auto(电机自动),改变元素的数据类型,选择元素是内部变量或是外部变量,如图 6-17 所示。

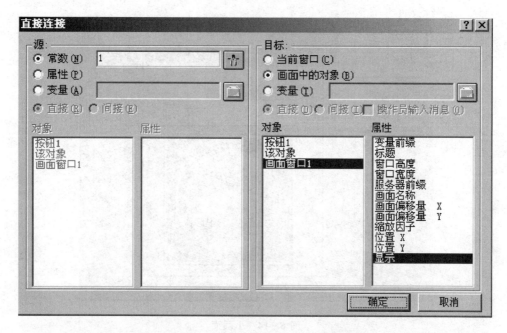

图 6-16　设置画面窗口可见的"直接连接"

图 6-17　建立变量的结构

- 在相应的通道驱动程序的连接下建立数据类型为 motor 的结构变量。(为了测试方便,组态的结构元素都为内部变量,因此在内部变量目录下创建结构变量。)重复同样的操作建立 3 个结构变量,变量名称分别为 motor1,motor2 和 motor3。创建的变量如图 6-18 所示。
- 打开图形编辑器,新建一个画面,名称为 motorvalue.pdl。在此画面内增加两个"静态文本"、两个"输入/输出域"、两个"棒图"对象。单击标准工具栏上的 按钮,打开"显示库",单击"全局库">Operation>Toggle Button,添加两个 On_Off_4 对象到画面中。
- 在画面中选择"输入/输出域 1"对象,右击此对象,在"对象属性"窗口中将此对象的"输出值"属性置为 set,如图 6-19 所示。在此处的变量连接中,变量表中并无一个名称为 set 的变量,只有名称为 motor1.set,motor2.set 和 motor3.set 的变量。取这些变量的后面部分即为 set。

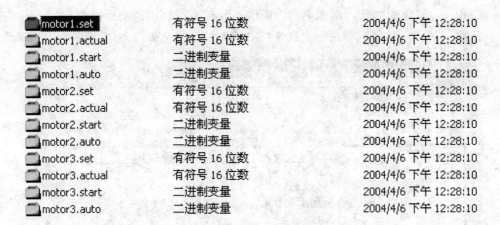

图 6-18 创建 3 个结构变量

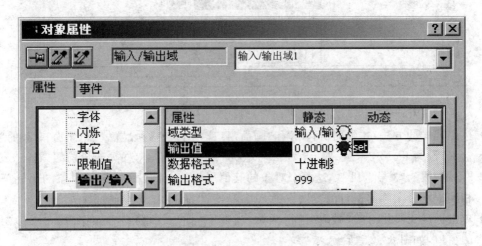

图 6-19 设置对象"输入/输出域 1"的"输出值"属性

- 根据上述方法按照表 6-1 所列设置各个对象的动态属性值。对象的其他属性值可根据需要进行设置。

表 6-1 设置对象属性值

对象名称	对象属性	属性值
输入/输出域 1	输出值	set
输入/输出域 2	输出值	actual
棒图 1	过程驱动程序连接	set
棒图 2	过程驱动程序连接	actual
On_Off_4	Toggle	start
On_Off_1	Toggle	auto

- 调整画面中对象的大小和画面的大小,将此画面宽设为 200,高设为 280。保存画面。
- 新建另一个画面,画面名称为 status.pdl。在此画面上添加 3 个"画面窗口"对象。选择画面上的"画面窗口 1"对象,打开"对象属性"窗口后,将"画面窗口 1"对象的属性"边

框"和"标题"设为"是","画面名称"设为 motorvalue.PDL,"变量前缀"设为 motor1.(注意:最后有一个点),最后一个属性"标题"设为"1号电机"。结果如图 6-20 所示。

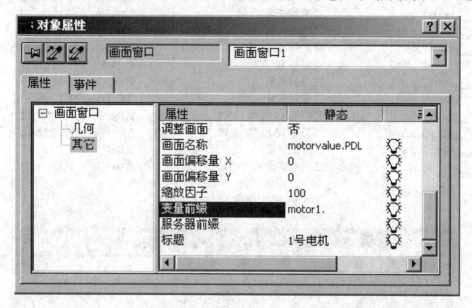

图 6-20 设置画面窗口 1 的属性

- 按照同样的方法对"画面窗口 2"和"画面窗口 3"对象进行设置。"画面窗口 2"的"变量前缀"设为 motor2.,"标题"设为"2号电机"。"画面窗口 3"的"变量前缀"设 motor3.,"标题"设为"3号电机"。这两个对象的其他属性值与"画面窗口 1"对象的属性值设置相同。将 3 个画面窗口的宽度设为 210,高度设为 300。保存画面。
- 单击标准工具栏上的"激活"进行测试,当在不同的画面窗口中操作时,并不影响其他的窗口,如图 6-21 所示。

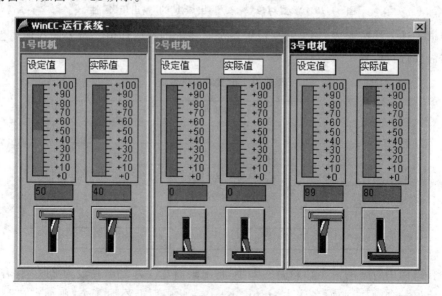

图 6-21 画面模板效果

第 7 章 过程值归档

本章介绍如何将过程值进行归档,以及如何在运行系统中以趋势曲线和表格的方式显示被归档的历史数据。

7.1 过程值归档基础

7.1.1 作用和方法

过程值归档的目的是采集、处理和归档工业现场的过程数据。以这种方法获得的过程数据可用于获取与设备的操作状态有关的管理和技术标准。

在运行系统中,采集并处理将被归档的过程值,然后将其存储在归档数据库中。在运行系统中,可以以表格或趋势的形式输出当前过程值或已归档过程值,也可将所归档的过程值作为记录打印输出。

WinCC 使用"变量记录"组件来组态过程值的归档,可选择组态过程值归档和压缩归档,定义采集和归档周期,并选择想要归档的过程值。

在图形编辑器中,WinCC 提供了 WinCC Online Table Control 和 WinCC Online Trend Control 这两个 ActiveX 控件,以便能在运行系统中以不同的方式显示过程数据。

7.1.2 组态系统功能描述

1. 启动和停止事件

可用事件来启动和停止过程值归档。触发事件的条件可链接到变量和脚本。在 WinCC 中,下列事件之间有所区别。

(1) 二进制事件

响应布尔型过程变量的改变。例如,当打开电机时才启动电机速度的过程值归档。

(2) 限制值事件

对低于或高于限制的数值或达到限制值做出反应。限制值改变可以是绝对的,也可以是相对的。例如,可以在温度波动大于 2% 的情况下触发归档。

(3) 时间控制的归档

以某一个预先设定的时间间隔控制的归档。

2. 归档变量的采集类型

在一个归档中,可以定义要归档变量的不同采集类型。

(1) 非周期

变量的采集周期不固定,可定义一个返回值为布尔类型的函数,当它的返回值变化时进行采集;也可是一个布尔(二进制)类型的变量,当它的值变化时进行采集。

(2) 连续周期

启动运行系统时,开始周期性的过程值归档。过程值以恒定的时间周期采集,并存储在归档数据库中。终止运行系统时,周期性的过程值归档结束。

(3) 可选择周期

发生启动事件时,在运行系统中开始周期地选择过程值归档。启动后,过程值以恒定时间周期采集,并存储在归档数据库中。停止事件发生或运行系统终止时,周期性的过程值归档结束。停止事件发生时,最近采集的过程值也被归档。

(4) 一旦改变

如果过程变量有变化就进行采集,归档与否由所设定的时间周期来决定。

3. 进行归档的数据

对一个过程变量进行归档,并不一定是实际值进行归档。由于采集周期和归档周期可以不同,且归档周期是采集周期的整数倍,因此数个过程值才产生一个归档值。可以对这数个过程值进行某种运算后再进行归档。可选择的运算有求和、最大值、最小值和平均值,还可以选择自定义函数。

4. 组态归档

在归档的组态中,可选择两种类型的归档。

(1) 过程值归档

存储归档变量中的过程值。在组态过程值归档时,选择要归档的过程变量和存储位置。

(2) 压缩归档

压缩来自过程值归档的归档变量。在组态压缩归档时,选择计算方法和压缩时间周期。

5. 快速归档和慢速归档

将归档周期小于等于 1 min 的变量记录称为快速归档(压缩的方式)。将归档周期大于 1 min 的变量记录称为慢速归档(非压缩的方式)。

在 WinCC V6.0 SP2 中,用户可以自由选择归档模式(压缩/非压缩),而不必考虑归档周期。

6. 归档备份

在快速和慢速归档中都可设定归档是否备份,以及归档备份的目标路径和备选目标路径。

7.2 组态过程值归档

本节以实例讲述如何在"变量记录"编辑器中建立归档,以及如何添加过程变量到归档中。对内部变量和外部变量的过程值归档使用同样的方法。为便于测试,本节的例子使用内部变量替换过程变量。在归档中使用了第 5 章创建的两个内部变量 motor_actual 和 oil_temp。

第一步:打开变量记录编辑器。

- 在 WinCC 项目管理器的浏览窗口中,右击"变量记录"。
- 从快捷菜单中选择"打开"菜单项。

使用 WinCC 的变量记录编辑器可对归档、需要组态的变量、采集时间定时器和归档周期进行组态。

第二步:组态定时器。

当单击"变量记录"编辑器左边浏览窗口中的"定时器"时,在此编辑器的右边数据窗口中将显示所有已组态的定时器。在默认情况下,系统提供了 5 个定时器:500 ms,1 s,1 min,1 h([小]时)和 1 天。

已组态的定时器可用于变量的采集和归档周期。

变量的采集周期是指过程变量被读取的时间间隔。

变量的归档周期是指过程变量被存储到归档数据库的时间间隔,是变量采集周期的整数倍。

如果用户想使用一个不同于所有默认的定时器,这时可组态一个新的定时器。

按照下面的步骤操作,将建立一个 TenSeconds 定时器。

- 右击"定时器"。
- 从快捷菜单中选择"新建"菜单项。
- 在打开的"定时器属性"对话框中,输入 TenSeconds 作为此定时器的名称。
- 在"基准"的下拉式组合框中选择时间基准值为"1 秒"。
- 在"系数"编辑框中输入 10。最后结果如图 7-1 所示。

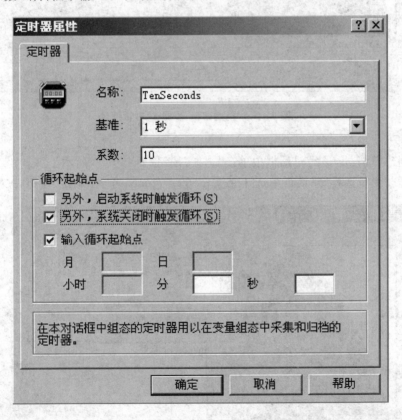

图 7-1 创建一个 TenSeconds 定时器

- 单击"确定"按钮,关闭对话框。

第三步:创建归档。

在"变量记录"编辑器中,使用归档向导来创建归档,并选择要归档的变量。

- 右击"变量记录"编辑器的浏览窗口中的"归档向导"。

- 从快捷菜单中选择"归档向导"菜单项。
- 在随后打开的第一个对话框中单击"下一步"。
- 在"创建归档:步骤1"对话框中输入 SpeedAndTemp 作为归档的名称,如图7-2所示。
- 选择"归档类型"中的"过程值归档"单选项。

图7-2 "创建归档:步骤1"对话框

- 单击"下一步"。
- 在"创建归档:步骤2"对话框中单击"选择"按钮,如图7-3所示。
- 从打开"变量选择"对话框中选择变量 motor_actual。单击"确定"按钮,关闭此对话框。

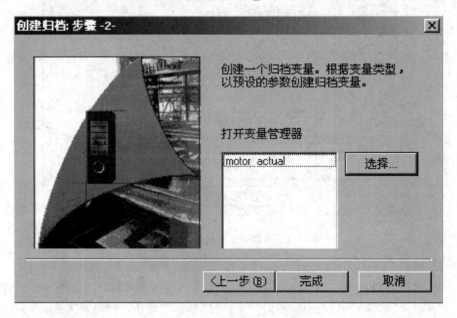

图7-3 添加要归档的变量

- 单击"完成"按钮。

在归档系统中生成了一个名为 SpeedAndTemp 的归档。此归档只包含对一个变量 motor_actual 的归档。

第四步：在已组态的归档中添加另一个变量。

通过第三步在归档系统中生成了一个名为 SpeedAndTemp 的归档。此归档只包含对一个变量 motor_actual 进行归档。在这一步中再添加另一个变量。

- 在浏览窗口中选择"归档"，右边的数据窗口中显示所有已创建的归档名称。右击刚刚创建的归档 SpeedAndTemp。
- 从快捷菜单中选择"新建变量"菜单项。
- 在"变量选择"对话框中选择 oil_temp。单击"确定"按钮。

第五步：归档设置。

通过归档向导生成的归档和归档变量的参数都是按照一些默认值进行设置的，如需要可更改部分设置。

- 在变量记录编辑器的表格窗口中，右击要更改设置的变量，如 motor_actual。
- 从快捷菜单中选择"属性"菜单项，如图 7 - 4 所示。

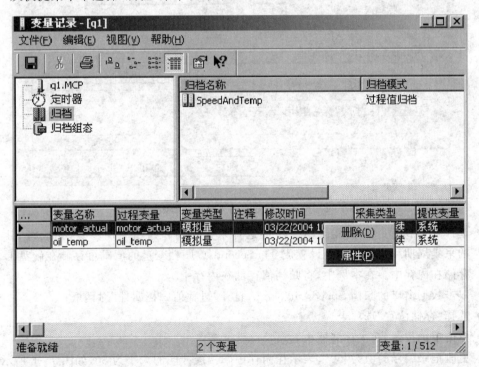

图 7 - 4　更改归档变量的设置

- 在随后打开的"过程变量属性"对话框的"周期"框中，选择采集周期为第一步建立的定时器 TenSeconds，选择归档周期为 1 * TenSeconds，如图 7 - 5 所示。
- 单击"确定"按钮，关闭"过程变量属性"对话框。

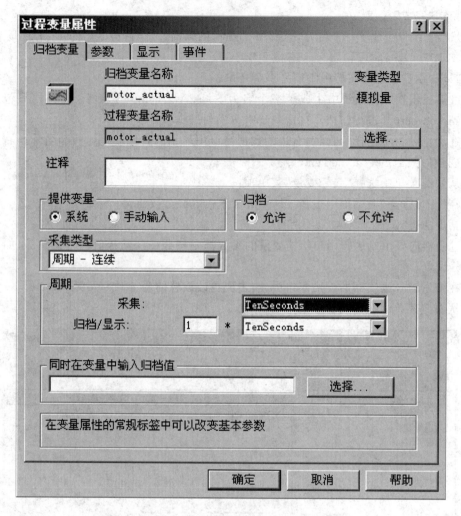

图 7-5 修改过程变量的采集周期和归档周期

- 选择变量 oil_temp，并重复这一步的选择采集周期和归档周期步骤，完成将 oil_temp 的采集周期和归档周期也设置成 TenSeconds。归档变量的值既可存储在硬盘上，也可存储在内存中。在本例中，将归档值存储在内存中。
- 双击数据窗口的归档 SpeedAndTemp，打开"过程值归档属性"对话框。
- 选择"存储位置"选项卡。
- 单击单选按钮"在主存储器中"。
- 更改记录编号的值为"50"，表示在内存中归档缓冲区的大小为 50，如图 7-6 所示。
- 单击"确定"按钮，关闭对话框。

通过上述步骤，组态创建一个名为 SpeedAndTemp 的归档，归档存储在内存中。这个归档对两个变量 motor_actual 和 oil_temp 进行归档，它们的采集周期和归档周期都为 10 s。

- 单击工具栏上的图标■，保存归档组态，关闭变量记录编辑器。

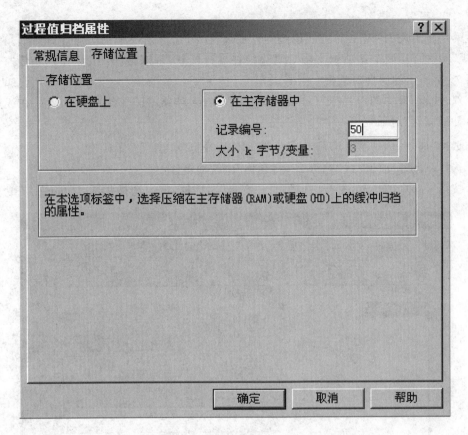

图 7-6 更改归档的存储位置

7.3 输出过程值归档

WinCC 的图形系统提供两个 ActiveX 控件用于显示过程值归档：一个以表格的形式显示已归档的过程变量的历史值和当前值；另一个以趋势的形式显示。

第一步：创建趋势图。
- 在 WinCC 项目管理器中建立一个名为 TagLogging.pdl 的图形文件，并用图形编辑器打开此图形文件。
- 在"对象选项板"上选择"控件"选项卡，然后选择 WinCC Online Trend Control 控件。
- 将鼠标指针指向绘图区中放置此控件的位置，拖动至满意的控件尺寸后释放。
- 打开"WinCC 在线趋势控件的属性"对话框，选择"常规"选项卡，输入"电机速度和油箱油温"作为趋势窗口的标题。
- 选择"曲线"选项卡，输入"电机速度"作为第一条曲线的名称。
- 单击"选择归档/变量"框中的"选择"按钮，打开"选择归档/变量"对话框，选择归档 SpeedAndTemp 下的变量 motor_actual。单击"确定"按钮，关闭"选择归档/变量"对话框。
- 单击"确定"按钮，关闭"WinCC 在线趋势控件的属性"对话框。

第二步:设置趋势图。

在第一步出现的"WinCC 在线趋势控件的属性"对话框是一个快速配置对话框。它只包含"常规"和"曲线"两个选项卡。要对趋势控件进行配置,须双击"WinCC 在线趋势控件",打开如图 7-7 所示的属性对话框。

- 双击绘图区中的 WinCC Online Trend Control 对象,打开完整的"WinCC 在线趋势控件的属性"对话框。
- 选择"曲线"选项卡上的 + 按钮,增加另一条曲线。
- 选择刚刚建立的曲线"趋势 2",将名称改为"油箱油温"。
- 按第一步中的步骤,打开"选择归档/变量"对话框,从中选择变量 oil_temp。

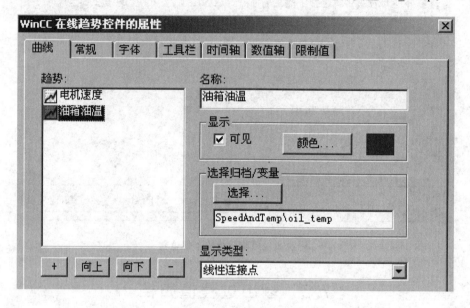

图 7-7 增加曲线

- 选择"常规"选项卡,在"显示"栏上选中"公共 X 轴"和"公共 Y 轴"复选框。
- 选择"时间轴"选项卡,将"显示"栏的时间格式改为 hh:mm:ss,将"选择时间"栏上的"因数"改为 10,"范围"改为"1 分钟",如图 7-8 所示。
- 选择"数值轴"选项卡,将"粗略定标"的值改为 10,将"精细定标"的值改为 5,将"小数位"的值改为 0,"范围选择"栏下的"自动"复选框为"不选",并将值改为 0~100,如图 7-9 所示。
- 单击"确定"按钮,完成趋势控件的设置。

第三步:建立表格窗口。

WinCC 也可以以表格的形式显示已归档变量的历史值。

- 在"对象选项板"上选择"控件"选项卡,然后选择 WinCC Online Table Control 控件。
- 将鼠标指针指向绘图区中放置此控件的位置,拖动至满意的控件尺寸后释放。
- 打开"WinCC 在线表格控件的属性"对话框,选择"常规"选项卡,输入"电机速度和油箱油温"作为表格窗口的标题,并选中"显示"栏上的"公共时间列"复选框。
- 选择"列"选项卡,将"列"改为"电机速度"。单击"选择归档/变量"栏中的"选择"按钮,

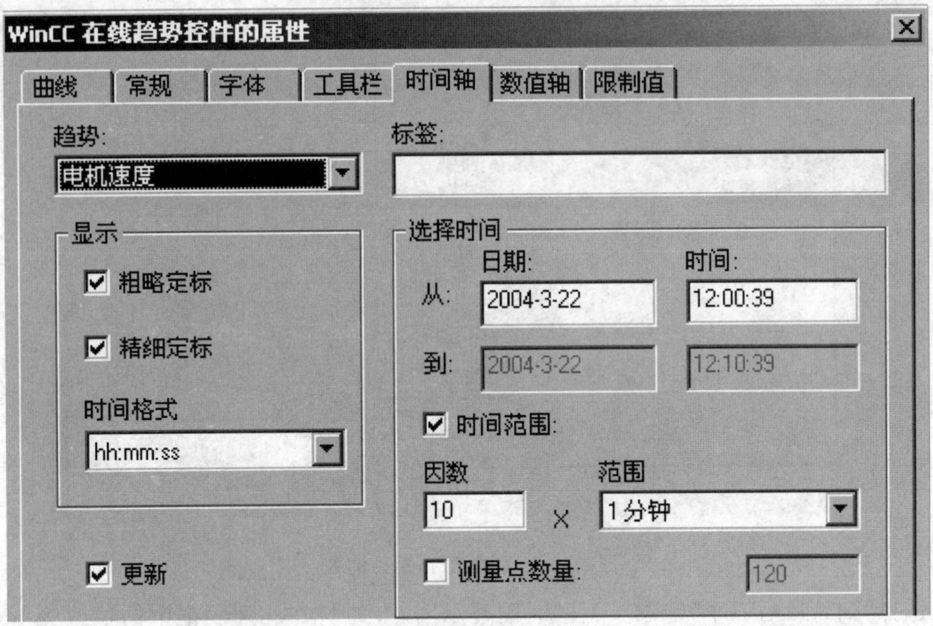

图 7-8 设置时间轴

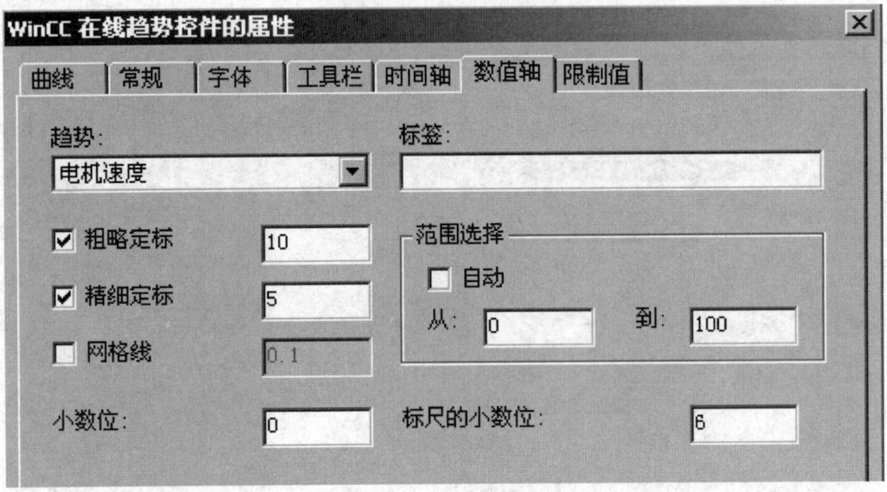

图 7-9 设置数值轴

打开"选择归档/变量"对话框,选择归档 SpeedAndTemp 下的变量 motor_actual。单击"确定"按钮,关闭"选择归档/变量"对话框。
- 单击 + 按钮,增加一列,将"列"改为"油箱油温"。类似第二步选择 SpeedAndTemp 归档下的 oil_temp 变量,如图 7-10 所示。
- 单击"确定"按钮,关闭"WinCC 在线表格控件的属性"对话框。

第四步:设置表格控件。
- 双击绘图区中的 WinCC Online Table Control 对象,打开"WinCC 在线表格控件的属性"对话框。

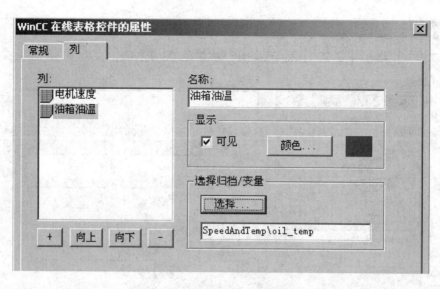

图 7-10 设置表格控件的列

- 选择"列"(最后一个)选项卡,将"时间显示"栏上的"格式"列表框中的值改为 hh:mm:ss,将"数据显示"栏上的"小数位"文本框值改为 0。在"选择时间"栏中,选中"时间范围"复选框,将"系数"改为 10,"范围"改为"1 分钟"。设置如图 7-11 所示。

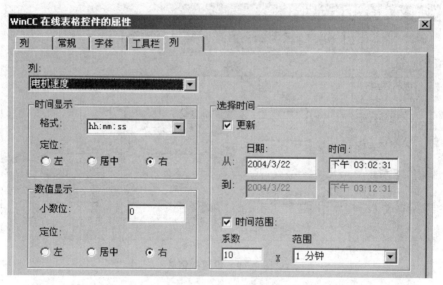

图 7-11 设置时间列属性

- 单击"确定"按钮,完成设置表格控件。
- 单击图形编辑器工具栏上的 ■ 按钮,保存当前画面。

第五步:设置运行系统加载变量记录运行系统。

- 在 WinCC 项目管理器的浏览窗口中,单击"计算机"按钮。
- 右击右边数据窗口的计算机名称,从快捷菜单中选择"属性"菜单项。
- 打开"计算机属性"对话框,选择"启动"选项卡。

- 激活"变量记录运行系统"复选框,如图 7-12 所示。

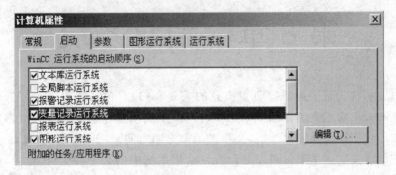

图 7-12 激活"变量记录运行系统"

- 单击"确定"按钮,关闭"计算机属性"对话框。

第六步:测试画面。

- 按照 3.5 节的说明进行变量的模拟。

    motor_speed 进行 Dec(减 1 操作)的模拟,起始值为 100。

    oil_temp 进行 Inc(增 1 操作)的模拟,终止值为 100。

- 在图形编辑器中,单击工具栏上的图标▶,直接运行该画面。经过一段时间的延时后,这两个控件的运行结果如图 7-13 所示。

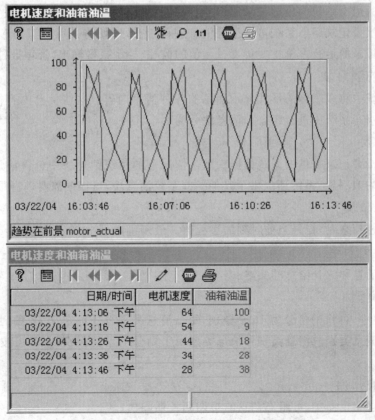

图 7-13 表格控件和趋势控件运行画面

第 8 章 消息系统

在 WinCC 中,报警记录编辑器负责消息的采集和归档,包括过程、预加工、表达式、确认及归档等消息的采集功能。消息系统给操作员提供了关于操作状态和过程故障状态的信息。它们将每一临界状态提早通知操作员,并帮助消除空闲时间。在组态期间,可对过程中应触发消息的事件进行定义。这个事件可以是设置自动化系统中的某个特定位,也可以是过程值超出预定义的限制值。系统可用画面和声音的形式报告记录消息事件,还可用电子和书面的形式归档。报警可以通知操作员在生产过程中发生的故障和错误消息,用于及早警告临界状态,并避免停机或缩短停机时间。

8.1 组态报警

8.1.1 报警记录的内容和功能

报警记录分两个组件:组态系统和运行系统。

报警记录的组态系统为报警记录编辑器。报警记录定义显示何种报警、报警的内容、报警的时间。使用报警记录组态系统可对报警消息进行组态,以便将其以期望的形式显示在运行系统中。报警记录的运行系统主要负责过程值的监控、控制报警输出、管理报警确认。

1. 报警的消息块

在运行系统中将以表格的形式显示消息的各种信息内容。这些信息内容被称为消息块,应预先在消息组态系统中进行组态。消息块分为 3 个区域。

(1) 系统块

它包括由报警记录提供的系统数据。默认情况下的系统消息块中包含消息记录的日期、时间和本消息的 ID 号。系统还提供了其他一些系统消息块,可根据需要进行添加。

(2) 过程值块

当某个报警到来时,记录当前时刻的过程值。最多可记录 10 个过程值。

(3) 用户文本块

提供常规消息和综合消息的文本。

2. 消息类型

在 WinCC 中,可将消息分为 16 个类别,每个消息类别下还可定义 16 种消息类型。系统预定义了 3 个消息类别。消息类别和消息类型用于划分消息的级别,一般可按照消息的严重程度进行划分。

3. 报警的归档

在报警记录编辑器中,可组态消息的短期和长期归档。

短期归档用于在出现电源故障之后,将所组态的消息数重新装载到消息窗口。短期归档中只须设立一个参数,即消息的条目数。它指的是一旦发生了断电等需要重新加载时,应考虑从长期归档中加载最近产生的消息数。最多可设置 10 000 条。

消息的归档可利用消息的长期归档来完成。长期归档可设置归档尺寸,包括所有分段的最大尺寸和单个归档尺寸,还可设置归档的时间。此外,当归档达到设定尺寸时,还可设置归档备份的存储路径。

8.1.2 组态报警的步骤

下面是组态报警的步骤。

第一步:打开报警记录编辑器。
- 在 WinCC 项目管理器左边的浏览窗口中,右击"报警记录"组件。
- 从快捷菜单中选择"打开"菜单项。

第二步:启动报警记录的系统向导。

系统向导可以自动地生成报警,简化了建立报警系统的方法。
- 单击报警记录编辑器的主菜单"文件">"选择向导",也可直接单击工具栏上的 按钮,启动报警的系统向导。
- 打开"选择向导"对话框中双击"系统向导"。
- 打开"系统向导"对话框,单击"下一步"。
- 在"系统向导:选择消息块"对话框中,选中"系统块"中的"日期,时间,编号",选中"用户文本块"中的"消息文本,错误位置",对于"过程值块"选中"无",如图 8-1 所示。选择完毕,单击"下一步"。

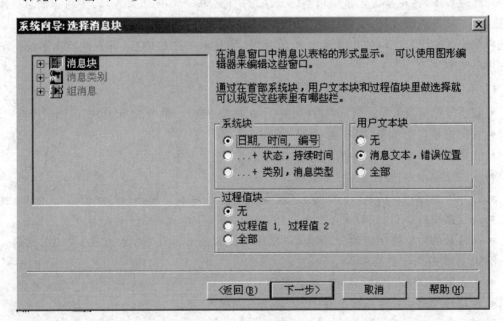

图 8-1　选择报警的消息块

- 打开"系统向导:预设置类别"对话框,选中"带有报警,故障和警告的类别错误(进入的确认)",如图 8-2 所示,单击"下一步"。

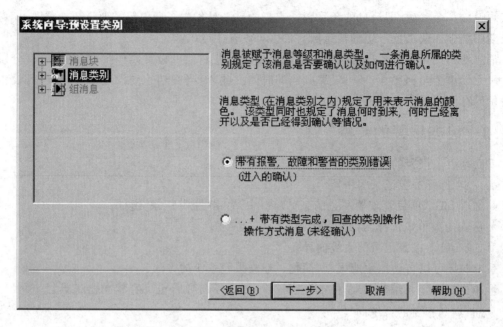

图 8-2 选择消息类别和类型

- 最后出现的一个对话框是对前面所做选择的描述，如果想做修改可单击"返回"按钮；否则单击"完成"按钮。

第三步：组态报警消息和报警消息文本。

在这一步中，将在报警记录编辑器的表格窗口（见图 8-3 的下部窗口）中组态消息。本例中建立 3 个报警消息，组态报警时将会用到第 5 章所建立的变量 oil_temp 和 tank_alarm。用系统向导建立的用户模块的长度默认为 10 字节，为显示更多的内容，首先调整由系统向导建立的用户文本块的长度。

1) 更改用户文本块中"消息文本"和"错误点"的文本长度

- 在报警记录编辑器的浏览窗口（见图 8-3 的左边窗口）中单击"消息块"前面的图标⊞。
- 在浏览窗口中单击"用户文本块"。
- 在数据窗口（见图 8-3 的右边窗口）中右击"消息文本"。
- 从快捷菜单中选择"属性"菜单项。
- 打开"消息块"对话框，更改"长度"文本框中的值为 30。单击"确定"按钮，关闭对话框。
- 在数据窗口中右击"错误点"。
- 在打开的对话框中更改"长度"文本框中的值为 20。单击"确定"按钮，关闭对话框。

2) 组态第一个报警消息

- 在表格窗口的第一行，双击"消息变量"列。
- 在打开的对话框中选择变量 tank_alarm，并单击"确定"按钮。
- 双击表格窗口第一行中的"消息位"列。
- 输入值 0 并回车。值 0 表示当变量 tank_alarm 从右边算起的第 0 位置位时，将触发这条报警。
- 点击表格窗口的水平滚动条直到"消息文本"出现在窗口中，双击第一行的"消息文本"

列,输入文本内容为"高油位"。
- 双击第一行的"错误点"列,输入文本内容为"主油箱"。

3) 组态第二个报警消息
- 在表格窗口的第一列,右击数字 1。
- 从快捷菜单中选择"添加新行"菜单项。
- 双击第二行"消息变量"列,在打一的对话框中选择变量 tank_alarm,并单击"确定"按钮。
- 双击第二行的"消息位"列,输入值 1。值 1 表示当变量 tank_alarm 从右边算起的第 1 位置位时,将触发这条报警。
- 双击第二行的"消息文本"列,输入文本内容为"低油位"。
- 双击第二行的"错误点"列,输入文本内容为"主油箱"。

4) 组态第三个报警消息

重复组态第二个消息的步骤,在"消息变量"、"消息位"、"消息文本"和"错误点"列分别输入 tank_alarm、2、"油泵电机过载"和"1 号油泵"。

组态消息后的结果如图 8-3 所示。

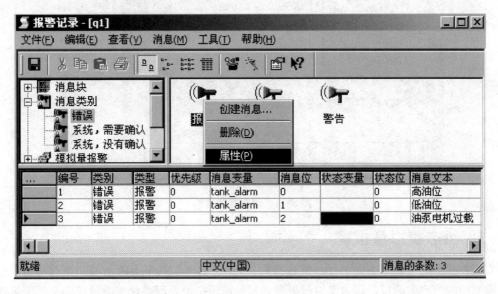

图 8-3 组态报警消息

第四步:组态报警消息的颜色。

在运行系统中,不同类型消息的不同状态可以表示为不同的颜色,以便快速地识别出报警的类型和状态。

- 在浏览窗口中单击"消息类别"前的图标⊞。
- 单击消息类别"错误",在数据窗口右击"报警"。
- 在快捷菜单中选择"属性"菜单项,如图 8-3 所示。在打开的"类型"对话框中将组态不同报警状态的文本颜色和背景颜色,如图 8-4 所示。
- 在"类型"对话框的预览区单击"进入"(表示报警激活)。
- 单击"文本颜色"按钮,在颜色选择对话框中选择希望的颜色,例如"白色",单击"确定"

按钮。
- 单击"背景颜色"按钮,在颜色选择对话框中选择希望的背景颜色,例如"红色",单击"确定"按钮。
- 在"类型"对话框的预览区中单击"离开"(表示报警消失)。
- 用同样的方法选择报警消失时的文本颜色和背景颜色分别为"黑色"和"黄色"。
- 在"类型"对话框的预览区中单击"确认的"(表示报警激活且已被确认)。
- 用同样的方法选择报警确认时的文本颜色和背景颜色分别为"白色"和"蓝色"。
- 所组态的报警各状态颜色如图 8-4 所示。单击"确定"按钮,关闭"类型"对话框。

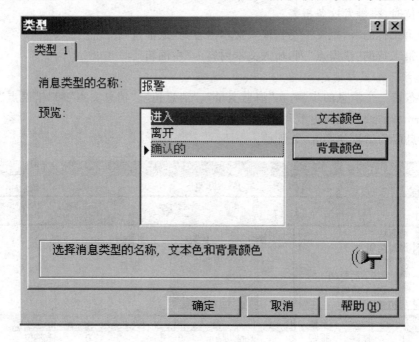

图 8-4 组态报警颜色

8.1.3 组态模拟量报警

在组态报警时可以对某一个过程值进行监控,并设定一个或多个限制值。当过程值超过设定的限制值时所产生的报警称为模拟量报警。要使用模拟量报警必须先激活模拟量报警组件。

单击报警记录编辑器上的菜单"工具">"附加项",打开"附加项"对话框,激活复选框"模拟量报警",如图 8-5 所示。单击"确定"按钮后,浏览窗口的消息类别下面出现一组件"模拟量报警"。

图 8-5 添加模拟量报警组件

下面是组态模拟量报警的步骤。

第一步:组态变量的模拟量报警。
- 右击浏览窗口的"模拟量报警",从快捷菜单中选择"新建"菜单项。
- 打开"属性"对话框如图 8-6 所示,定义监控模拟量报警的变量和其他属性。如果激活复选框"一条消息对应所有限制值",则表示所有的限制值(不管是上限,还是下限)对应一个消息号。模拟量报警的延迟产生时间可在"延迟"栏中设置,外部过程的扰动有可能使过程值瞬间超过限制值,设置延迟时间将使这一部分的报警不会产生。
- 单击 按钮,从打开的对话框中选择要监控的模拟量报警变量,选择第 5 章建立的变量 oil_temp,单击"确定"按钮,关闭"变量选择"对话框。
- 单击"确定"按钮,关闭"属性"对话框。

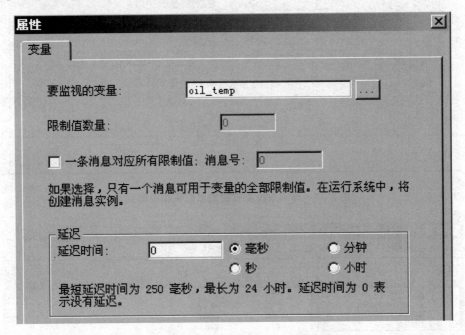

图 8-6　设置要监控的模拟量报警的变量

第二步:设定限制值。
- 右击刚刚建立的在浏览窗口中的变量 oil_temp,从快捷菜单中选择"新建"菜单项。
- 打开"属性"对话框,选中单选按钮"上限",并输入 60 作为限制值,如需变化可选择"变量"按钮进行选择。在"死区"栏中选中"均有效",在"消息"栏中输入 4 作为消息编号,如图 8-7 所示。单击"确定"按钮。
- 再次右击刚刚建立的在浏览窗口中的变量 oil_temp,从快捷菜单中选择"新建"菜单项。
- 打开"属性"对话框,选中单选按钮"下限",并输入 5 作为限制值,在"死区"栏中选中"均有效",在"消息"栏中输入 5 作为消息编号。单击"确定"按钮。
- 单击报警记录编辑器工具栏上的 按钮,保存刚刚组态的报警。组态完后,退出报警记录编辑器。再次进入后,表格窗口中将自动增加编号为 4 和 5 的两条报警组态消息,如图 8-8 所示。

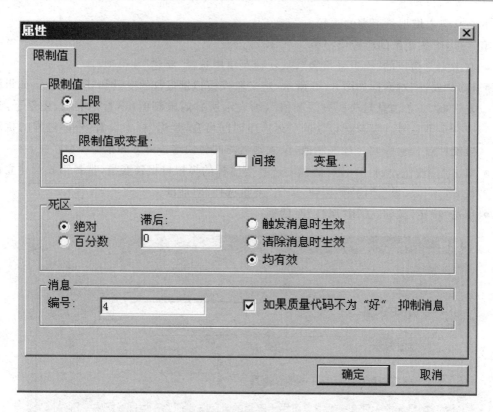

图 8-7　设定模拟量报警的限制值和消息编号

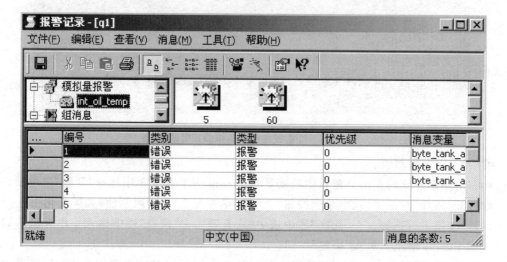

图 8-8　组态好的模拟量报警

- 选择表格窗口中编号为 4 的报警行,在"消息文本"和"错误点"分别输入"高油温"和"主油箱";选择编号为 5 的报警行,在"消息文本"和"错误点"分别输入"低油温"和"主油箱"。
- 单击工具栏上的 ■ 按钮。至此,报警组态完毕。

8.2 报警显示

WinCC Alarm Control 作为显示消息事件的消息视图使用。通过使用报警控件,用户在组态时就可获得高度的灵活性,因为希望显示的消息视图、消息行和消息块均可在图形编辑器中进行组态。在 WinCC 运行系统中,报警事件将以表格的形式显示在画面中。

对于在运行系统中的显示,必须根据显示的消息使用报警记录数据。

下面是组态显示报警事件的步骤。

第一步:组态一个报警事件窗口。

- 打开图形编辑器,创建一个新画面并命名为 AlarmLogging.pdl。
- 在"对象选项板"上,选择"控件"选项卡上的 WinCC Alarm Control,如图 8-9 所示。

图 8-9 "对象选项板"上的报警控件

- 将鼠标指针指向绘图区中放置此控件的位置,拖动至满意的控件尺寸后释放。
- 此时,在绘图区中除了增加了一个 WinCC Alarm Control 控件外,还打开一个"WinCC 报警控件属性"对话框,单击"确定"按钮,关闭对话框。
- 双击刚刚添加到绘图区中的 WinCC Alarm Control 控件,从打开的"WinCC 报警控制属性"对话框中选择"消息块"选项卡。
- 在"类型"栏中选择"用户文本块",检查在窗口右边的"选择"列表框中是否已激活"消息文本"和"错误点"项,如果没有激活,则单击相应的复选框激活这两项。
- 选择"消息行"选项卡,在"已存在的消息块"列表框中选择"消息文本"和"错误点",并单击 -> 按钮将这两项传送到"消息行元素"列表框中,如图 8-10 所示。单击"确定"按钮,关闭"WinCC 报警控制属性"对话框。

第二步:组态用于测试的一个输入/输出域和复选框。

- 在绘图区中添加一个"输入/输出域",打开"I/O 域组态"对话框,在"变量"文本框中选择 oil_temp,更新时间为"500 毫秒"。

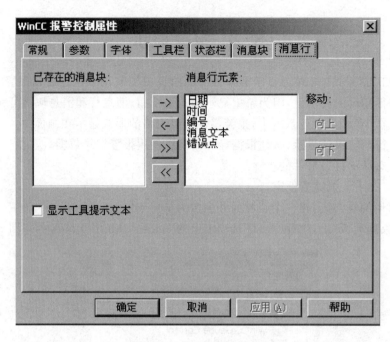

图 8-10 添加消息行元素

- 选择"对象选项板"上的"标准"选项卡,展开"窗口对象",将"复选框"添加到绘图区中。
- 右击刚刚添加的"复选框 1"对象,从快捷菜单中选择"属性"菜单项,打开"对象属性"对话框,选择"属性"选项卡,选择"输出/输入"项,在右边窗口的"选择框"行上,右击"动态"列,从快捷菜单中选择"变量"菜单项,打开"变量选择"对话框,选择变量 tank_alarm,单击"确定"按钮,关闭此对话框,如图 8-11 所示。右击"对象属性"对话框右边窗口的"当前"列,从快捷菜单中选择"500 毫秒"菜单项。

图 8-11 复选框对象的属性值

- 选择"属性"选项卡上的"字体"项,当右边窗口的"索引"数据项为1,2,3时,"文本"项的值分别设为"高油位"、"低油位"和"油泵电机故障"。
- 单击图形编辑器工具栏上的■按钮,保存 AlarmLogging.pdl 画面。

第三步:在运行系统中添加"报警记录"的功能。

默认情况下,WinCC 项目在运行状态时并不装载"报警记录"。为了在运行系统中使用报警记录功能,需要重新定义运行系统的属性。
- 在 WinCC 项目管理器的浏览窗口中,单击"计算机"按钮。
- 右击右边数据窗口的计算机名称,从快捷菜单中选择"属性"菜单项。
- 打开"计算机属性"对话框,选择"启动"选项卡。
- 激活"报警记录运行系统"复选框,也将自动激活"文本库运行系统"复选框,如图8-12所示。

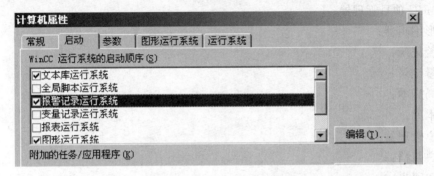

图 8-12 激活报警记录运行系统

- 单击"确定"按钮。

第四步:激活工程和测试报警事件。
- 单击图形编辑器工具栏上的▶按钮,激活工程。
- 在"输入/输出域"中输入一数值,单击复选框按钮,运行结果如图8-13所示。

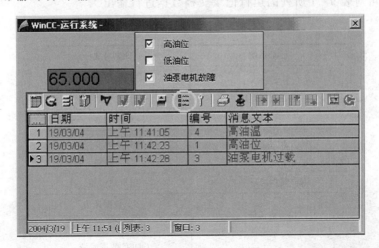

图 8-13 报警控件运行效果

这里需要注意:图中用圆标注的工具按钮是选择按钮,"选择"按钮指定要在消息窗口中显示的消息的选择标准。符合这些标准的消息将不被显示,但仍被归档。

第 9 章 报表系统

报表编辑器是 WinCC 基本软件包的一部分,提供了报表的创建和输出功能。创建是指创建报表布局;输出是指打印输出报表。WinCC 允许输出下列报表:
- 项目文档报表,输出 WinCC 项目的组态数据;
- 运行系统数据报表,可在运行期间输出过程数据。

项目文档包括:
- WinCC 项目管理器;
- 图形编辑器;
- 报警记录;
- 变量记录;
- 全局脚本;
- 文本库;
- 用户管理器;
- 用户归档;
- 时间同步;
- 警报器编辑器;
- 画面树管理器;
- 设备状态监控;
- OS 项目编辑器。

报表系统可对表 9-1 所列的运行记录文档数据进行输出。

表 9-1 报表系统可记录的数据文档类型

记录系统	日志对象
报警记录系统	消息顺序报表
	消息报表
	归档报表
变量记录系统	变量记录表格
	变量趋势
用户归档运行系统	用户归档表
CSV 文件	CSV 数据源表
	CSV 数据趋势
通过 ODBC 记录数据	ODBC 数据库域
	ODBC 数据库表
自身 COM 服务器	COM 服务器
硬拷贝输出	硬拷贝

报表的结构和组态几乎是一样的。不同的是报表的布局、打印输出、启动过程中数据及与动态对象的链接。创建报表时根据报表的布局和数据内容来区分,可以使用下列两个编辑器:
- 页面布局;
- 行布局。

在页面布局中,报表编辑器为可视化结构提供静态、动态和系统对象。

9.1 页面布局编辑器

页面布局编辑器提供了许多用于创建页面布局的对象和工具。启动 WinCC 项目管理器中的页面布局编辑器,如图 9-1 所示。

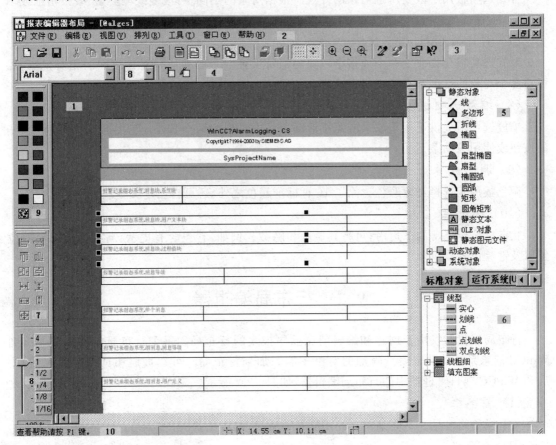

图 9-1 "报表编辑器布局"窗口

（1）工作区

页面的可打印区将显示在灰色区,而页面的其余部分将显示在白色区。工作区中的每个图像都代表一个布局,并将保存为独立的 RPL 文件。布局可按照 Windows 标准进行扩大和缩小。

（2）菜单栏

菜单栏始终可见。不同菜单上的功能是否激活,取决于状况。

(3) 工具栏

工具栏包含一些特别重要的菜单命令按钮,以便快速、方便地使用页面布局编辑器。根据需要,使用鼠标可在屏幕的任何地方对其进行隐藏或移动。

(4) 字体选项板

字体选项板用于改变文本对象的字体、大小和颜色,以及标准对象的线条颜色。

(5) 对象选项板

对象选项板包含标准对象、运行系统文档对象、COM 服务器对象以及项目文档对象。这些对象均可用于构建布局。

(6) 样式选项板

样式选项板用于改变所选对象的外观。根据对象的不同,可改变线段类型、线条粗细或填充图案。

(7) 对齐选项板

对齐选项板允许改变一个或多个对象的绝对位置以及改变所选对象之间的相对位置,并可对多个对象的高度和宽度进行标准化。

(8) 缩放选项板

缩放选项板提供了用于放大或缩小活动布局中对象的两个选项:使用带有缺省缩放因子的按钮或使用滚动条。

(9) 调色板

调色板用于选择对象颜色。除了 16 种标准颜色之外,还可自己定义颜色。

(10) 状态栏

状态栏位于屏幕的下边沿,可将其显示和隐藏。例如,它包含有提示、高亮显示对象的位置以及键盘设置。

9.2 行布局编辑器

行布局编辑器仅用于创建和编辑消息顺序报表的行布局。每个行布局包含一个连接到 WinCC 消息系统的动态表。附加的对象不能添加到行布局。可在页眉和页脚中输入文本。启动 WinCC 项目管理器中的行布局编辑器,如图 9-2 所示。

(1) 菜单栏

菜单栏始终可见。不同菜单上的功能是否激活,取决于状况。

(2) 工具栏

工具栏在行布局编辑器中始终可见。工具栏上有不同的按钮,可以快速激活菜单命令功能。按钮是否激活,取决于状况。

(3) 页眉区域

页眉区域允许输入文本以创建行布局的页眉。

(4) 表格区域

用于输出的表格的设计在表格区域中显示。所组态的列标题和列宽(每列字符数)将显示。使用该区域中的按钮,可组态表格用于输出。

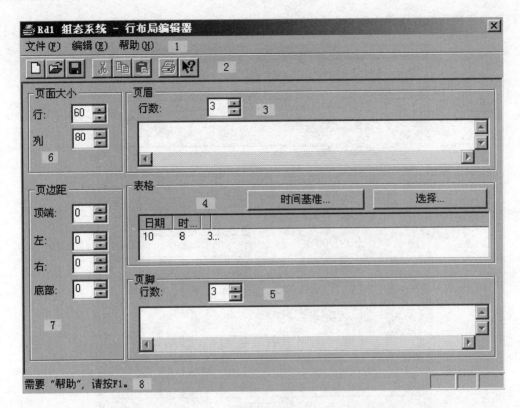

图 9-2 "行布局编辑器"对话框

（5）页脚区域

页脚区域用于输入文本以创建行布局的页脚。

（6）页面大小区域

页面大小区域用于设置行布局的行数和列数。

（7）页边距区域

页边距区域用于设置行布局输出的页边距。

（8）状态栏

可在屏幕下端找到状态栏。它包含有关工具栏按钮、菜单命令以及键盘设置的提示。

9.3 打印作业

WinCC 中的打印作业对于项目和运行系统文档的输出极为重要。在布局中组态输出外观和数据源；在打印作业中组态输出介质、打印数量、开始打印的时间以及其他输出参数。

每个布局必须与打印作业相关联，以便进行输出。WinCC 中提供了各种不同的打印作业，用于项目文档。这些系统打印作业均已经与相应的 WinCC 应用程序相关联。既不能将其删除，也不能对其重新命名。

可在 WinCC 项目管理器中创建新的打印作业，以便输出新的页面布局，如图 9-3 所示。WinCC 为输出行布局提供了特殊的打印作业。行布局只能使用该打印作业输出，而不能为行布局创建新的打印作业。

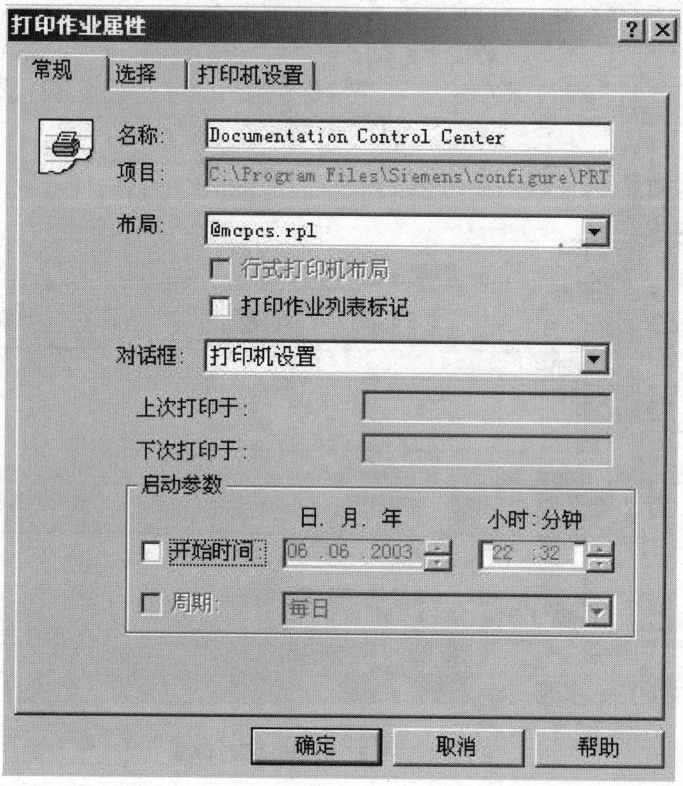

图 9-3 打印作业编辑器

9.4 组态报警消息顺序报表

在进行组态之前,确保已经组态好了报警记录和显示报警记录的页面(例如,报警页面叫做 AlarmLogging.pdl)。页面中已经具有显示报警记录的控件 WinCC Alarm Control。

第一步:创建页面布局。
- 在 WinCC 管理器的左边,右击"报表编辑器"。
- 在快捷菜单中选择"新建页面布局"菜单项,如图 9-4 所示。
- 一个新的页面布局 NewRPL0.RPL 将创建在文件夹"布局"中。新的布局在列表的末尾。
- 右击新布局,在快捷菜单中选择"重新命名"菜单项。
- 在打开的对话框中,输入名称 MessageSequenceReport.rpl。

第二步:编辑页面布局。

页面布局包括静态部分和动态部分。静态部分可以组态页眉和页脚来输出诸如公司名称、页码和时间等。动态部分包含输出组态和运行数据的动态对象。

在静态部分只能插入静态对象和系统对象;而在动态部分,静态和动态对象都能插入。
- 在 WinCC 管理器中,双击刚才创建的页面布局 MessageSequenceReport.rpl。页面布

第 9 章 报表系统

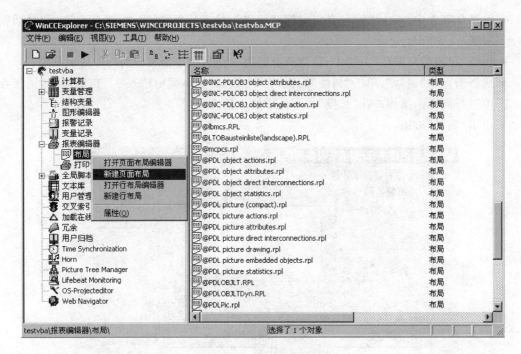

图 9-4 新建页面布局

局编辑器会打开一个空白的页面。在"运行系统"标签中,从"报警记录运行系统"选项卡中选择"消息报表"。
- 在页面布局的动态部分,把对象拖放到合适的尺寸。
- 双击"对象",打开"对象属性"对话框,选择"连接"选项卡,如图 9-5 所示。

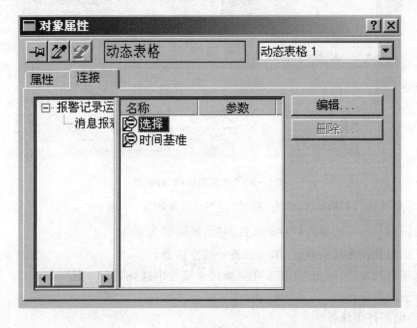

图 9-5 消息报表"对象属性"对话框

- 在动作列表中,双击"选择"条目,打开"报警记录运行系统:报表-表格列选择"对话框,如图 9-6 所示。
- 确保"报表的列顺序"一栏中,包含所有需要在消息顺序报表中要打印的消息块。
- 选择消息块"编号",单击"属性"按钮,在"小数位"文本框中输入 9。在消息块"错误点"中进行同样的操作。在"长度"文本框中输入值 20。
- 单击"确定"按钮。

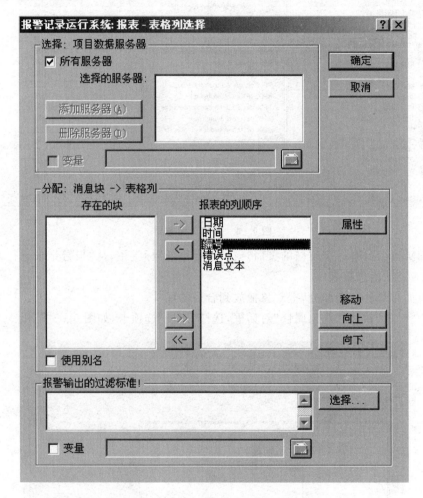

图 9-6 "表格列选择"对话框

- 在"对象属性"对话框里,单击"属性"选项卡,如图 9-7 所示。
- 单击图标 ![icon],按钮激活,"对象属性"对话框固定在顶部。
- 为了编辑页面布局的属性,单击表格外的空白处。
- 在对话框的左边,单击"几何",在页面尺寸属性中选择了"A4 纸"。
- 保存页面布局。

第三步:组态打印任务。

- 为了在运行状态下打印输出报表,需要在 WinCC 管理器中组态打印任务。

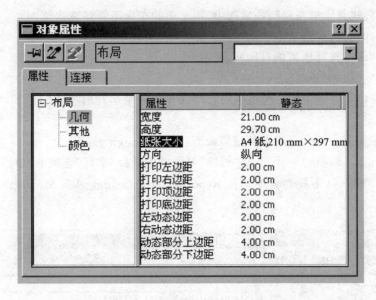

图 9-7 页面布局属性对话框

- 在 WinCC 的管理器中，单击"打印任务"窗口的右边，显示预定义的打印任务列表。
- 在右边的窗口中，双击打印任务 ReportAlarmLoggingRTMessage SequenceReport. RPL。打开"打印作业属性"对话框，如图 9-8 所示。
- 从下拉列表中选择 MessageSequenceReport. RPL 布局。

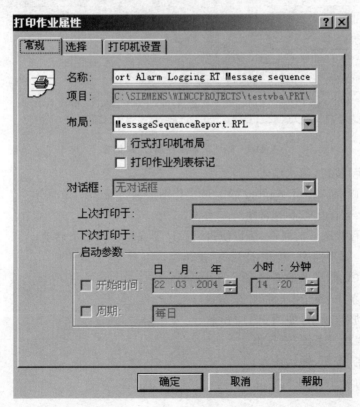

图 9-8 "打印作业属性"对话框

不要选中"行式打印机布局",如果选中,则上面的布局不能够被选择。
- 选择"打印机设置"选项卡。
- 从下拉列表中选择所需的打印机。
- 单击"确定"按钮,确认输入。

现在消息窗口需要连接到已经组态的打印任务。如果运行时单击"打印",将会用到已经组态的布局。
- 在图形编辑器中打开已组态的报警画面(AlarmLogging.pdl)。
- 双击 WinCC Alarm Control,从"属性"对话框中选择"常规"选项卡,如图 9-9 所示。
- 单击 ... 按钮,从下拉列表中选择 Report Alarm Logging RT Message sequence 打印任务。

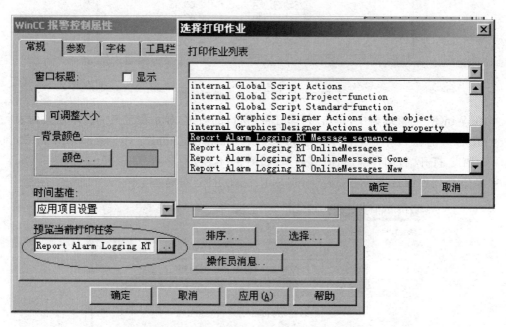

图 9-9 "报警控件属性"对话框

- 单击"确定"按钮,确认输入。
- 保存报警画面 AlarmLogging.pdl,最小化图形编辑器。

第四步:定义运行状态下的属性。

下面定义运行状态下的属性,可以使报表设计器在运行状态下启动。
- 在 WinCC 管理器中,单击"计算机"按钮。
- 右击 WinCC 管理器的右边窗口的计算机。
- 在快捷菜单中,单击"属性"命令窗口。
- 单击"启动"选项卡,如图 9-10 所示。
- 激活"报表运行系统"复选框。
- 单击"确定"按钮,确认输入。

第五步:启动 WinCC 工程。

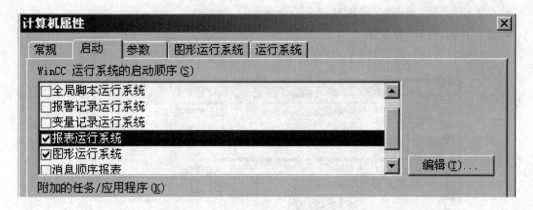

图9-10　计算机"启动"设置对话框

9.5　组态变量记录运行报表

在运行状态下，在表格窗口中打印输出变量记录数据。在这个例子中，通过单击变量记录表格控件工具栏上的打印按钮，预定义的页面布局@CCTableControlContents.rpl将会被用到。同时，在此例中，还要组态一个带页眉和页脚的用户定义布局。

第一步：编辑静态部分。
- 创建一个新的页面布局，命名为Taglogging.rpl。此过程与前面创建报警报表布局一样。
- 在WinCC管理器中，双击刚才创建的布局Taglogging.rpl，布局编辑器会打开一个空白的页面。首先，要在静态部分添加对象-时间/日期、页码、页面布局名称和项目名称。
- 单击菜单中"视图">"静态部分"，来编辑页面的静态部分。
- 为在页面布局中显示事件和日期，单击对象管理器中的"系统对象">"日期/时间"。
- 把对象放在左上角，并拖动调整对象大小。
- 右击"时间/日期"对象。
- 在快捷菜单中，选择"属性"菜单项。
- 单击 按钮，固定"属性"对话框。
- 单击"属性"选项卡，在左边的窗口中，单击"字体"。
- 在右边的窗口中双击"X对齐"，选择"左"。
- 在右边的窗口中双击"Y对齐"，选择"居中"。
- 仿照以上步骤，在静态部分添加"项目名称"、"页码"以及"布局名称"，然后调整对齐方式。还可以调整更多的属性使外观更好看。
- 选择需要修改的系统对象，选择"样式"选项卡。
- 在右边的双击"线型"，选择"无线框"。

第二步：编辑动态部分。
- 单击菜单中"视图">"动态部分"，来编辑布局的动态部分。
- 选择对象管理器的"运行系统"选项卡，从"变量记录运行系统"文件夹中选择"变量表格"。

- 在页面布局的动态部分,拖动对象到合适的尺寸。
- 双击对象,打开"对象属性"对话框,选择"连接"选项卡,如图 9-11 所示。
- 在"连接"选项卡的右边,单击"变量选择",然后单击"编辑"按钮。

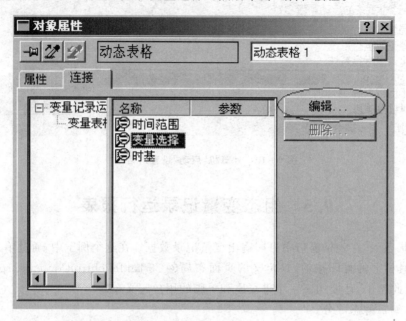

图 9-11 变量表格"对象属性"对话框

- 在"变量记录运行系统:报表的变量选择"对话框中,单击"添加"按钮。
- 在"归档选择"对话框的左边文本框中选择 ProcessValueArchive,在右边选择变量 tag1,如图 9-12 所示。

图 9-12 "变量记录运行系统:报表的变量选择"对话框

- 单击"确定"按钮,确认输入。
- 为了在运行时输出数据,变量的值需要格式化。
- 在"变量记录运行系统:报表的变量选择"对话框中,单击加入的变量。
- 单击"属性"按钮,如图 9-13 所示。

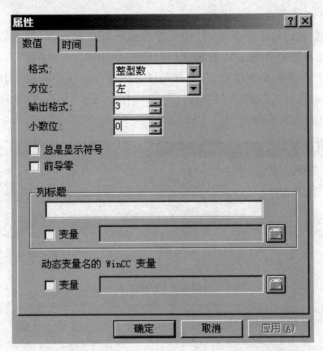

图 9-13 报表变量"属性"对话框

- 选择"格式"为"整型数"。"输出格式"中,输入值 3,"小数位"中输入值 0。
- 单击"确定"按钮,确认输入。
- 选择"属性"选项卡,如图 9-14 所示。

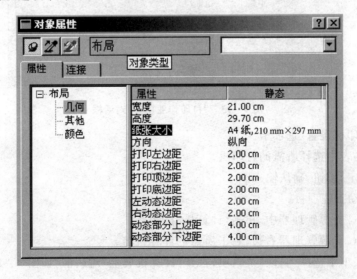

图 9-14 布局属性对话框

- 单击图标 ![icon],固定"属性"对话框。
- 右击表格外的空白处,修改页面布局属性。
- 在对话框的左边单击"几何",确认"纸张大小"属性设置为"A4 纸"。
- 保存页面布局,关掉页面布局编辑器。

第三步:定义打印任务。

为了打印输出变量记录运行报表,打印任务参数需要在 WinCC 任务管理器中定义。

- 在 WinCC 任务管理器的左边右击"打印任务"。
- 在 WinCC 任务管理器的右边,右击打印任务 Report Tag logging RT Table New。
- 在快捷菜单中选择"属性"菜单项,打开"打印作业属性"对话框,如图 9-15 所示。
- 在下拉列表中选择 taglogging.RPL 布局。

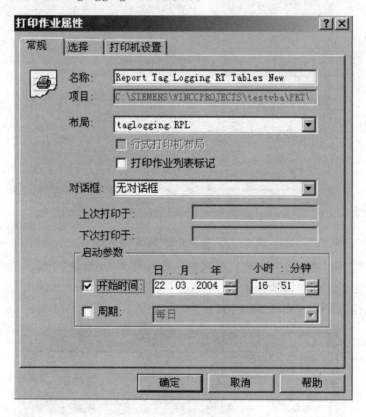

图 9-15 "打印作业属性"对话框

- 选择"打印机设置"选项卡。
- 从下拉列表中选择所需的打印机。
- 单击"确定"按钮,确认输入。

第四步:启动工程项目。

- 在 WinCC 资源管理器中,单击"计算机"按钮。
- 在 WinCC 资源管理器右边,右击所需的计算机名。
- 在快捷菜单中选择"属性"菜单项,打开"计算机属性"对话框,如图 9-16 所示。

- 在"启动"选项卡中,激活"变量记录运行系统"复选框。

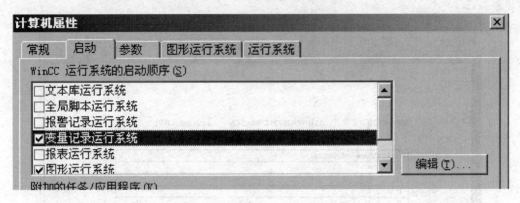

图 9-16 计算机"启动"设置对话框

- 单击"确定"按钮,确认输入。
- 单击 WinCC 管理器工具栏上的"激活"按钮。

WinCC 工程运行时,可以使用 WinCC 提供的变量模拟器来给 WinCC 变量赋值。

- 单击 Windows 任务栏上的 WinCC 管理器。
- 右击前面组态的@Report TagLogging RT Tables New。
- 在快捷菜单中选择"预览打印作业"菜单项,如图 9-17 所示。

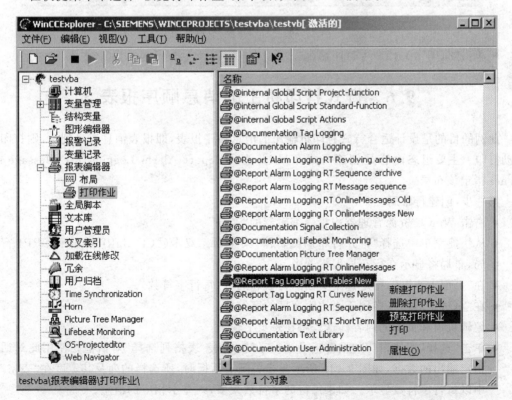

图 9-17 "预览打印作业"菜单项

- 在预览窗口中,可通过"放大"或"缩小"来改变输出,如图 9-18 所示。

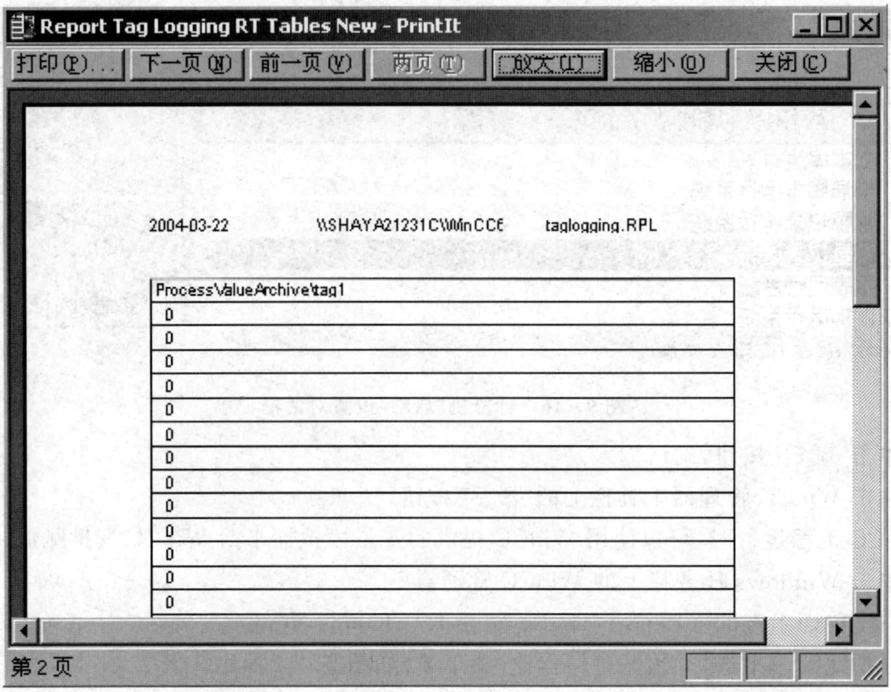

图 9-18 "打印预览"对话框

- 单击"打印",文档即可打印输出。

9.6 行式打印机上的消息顺序报表

此例的目的是设计适合行式打印机输出的消息顺序报表,即报表消息一旦到达,则打印机自动打印。主要组态内容是创建行式布局,并为@Report Alarm Logging RT Message sequence 指定该布局。

第一步:创建行布局。
- 右击 WinCC 资源管理器中报表编辑器的"布局"。
- 从快捷菜单中选择"打开行布局编辑器"菜单项。双击@CCAlgRtSequence.RP1 行布局,布局将显示在行布局编辑器中。
- 在"页面大小"区,指定每个页面的行数和列数(每行字符数)。
- 在"页边距"区,指定用于页边距宽度的字符数。
- 编辑页眉和页脚的内容。这些将在每页上输出。
- 单击"选择"按钮,打开"报警记录运行系统:报表-表格列选择"对话框。使用此对话框指定输出的数据,如图 9-19 所示。当关闭对话框时,所选择的列及其宽度在"表格"栏中以每行字符数显示。如果每行的字符数太多,则显示相应的消息。
- 列数及其宽度自动与所选择的消息块和顺序相匹配,如图 9-20 所示。

第 9 章 报表系统

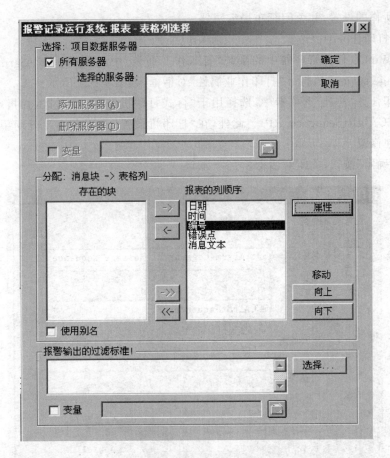

图 9-19 "报警记录运行系统:报表-表格列选择"对话框

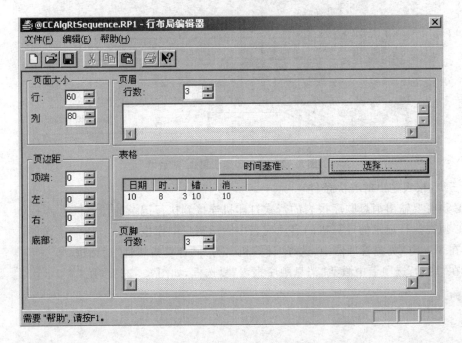

图 9-20 "行布局编辑器"对话框

- 保存所作的设置,并关闭行布局编辑器。

第二步:打印任务的修改。

- 双击 WinCC 任务管理器中的系统"打印作业列表"中的@Report Alarm Logging RT Message sequence,打开"打印作业属性"对话框,如图 9-21 所示。
- 在打印任务"常规"选项卡中,选择用于"行式打印机布局"复选框,并指定刚创建的布局@CCAlgRtSequence.RP1。此外,在"打印机设置"选项卡中设置期望的打印机,无需其他修改。
- 单击"确定"按钮,关闭对话框。

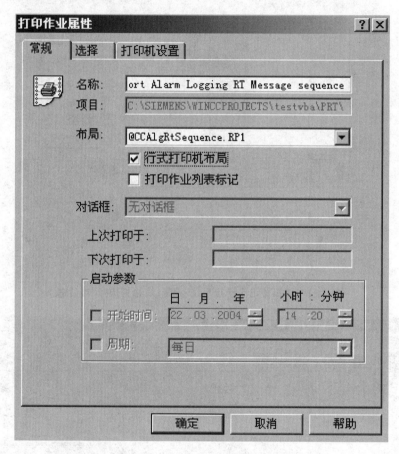

图 9-21 "打印作业属性"对话框

第三步:报表输出的先决条件。

- 必须将要输出消息顺序报表的行式打印机连接到执行记录的计算机上。
- 必须在执行记录的计算机的启动列表中激活消息顺序报表。
- 在 WinCC 资源管理器中,选择"计算机",打开"计算机属性"对话框。
- 在"启动"选项卡中激活"消息顺序报表"复选框,如图 9-22 所示。

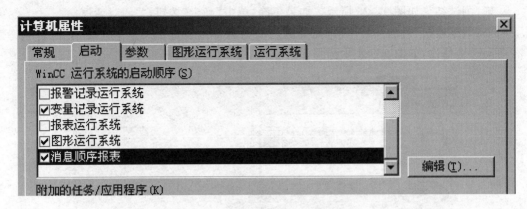

图 9-22 计算机"启动"设置对话框

9.7 通过 ODBC 接口在报表中打印外部数据库中的数据

使用 ODBC"数据库表"对象,可将数据库表的内容以文本的形式通过 ODBC 接口粘贴到页面布局的动态部分中。

前提条件:

- 存在有效的 ODBC 数据源,数据库已经注册在 Windows 的 ODBC 管理器中。
- 数据库支持标准 SQL 语言进行查询。

第一步:创建页面布局。

- 创建一个新的页面布局,命名为 ReportDatabase.RPL。
- 在 WinCC 管理器中,双击刚才创建的布局 ReportDatabase.RPL。布局编辑器会打开一个空白的页面。首先在静态部分添加对象-时间/日期、页码、页面布局名称和项目名称。
- 单击菜单中"视图">"动态部分",来编辑页面的动态部分。
- 在对象管理器中,单击"标准对象"选项卡中的动态对象,选择"动态对象">"ODBC 数据库">"数据库表",如图 9-23 所示。
- 把"数据库表"对象拖动到布局,调整大小尺寸。
- 双击布局中的"数据库表"对象,打开对象属性。
- 单击"连接"选项卡,选中右边的数据库连接后,单击"编辑"按钮。
- 打开的"数据连接"对话框,如图 9-24 所示,选择"ODBC 数据源"名称,如果数据库访问需要用户名和口令的话,在相应的条目中输入正确的值。
- 在对话框下部的"SQL 语句"栏中,输入正确的 SQL 数据库查询语句从数据库中检索所需要的信息。
- 单击"测试 SQL 语句"按钮,测试 SQL 语句是否正

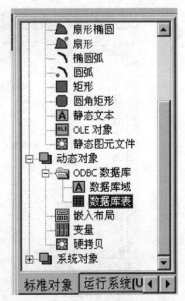

图 9-23 报表对象管理器

确,测试结果如图 9-25 所示。如果正确,单击"确定"按钮,关闭对话框。
- 在"数据连接"对话框中,所有需要输入的信息都可通过定义一个变量,在运行状态下动态地修改,如图 9-24 中圆圈标注。

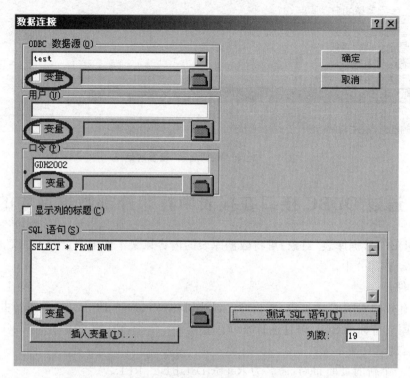

图 9-24 "数据连接"属性对话框

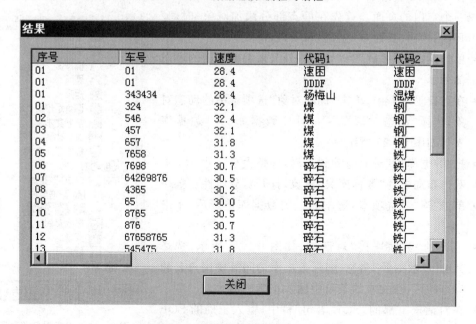

图 9-25 数据库连接测试结果

- 按用户的要求,组态页面布局的其他部分。
- 保存页面布局设置,关闭页面布局对话框。

第二步:组态打印作业。
- 新建打印作业,命名为 PrintDatabase。
- 双击刚刚创建的打印作业,如图 9-26 所示。在"布局"栏中指定 ReportDatabase.RPL。
- 单击"确定"按钮,确认输入。

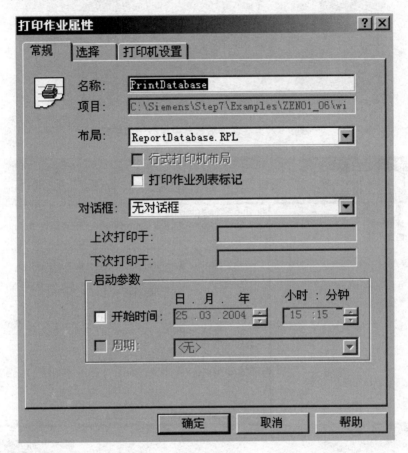

图 9-26 "打印作业属性"对话框

第三步:在画面中组态启动打印作业。
- 打开图形编辑器,在目标画面中组态一个按钮,如图 9-27 所示。
- 打开该组态按钮的"属性"对话框,在"事件"选项卡中,给鼠标添加 C 动作,如图 9-28 所示。
- 添加如下代码。

```
RPTJobPreview("PrintDatabase");
```

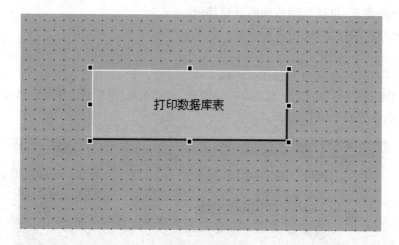

图 9-27 在图形编辑器中组态一个按钮

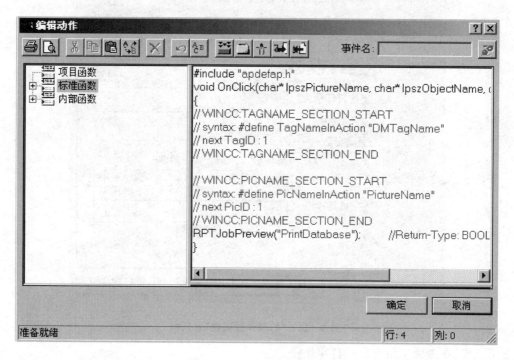

图 9-28 C 动作编辑器

- 编译保存代码,单击"确定"按钮,关闭对话框。
- 在 WinCC 管理器的计算机"启动"设置中,激活"报表运行系统"复选框。
- 激活 WinCC,在运行状态下测试刚才组态的功能。每次按下按钮,"打印预览"对话框就会如图 9-29 显示。

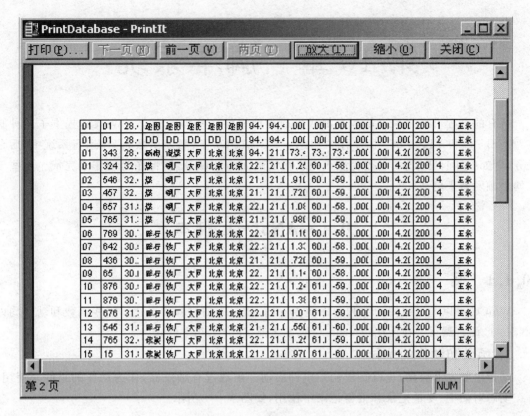

图 9-29 "打印预览"对话框

第 10 章 脚本系统

所有的过程可视化系统基本上都或多或少地提供一些脚本语言。WinCC 提供了两种脚本:ANSI-C 和 VBScript。脚本用来组态一些对象的动作(触发函数)。在运行系统中,后台任务,例如打印日常报表、监控变量或完成指定画面的计算等,均将作为动作来完成。这些动作均由触发器来启动。

10.1 ANSI-C 脚本

10.1.1 概　述

WinCC 可以通过使用函数和动作使 WinCC 项目中的过程动态化。这些函数和动作均以 ANSI-C 语言编写。在使用 ANSI-C 脚本之前,先介绍几个概念。

1. 函数和动作的差异

动作由触发器启动,也就是由初始事件启动。函数没有触发器,作为动作的组件来使用,并在动态对话框、变量记录和报警记录中使用,如图 10-1 所示。

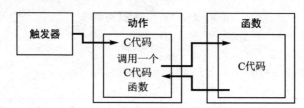

图 10-1 C-Script 中动作和函数的工作原理图

2. 触发器类型

触发器的类型如图 10-2 所示。

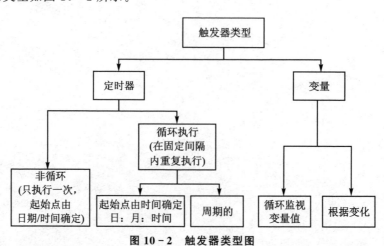

图 10-2 触发器类型图

3. 函数和动作概述

图 10-3 提供了函数和动作的范围概述。

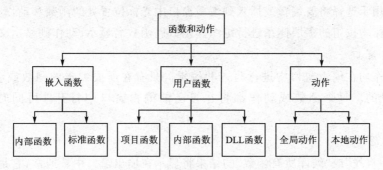

图 10-3　函数和动作的范围图

动作用于独立于画面的后台任务,例如打印日常报表、监控变量或执行计算等。

函数是一段代码,可在多处使用,但只能在一个地方定义。WinCC 包括许多函数。此外,用户还可以编写自己的函数和动作。

用户可以修改标准函数。重新安装或升级 WinCC 时,修改过的标准函数将被删除或被标准函数替换。因此,应事先保存修改过的函数。

10.1.2　全局脚本编辑器

C-Script 全局脚本编辑器如图 10-4 所示。

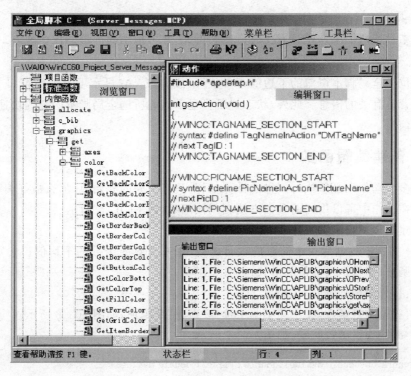

图 10-4　C-Script 全局脚本编辑器

下面介绍 C-Script 全局脚本编辑器窗口的结构组成。

(1) 浏览窗口

浏览窗口用于选择将要编辑或插入到编辑窗口中光标位置处的函数和动作。

函数和动作均按组的多层体系进行组织。函数以函数名显示；动作则显示文件名。

(2) 编辑窗口

函数和动作均在编辑窗口中进行写入和编辑。只有在所要编辑的函数或动作已经打开时，它才是可见的。每个函数或动作都将在自己的编辑窗口中打开。可同时打开多个编辑窗口。

(3) 输出窗口

"在文件中查找"或"编译所有函数"的结果将显示在输出窗口中。通常，它是可见的，但也可将其隐藏。

- 在文件中查找：搜索的结果将按每找到一个搜索术语显示一行的方式，显示在输出窗口中。每行均有一个行编号，表示路径和文件名以及找到搜索术语的行的行号和文本。

    通过双击已显示在输出窗口中的行，可直接打开相关的文件。光标将放置在找到搜索术语的行中。

- 编译所有函数：编译器所返回的警告和出错消息，将在编译每个函数时输出。下面的行将显示所编译函数的路径、文件名以及编译器的总结消息。

(4) 菜单栏

菜单栏的内容则根据情况而定。它始终可见。

(5) 工具栏

全局脚本具有两个工具栏。需要时可使其可见，并可拖动到屏幕的任何地方。

(6) 状态栏

状态栏位于全局脚本窗口的下边缘，可以显示或隐藏。它显示了与编辑窗口中光标位置以及键盘设置等有关的信息。此外，状态栏既可显示当前所选全局脚本函数的快速参考，也可显示其提示信息。

10.1.3 创建编辑函数

如果在多个动作中必须执行同样的计算，只是具有不同的起始值，那么最好编写函数来执行该计算。在动作中可以用当前参数方便调用该函数，如图 10-5 所示。

下面创建几个项目函数。

例 1 本实例中将创建一个简单的项目函数，用来计算 3 个数的平均值。参数以数值的形式传送给函数，结果也以数值的形式返回。

第一步：打开全局脚本 C-编辑器。

第二步：右击项目函数，在快捷菜单中选择"新建"菜单项，如图 10-6 所示。

第三步：编写如下函数代码，如图 10-7 所示。

```
double MeanValue(double dValue1,double dValue2, double dValue3)
{
    double dMeanValue;
```

dMeanValue = (dValue1+dValue2+dValue3)/3;
　　return dMeanValue;
}

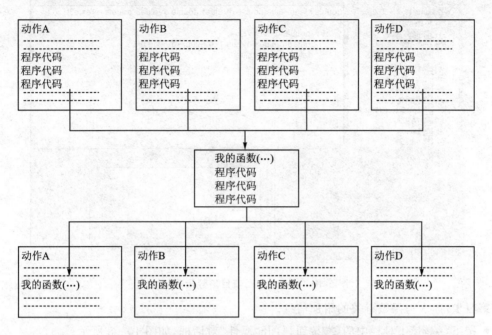

图 10-5　动作与函数使用结构图

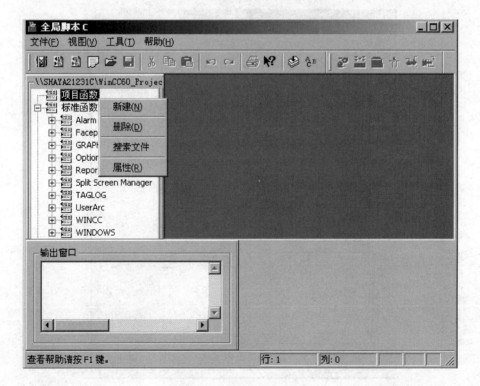

图 10-6　新建项目函数

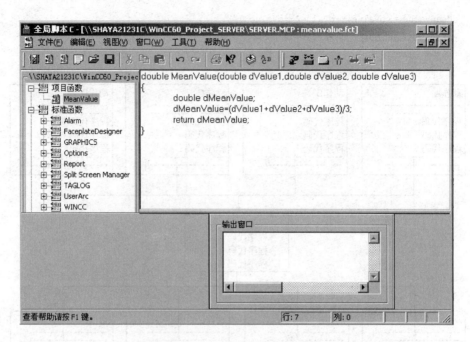

图 10-7 编辑项目函数代码

第四步：插入与函数有关的附加信息。

- 按下"编辑"工具栏中的 按钮，打开"属性"对话框，如图 10-8 所示。

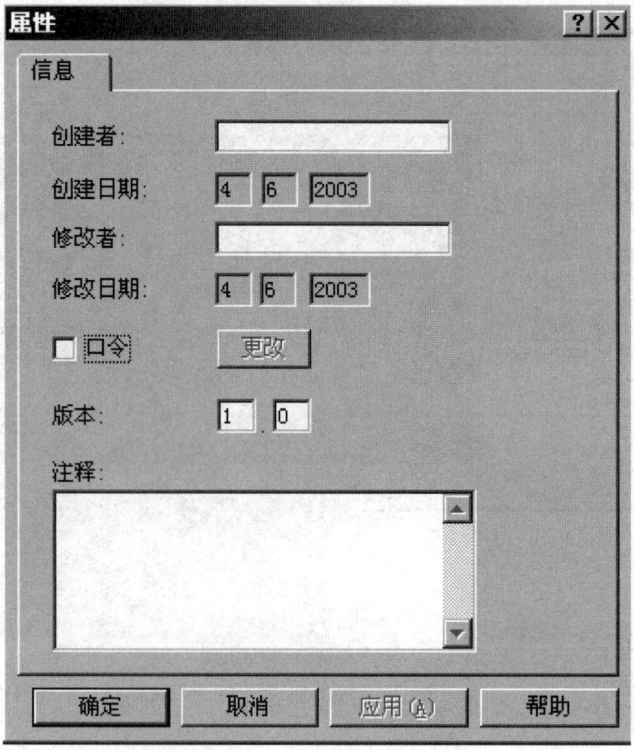

图 10-8 函数"属性"对话框

- 选择所需要的条目。
- 单击"确定"按钮,确认条目。

第五步:保护函数。
- 单击"编辑"工具栏中的 按钮,打开"属性"对话框。
- 选中"口令"复选框。
- 单击现已激活的按钮"更改",如图10-9所示。

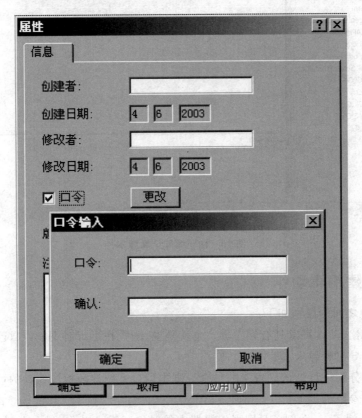

图 10-9 为函数添加口令

- 在"口令"行中,输入所期望的口令。
- 在"确认"行中,再次输入口令。
- 单击"确定"按钮,进行确认。
- 单击"确定"按钮,关闭对话框。

第六步:编译保存函数。
- 单击"编辑"工具栏中的 按钮。
- 检查在编辑窗口下面部分的来自编译器的消息,如图10-10所示。
- 如果编译器报告出错,则必须更正函数代码。一旦完成,再进行编辑查错。
- 如果编译器发出警告,则可以修改函数的代码。如果已经更正函数的代码,再从编译查错开始,否则继续。
- 单击"标准"工具栏中的 按钮。

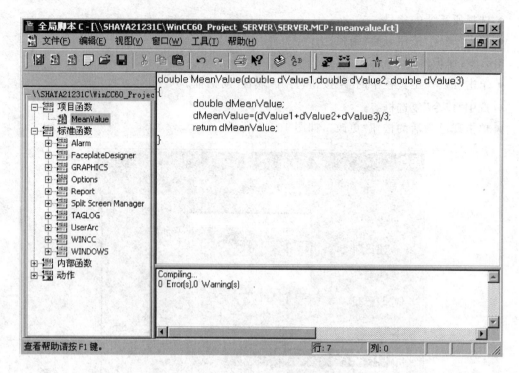

图 10-10 编译全局脚本

10.1.4 创建编辑动作

动作和函数之间的区别如下：
- 与函数相比，动作可以具有触发器。也就是说，函数在运行时不能由自己来执行。
- 动作可以导出和导入。
- 可为动作分配许可。该许可指的是全局脚本运行系统故障检测窗口的可操作的选项。
- 动作没有参数。

下面举两个例子：一个例子是图形编辑器中的对象调用 C 动作；另一个例子是全局动作。

例 2 在这个例子中，用图形编辑器中的按钮触发一个 C 动作。在这个动作中，调用例 1 的项目函数来计算 3 个数据的平均值。

第一步：打开图形编辑器，打开目标画面，打开目标"对象属性"对话框。

第二步：右击目标"属性"或"事件"，从快捷菜单中选择"C 动作"打开动作编辑器，如图 10-11 所示。

第三步：动作编辑器打开。

在动作编辑器中显示了函数的基本框架。此外，C 动作的标题已经自动生成。该标题不能更改。在 C 动作标题的第一行内，包含文件 apdefap.h。通过该文件，向 C 动作通知所有项目函数、标准函数以及内部函数。C 动作标题的第二部分为函数标题。该函数标题提供有关 C 动作的返回值和可以在 C 动作中使用的传送参数的信息。C 动作标题的第三部分是花括号。此花括号不能删除。在花括号之间，编写 C 动作的实际代码。

其他自动生成的代码部分包括两个注释块。若要使交叉索引编辑器可以访问 C 动作的

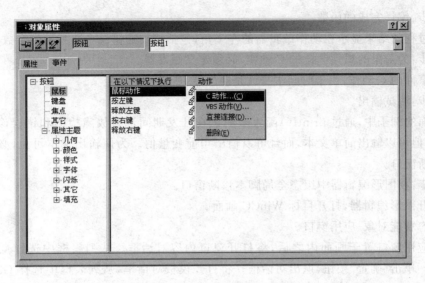

图 10-11　打开 C 动作编辑器

内部信息,则需要这些块。要允许 C 动作中语句重新排列也需要这两个块。如果这些选项都不用,则可以删除这些注释。

第一个注释块用于定义 C 动作中所使用的 WinCC 变量。在程序代码中,也必须使用所定义的变量名称,而不是实际的变量名称。

第二个注释块用于定义 C 动作中使用的 WinCC 画面。在程序代码中也必须使用定义的画面名称,而不是实际的画面名称,如图 10-12 所示。

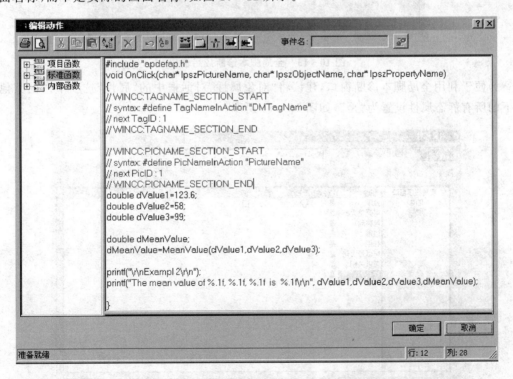

图 10-12　动作编辑器

第四步:编译完成的函数。

编译过程的结果显示在动作编辑器的左下角,包括找到的错误个数和警告个数。

第五步:为对象的属性创建的 C 动作,必须定义触发器。

对于事件的 C 动作,由于时间本身就是触发器,所以不必再定义。

第六步:测试输出。

在上面的例子中,通过 printf()函数来测试在开发期间进行故障检测和错误诊断。通过该函数,不但可以输出简单文本,而且可以输出当前变量值。为使输出文本可见,必须组态全局脚本诊断窗口。

第七步:在图形编辑器中组态全局脚本诊断窗口。

- 打开图形编辑器,打开目标 WinCC 画面。
- 组态智能对象-应用窗口。
- 将应用窗口置于画面内之后,将打开窗口内容对话框。从列表框中选择全局脚本条目。单击"确定"按钮,退出对话框。将打开模板对话框,从列表框中选择 GSC 诊断条目。同样,单击"确定"按钮,退出对话框,如图 10-13 所示。

图 10-13 全局脚本诊断应用窗口

为便于利用全局脚本诊断窗口,建议将"对象属性"对话框中的"属性"选项卡内的其他条目下的所有静态属性设置为"是",如图 10-14 所示。

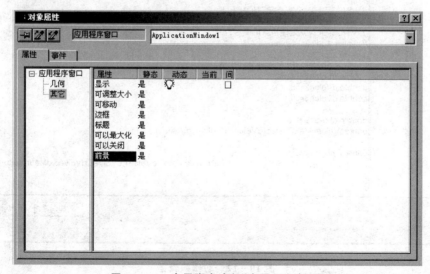

图 10-14 全局脚本诊断"应用程序窗口"

第八步:如果项目在运行,则由 printf()函数指定的文本输出将显示在诊断窗口中。

如果用工具栏上相应的按钮停止更新,则可以保存或打印输出窗口中的内容,如图 10-15 所示。

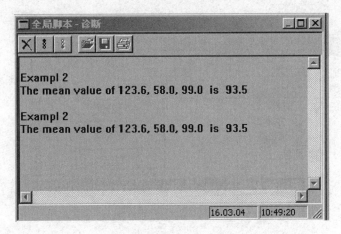

图 10-15 诊断结果输出

10.1.5 创建全局动作

在下面的例子中创建一个全局动作,用来完成每隔 1 s 名为 tag1 的变量值自加 1 的动作。

第一步:在 WinCC 管理器中,启动全局脚本 C 编辑器。

第二步:通过"文件">"新建动作"菜单项来创建新动作。

第三步:通过"文件">"另存为">counter.pas 来保存文件。

第四步:编写和编译该动作。

其中用到两个内部函数 GetTagDWord 和 SetTagDWord 来获得和设置 WinCC 变量的值。其实例代码如图 10-16 所示。

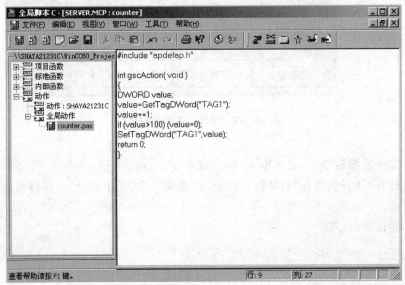

图 10-16 实例代码

第五步:设置触发器。

单击工具栏上的"触发器"按钮来完成这项工作。在描述对话窗口中,选择触发器,添加"触发器">"标准周期">"1秒",如图10-17所示。

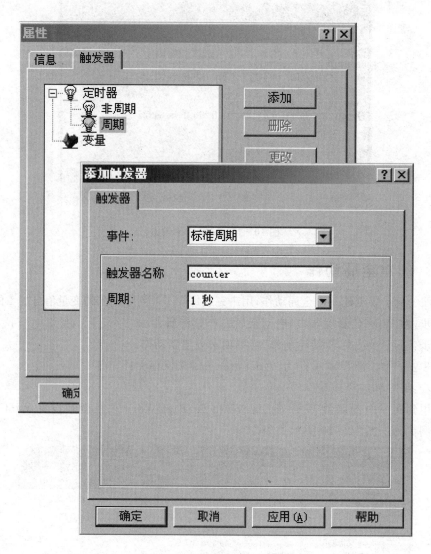

图10-17 修改脚本触发时间

第六步:在图形编辑器中,组态输入/输出域来显示 tag1 的值。

第七步:打开"计算机属性"对话框,在"启动"选项卡中,选中启动"全局脚本运行系统",如图 10-18 所示。

第八步:激活运行系统。

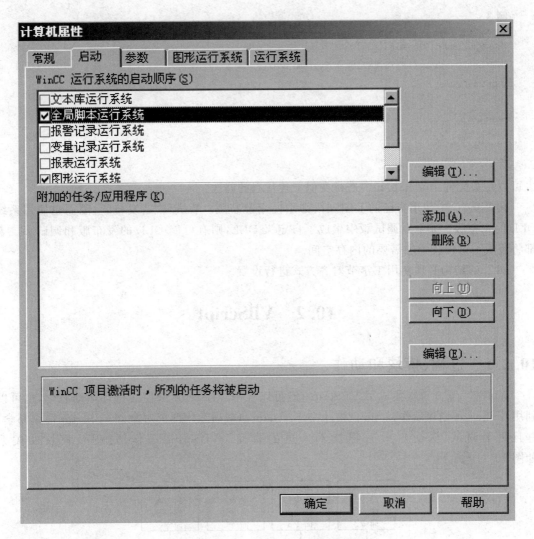

图 10-18 计算机"启动"选项卡

10.1.6 在函数或动作中使用动态链接库

WinCC 允许用户使用自己的动态链接库(DLL)。通过补充各自的函数或动作,可以在函数和动作中使用已有 DLL 中的函数。在函数或动作的起始处插入下列代码:

```
#pragma code("<Name>.dll")
<Type of returned value> <Function name 1>(...);
<Type of returned value> <Function name 2>(...);
……
<Type of returned value> <Function name n>(...);
#pragma code()
```

来自<名称.dll>的函数<函数名称 1>…<函数名称 n>均已进行了声明,并可由各自的函数和动作进行调用。

例 3

```
#pragma code("kernel32.dll")
VOID GetLocalTime(LPSYSTEMTIME lpSystemTime);
#pragma code()

SYSTEMTIME st;

GetlocalTime(&st);
```

也可以在头文件 Apdefap.h 中进行类似上述代码的修改。

在 WinCC 中使用自己的 DLL 时，必须使用发布版。WinCC 是发布版，因而也使用系统 DLL 的发布版。如果在调试版中生成了自定义 DLL，则有可能 DLL 的发布版和调试版二者都将装载。这样会增加需要的内存空间。

DLL 的结构必须使用 1 字节对齐方式进行设置。

10.2 VBScript

10.2.1 过程、模块和动作

WinCC V6.0 首次集成了 VBScript，既可以利用 VBScript 来使运行环境动态化，也可以利用 VBScript 创建动作（action）和过程（procedure）来动态化图形对象。VBScript 简单易学，并且便于调试，深受广大工程技术人员的欢迎。VBScript 动作、过程及模块的关系如图 10-19 所示。

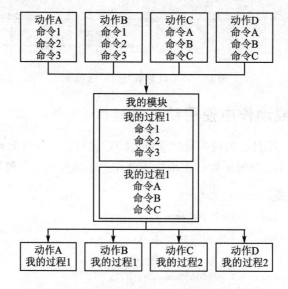

图 10-19　VBScript 动作、过程及模块的关系

1. 过程和模块

过程是一段代码，类似于 C 语言中的函数，只须创建一次，就可以在工程中多次调用。这

样就省去写很多重复性的代码,只要调用过程就可以了。

相互关联的过程应该存放在同一个模块中。在运行状态下,如果通过动作调用某个过程时,那么,包含此过程的模块也会被加载。因此,应该注意以下两点:

① 当调用一幅画面时,加载的模块越多,运行状态下系统的性能越差。

② 模块越大,包含的过程越多,模块加载的时间就越长。

所以,要合理地组织模块。例如,可以把用于特定系统或画面的过程组织在一个模块中;也可以按照功能来构建模块,如把具有计算功能的过程放在一个模块中。

(1) 过程特征

WinCC 中,过程具有以下属性:

- 由用户创建或修改;
- 可通过设置密码来保护过程代码;
- 不需要触发器;
- 被存储于模块中。

WinCC 没有提供预定义过程,但是提供了代码模板和智能提示来简化编程。过程适用的范围不同,有以下两种:

- 标准过程适用于计算机上的所有被创建工程;
- 项目过程只适用于创建此过程的项目。

(2) 模块特征

模块是一个文件,存放着一个或多个过程。WinCC 的过程具有以下属性:

- 可通过设置密码来保护模块;
- 具有 *.bmo 扩展名。

模块根据存储在其中的过程的有效性不同而存在差异。

- 标准模块:包含所有项目可全局调用的过程。其存放的路径是

  <WinCC installation directory>\ApLib\ScriptLibStd\<Module name>.bmo

- 项目模块:包含某个项目可用的过程。其存放的路径是

  <Project directory>\ScriptLib\<Module name>.bmo

因为项目模块存放在项目路径下,所以,当项目被拷贝时,模块也被拷贝。

(3) 使用过程和模块

过程应用于:

- 动作(图形编辑器和全局脚本);
- 其他过程(全局脚本)。

过程在模块中构建。

2. 动作

动作总是由触发器启动。例如,在运行状态下,当单击画面上的某个对象时,或者定时时间到,或者某个变量被修改后,都可以触发动作。

(1) 动作的有效期

动作在全局脚本中只定义一次,独立于画面而存在。全局脚本动作只在定义它的工程中有效。与画面对象相连接的动作,只在定义它的画面中有效。

(2) 动作的属性
- 动作由用户创建和修改；
- 全局脚本中的动作可通过设置密码得到保护；
- 动作至少具有一个触发器；
- 全局脚本中的动作具有 *.bac 文件扩展名；
- 全局脚本存放路径为<Project directory>\ScriptAct\Actionname.bac；
- 动作可由时间、变量和事件触发。

(3) 动作的应用范围
- 可应用在全局脚本中：全局动作在运行状态下独立于画面系统而运行。
- 可应用于图形编辑器中：动作只运行在组态的画面中。图形编辑器中，动作被组态在画面的对象属性和对象事件中。

10.2.2 VBScript 编辑器

VBScript 可在两种编辑器中编写，也就是说，上面所说的全局脚本编辑器和图形编辑器中对象属性和对象事件。

1. 在全局脚本中编写 VBS

全局脚本是 VBS 的核心编辑器。可以在 WinCC 管理器中启动，如图 10-20 所示。脚本编辑器如图 10-21 所示。

图 10-20 打开 VBS 编辑器

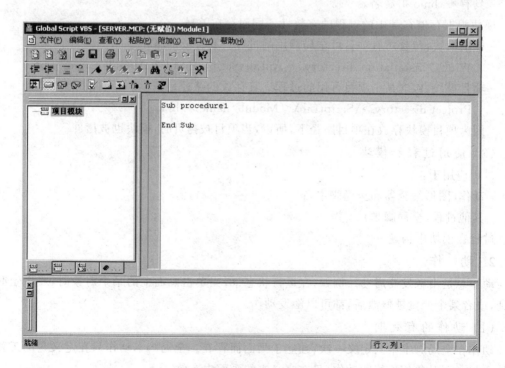

图 10-21 VBScript 编辑器

全局脚本用来编写全局动作。它独立于画面,不与图形对象连接,不与能被其他动作或过程调用的过程相连接。

2. 在图形编辑器中编写 VBS

在图形编辑器中,可以对图形对象的属性或事件编写一些动作。动作编辑器可以通过图形对象的"属性"选项卡启动,如图 10-22 所示。

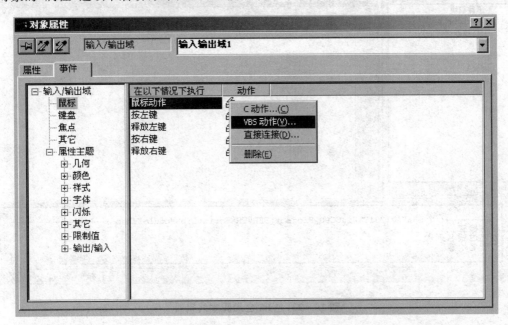

图 10-22　打开 VBS 动作编辑器

10.2.3　创建编辑过程

在创建一个新过程的时候,WinCC 自动地为过程分配一个标准的名字"procedure♯",其中♯代表序号。可以在编辑窗口中修改过程名,以便动作能够调用此过程。当保存过程后,修改后的过程名就会显示在浏览窗口中。过程名必须是惟一的,如果重名,会被认为是语法错误。

第一步:创建一个过程。
- 打开全局脚本。
- 在浏览窗口中,选择"项目模块"或"标准模块"选项。
- 打开一个存在的模块或通过菜单新建一个模块:"文件">"新建">"项目模块"或"文件">"新建">"标准模块"。
- 在创建完一个新模块后,一个没有返回值的过程已经输入到了编辑窗口中,如图 10-23所示。
- 直接把过程名输入到代码中:Sub procedure1。
- 在现存的模块中插入一个过程:在浏览窗口中选择模块,然后选择"添加新过程"快捷菜单命令。"新过程"对话框如图 10-24 所示。
- 输入过程名并选择是否带有返回值,然后一个变量申明和一个返回值就会输入到代码

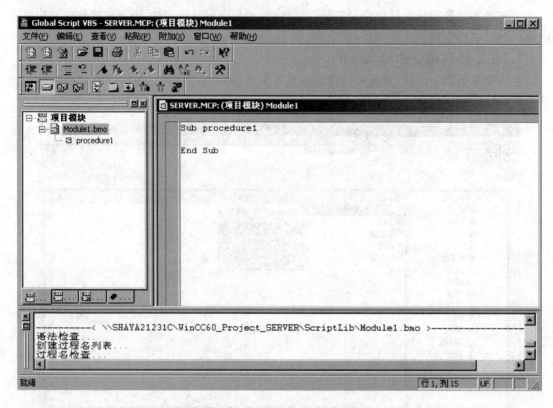

图 10-23 VBS 全局脚本编辑器

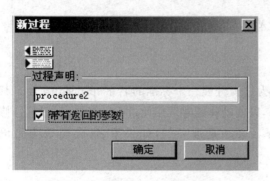

图 10-24 定义新过程参数

窗口中。
● 单击"确定",确认输入。
第二步:编写过程代码。
如果画面中使用的模块或过程修改过了,所做的任何修改只有当画面再次调用的时候才能生效。
全局 VBS 脚本的功能如下:
- 智能提示和语法高亮度显示。
- 常规 VBS 函数。右击编辑窗口的空白处,在上下文菜单中选择功能列表,就会显示常规的 VBS 函数。
- 对象、属性、方法列表。右击编辑窗口的空白处,在上下文菜单中选择"对象列表"或"属性/方法"列表。
- 代码模板。单击浏览窗口的代码模板的选项,将会看到很多可供选择的常用命令。
- 选择对话框
   "变量选择"对话框;
   "变量选择"对话框,返回值为变量名及其相关引用;

"图形对象选择"对话框；

 "画面选择"对话框。

- 语法检查。

利用以上的功能，编写如图 10-25 所示的代码。其主要功能是求 3 个变量的平均值。

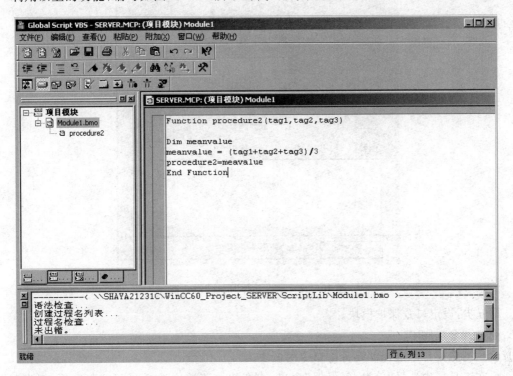

图 10-25　编辑 VBS 动作代码

第三步：使用标准过程或项目过程。

可以通过拖放的功能，或通过快捷菜单的方式在目前的代码中添加一个过程。项目过程只能用在当前的工程中。标准过程可以应用在计算机所有的工程中。定义在全局脚本中的过程可以在全局脚本中的动作或在图形编辑器中调用。运行过程中执行动作时，包含过程的整个模块都会被调用。

调用方法如下：

● 打开过程或要添加过程的动作。

● 用拖放的功能把过程从浏览窗口中移动到代码的正确位置，或把光标移动到要插入过程的位置。在浏览窗口中右击目标过程，在快捷菜单中选择"传送过程调用"菜单项。目标过程将会插入到相应的位置。

第四步：添加模块相关信息。

添加模块相关信息的主要目的是在下次修改模块或模块中的过程时，能快速获得模块的功能和包含在其中的过程。

● 打开全局脚本。

● 在浏览窗口中选择需要加入相关信息的模块。

● 选择工具栏上的"信息/触发"按钮，或选择快捷菜单的"信息"菜单项。"属性"对话框如图 10-26 所示。
- 输入相关信息。

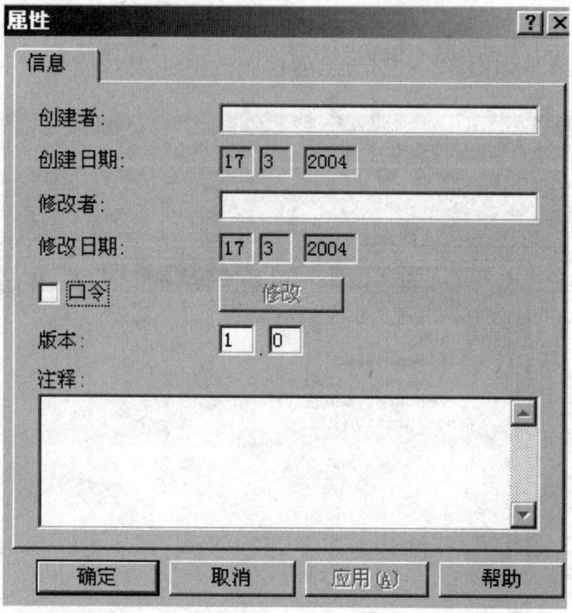

图 10-26　VBS 动作"属性"对话框

第五步：设定口令保护模块。
- 打开全局脚本。
- 在浏览窗口中选择需要分配口令的模块。
- 在工具栏中选择"信息/触发器"窗口，或在快捷菜单中选择"信息"菜单项，将出现"属性"对话框。
- 选择"口令"复选框，将出现"口令"输入对话框。
- 输入口令。
- 单击"确定"按钮，确认输入。

结果是如果试图打开模块或包含在其中的过程，将出现"口令"输入对话框。

第六步：保存模块或过程。
单击工具栏中的"保存"按钮或"文件"菜单中的"保存"命令。

第七步：重命名模块或过程。
重命名过程如下：
- 打开要重命名的过程。
- 在过程的开头名称处输入新的名称。
- 保存过程，以使新的名称显示在浏览窗口中。过程名必须是惟一的。

重命名模块如下：
- 关闭要重命名的模块。
- 在浏览窗口中右击模块，从快捷菜单中选择"重新命名"菜单项。
- 在浏览窗口中输入新的名称。

10.2.4 创建编辑动作

VBS 动作主要是用来使图形对象或图形对象属性在运行时动态化,或者执行独立于画面的全局动作。VBS 动作分类表如表 10-1 所列。

表 10-1 VBS 动作分类表

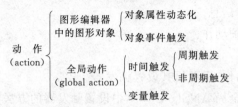

动作的执行

动作可以被分配给多个触发器。当某个触发事件发生时,动作就会被执行。注意以下事项:

- 全局脚本中的动作不能被同时执行。最后触发的动作排放在一个队列里,直到当前正在执行的动作完成之后才执行。
- 在图形编辑器中,循环触发和变量触发的动作不能同时启动。如果变量触发动作的执行阻碍了循环触发动作的执行,那么,当变量触发的动作完成之后,循环触发动作才执行。循环触发的动作在非执行周期被排放在一个队列里。目前执行的动作完成之后,循环周期触发的动作才以正常的周期执行。
- 图形编辑器中,事件触发的动作不能同时执行。
- 不同类型的动作不会相互妨碍执行。全局脚本动作不会影响图形编辑器中的动作;同样,在图形编辑器中,周期循环触发/变量触发的动作不会影响事件触发的动作,如图 10-27 所示。

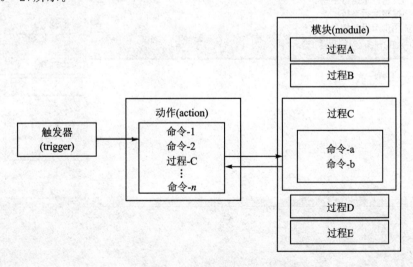

图 10-27 VBS 动作工作原理图

第一步:创建新动作。
- 打开全局脚本。
- 在浏览窗口中激活"动作"选项。

- 在工具栏中单击"新动作"按钮或选择"文件">"新建">"动作"菜单项。
- 在编辑窗口中新建一个动作。保存之后,新建的动作将显示在浏览窗口中。

第二步:编辑动作代码。

动作的编辑方法和过程的编辑方法一样,可以利用编辑窗口中提供的各种功能来进行编辑。比如代码模板、对象列表、属性/方法列表以及语法检测等。

第三步:添加动作相关信息。

第四步:设置口令,保护动作。

第五步:保存动作。

第六步:如果是全局动作,需要给其设置触发器。

设置触发器的方法与全局 ANSI-C 脚本中设置触发器的方法相同。

第七步:激活运行状态下的 VBS。

为使独立于图形的全局脚本能够执行,全局脚本编辑器必须在计算机的启动列表中注册。
- 右击 WinCC 管理器中的"计算机"按钮,在快捷菜单中选择"属性"菜单项,打开"计算机属性"对话框。
- 单击"启动"选项卡,如图 10-28 所示。
- 单击"确定"按钮,确认输入。

图 10-28 计算机"启动"设置对话框

10.2.5 调试诊断 VBS 脚本

WinCC V6.0 提供了一整套 VBS 调试诊断工具来分析运行状态下动作的执行情况。其中包括：

- GSC 运行和 GSC 诊断应用窗口。
- VBS 调试器。

GSC 运行和诊断应用窗口被用来添加到过程画面中，用法如同在 ANSI-C 脚本。惟一不同的是，如果想要打印输出中间运算值到 GSC 诊断窗口中，VBS 的语法是

HMIRuntime.trace(＜output＞);结果显示在 GSC 诊断窗口中

1. 调试器

（1）调试器种类

为在运行状态下调试脚本，可以用调试器。用来进行脚本调试的调试器有以下几种：

- Microsoft Script Debugger（包含在 WinCC 中，能够在 Windows 2000 和 Windows XP 环境下应用）；
- InterDev（包含在 Microsoft Visual Studio 的安装资源中）；
- Microsoft Script Editor(MSE) Debugger（包含在 Microsoft Office 中）。

WinCC 提供的是 Microsoft Script Debugger。下面将详细说明如何使用调试器。

（2）安装调试器步骤

第一步:安装调试器。

选择 WinCC 安装光盘中安装菜单的"附加软件"，然后单击 Microsoft Script Debugger，系统开始安装调试器，如图 10-29 所示。

图 10-29 安装脚本调试器

第二步：启动调试器。
- 在 WinCC 管理器中，在计算机的快捷菜单中选择"属性"菜单项，打开"计算机属性"对话框。
- 选择"运行系统"选项卡。
- 激活所需的调试选项。可分别设置全局脚本和图形编辑器中调试器的执行情况，如图 10-30 所示。

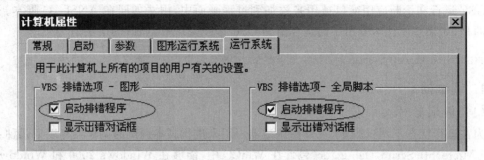

图 10-30　激活脚本调试器

- 选择"启动排错程序"复选框后，如果在运行状态下出现错误，则调试器会直接启动。
- 选择"显示出错"对话框，如果错误发生，则调试器不会直接启动，而是显示一个错误对话框，其中包含错误信息。调试器可以通过单击"确认"按钮的方式启动。

(3) 调试器的功能

调试器可以用来：

- 观看需要调试的脚本源代码；
- 脚本的单步运行检查；
- 显示变量和属性的修改值；
- 监控脚本执行过程。

2. VB 脚本调试器

VB 脚本调试器如图 10-31 所示。

(1) 命令窗口

命令窗口可由 View>Command Window 打开。可以用命令窗口进行下列工作：

- 输入命令，可以直接输入命令，并在脚本中直接执行。
- 更改变量的值。变量值可以直接在命令窗口中编译和修改，包括脚本中的变量和全局变量。
- 修改属性。可以在命令窗口中读/写目前脚本中的所有对象的属性。

(2) 运行文档窗口

运行文档窗口可以通过 View>Running Documents 菜单项打开。

运行文档窗口显示在 WinCC 运行状态下，所有运行的脚本根据类型不同而归属不同的分支，即分为全局脚本 (Global Script Runtime) 和图形运行系统脚本 (PDLRT)。图形运行系统脚本又根据触发条件不同，分为触发控制脚本 (picturename_trigger) 和事件控制脚本 (picturename_events)。

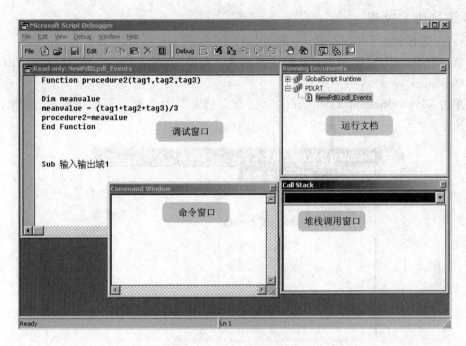

图 10-31 VB 脚本调试器

(3) 堆栈调用窗口

堆栈调用窗口可通过 View>Call Stack 菜单项打开。

此窗口主要用来显示所有运行的动作和调用的过程。当一个过程被调用时，它的名字被添加到窗口列表中。当过程调用结束后，过程的名称从窗口列表中消失。

3. 动作和过程在调试器中的名称

调试器中，动作和过程的名称不同于存储在 WinCC 脚本中的名字。它们遵循表 10-2 中的规则。

表 10-2 脚本编辑器中动作和过程的名称

动作类型	脚本文件名称
属性上的循环或变量触发事件	ObjectName_PropertyName_Trigger
鼠标事件	ObjectName_OnClick ObjectName_OnLButtonDown ObjectName_OnLButtonUp ObjectName_OnRButtonDown ObjectName_OnRButtonUp
键盘事件	ObjectName_OnKeyDown ObjectName_OnKeyUp
对象事件	ObjectName_OnObjectChanged ObjectName_OnSetFocus
属性事件	ObjectName_PropertyName_OnPropertyChanged ObjectName_PropertyName_OnPropertyStateChanged
画面事件	Document_OnOpen Document_OnClosed

4. 调试脚本过程

第一步：选择脚本。
- 从 Windows 启动菜单中启动脚本调试器（"开始"）"程序"＞"附件"＞Microsoft Script Debugger。
- 单击 View＞Running Documents，从运行文档窗口中选择要调试的脚本，如图 10 - 32 所示。

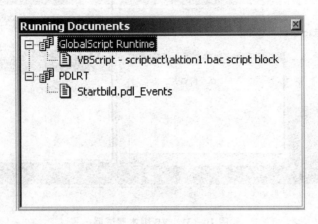

图 10 - 32 选择调试脚本

- 双击运行文档窗口中需要调试的脚本文件，脚本文件就会在调试窗口中打开（写保护）。

第二步：设置断点。

断点经常设置在代码中容易出错的地方。
- 把光标放在需要设置断点的地方。
- 打开 Debug 菜单，选择 Toggle Breakpoint 命令，下一行要执行的代码就会标记一个红点。
- 切换 WinCC 到运行状态，触发动作使脚本运行，调试器停留在第一个断点处，并用黄色高亮度显示。

第三步：单步运行。

按 F8 键单步运行脚本文件，或使用 Debug＞Step into 或 Debug＞Step over 命令进行调试。

第四步：确定或修改变量或属性值。
- 脚本文件中至少设置一个断点。
- 切换 WinCC 到运行状态下，触发动作，执行脚本。调试器停在第一个断点处。
- 单击 View 菜单，打开命令窗口。
- 为了确定变量或属性的值，先输入一个"？"，然后输入空格以及变量或属性的名字，例如"？mytag"按回车键，执行命令。
- 如果要修改变量/属性，则用 VBS 的赋值语法。

10.2.6 WinCC VBS 参考模型

WinCC VBS 参考模型如图 10-33 所示。可以利用 WinCC 图形运行系统对象模型来访问 WinCC 运行系统的变量和对象。

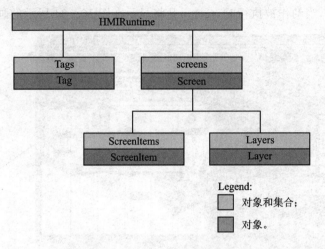

图 10-33 WinCC VBS 参考模型

10.2.7 VBScript 例程

例 4 访问图形编辑器中的对象。

可以用 VBS 来访问 WinCC 图形编辑器中的所有对象,使它们动态化。下面的代码中,在运行状态下,每单击一次,设置圆的直径为 20。

```
Dim objCircle
Set objCircle = ScreenItems("Circle1")
objCircle.Radius = 20
```

例 5 定义对象的颜色。

图形对象的颜色是通过 RGB(红/黄/蓝)的值来设定的。图形对象的值可以设定或读出。下面的代码中画面 ScreenWindow1 的填充颜色。

```
Dim objScreen
Set objScreen = HMIRuntime.Screens("ScreenWindow1")
objScreen.FillStyle = 131075
objScreen.FillColor = RGB(0,0,255)
```

例 6 修改组态语言。

运行状态下的语言可通过 VBS 来修改。通常的做法是,在起始画面上组态一个按钮,按钮的触发事件是修改语言。运行状态下的语言是以代码的形式设置的,德语-1031,英语-1033,中文-2052。具体请参考 WinCC 帮助的 Local ID Chart 文档。

```
HMIRuntime.Language = 2052
```

例7 画面切换。

如果在组态时使用了画面分割,比如一个基本的画面标题、一些功能按钮以及嵌入一个画面窗口来进行画面显示(如图10-34所示),则可以利用画面窗口的属性 ScreenName 来组态画面切换。

下面的代码中,当动作被执行时,test.pdl 将显示在图10-34所示的画面窗口中。

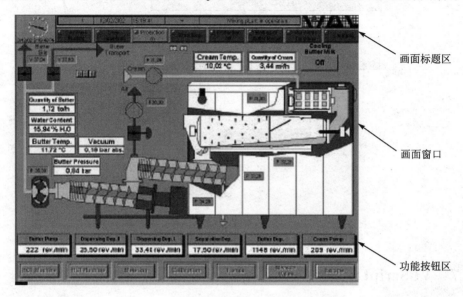

图10-34 WinCC 画面布局示意图

```
Dim objScrWindow
Set objScrWindow = ScreenItems("ScreenWindow")
objScrWindow.ScreenName = "test"
```

例8 给变量赋值。

1) 简单写操作

```
HMIRuntime.Tags("Tag1").Write 6
```

2) 带变量引用的写操作

```
Dim objTag
Set objTag = HMIRuntime.Tags("Tag1")
objTag.Write 7
```

变量引用有以下优点,变量在进行操作之前可以先进行一些处理。如下面的代码所示,变量先读,执行计算,然后再进行写操作。

```
Dim objTag
Set objTag = HMIRuntime.Tags("Tag1")
objTag.Read
objTag.Value = objTag.Value + 1
objTag.Write
```

3) 同步写操作

通常情况下,赋给变量的值在传送到变量管理器的同时,动作处理也开始进行。在一些情况下,必须保证在动作处理之前,值已经被真正写入变量。

通过给写操作指定参数 1 来实现这种类型的写操作。

```
Dim objTag
Set objTag = HMIRuntime.Tags("Tag1")
objTag.Write 8,1
```

或

```
Dim objTag
Set objTag = HMIRuntime.Tags("Tag1")
objTag.Value = 8
objTag.Write ,1
```

4) 带状态处理的写操作

为确保值已经成功地赋给了变量,在完成写操作过程后,执行错误检查是非常必要的。在下面的代码中,对变量 Tag1 进行写操作。在写的过程中,如果发生错误的话,错误值和错误描述就会出现在全局脚本的诊断窗口中。最后,检查质量代码。如果质量代码是 OK(0x80),同样也显示在诊断窗口中。

```
Dim objTag
Set objTag = HMIRuntime.Tags("Tag1")
objTag.Write 9
If 0 <> objTag.LastError Then
HMIRuntime.Trace "Error: " & objTag.LastError & vbCrLf & "ErrorDescription: " & objTag.ErrorDescription & vbCrLf
Else
objTag.Read
If &H80 <> objTag.QualityCode Then
HMIRuntime.Trace "QualityCode: 0x" & Hex(objTag.QualityCode) & vbCrLf
End If
End If
```

例 9 对变量进行读操作。

1) 简单读操作

```
HMIRuntime.Trace "Value: " & HMIRuntime.Tags("Tag1").Read & vbCrLf
```

2) 带变量引用的读操作

在下面的代码中,创建了一个变量的副本,读的结果显示在诊断窗口中。

```
Dim objTag
Set objTag = HMIRuntime.Tags("Tag1")
HMIRuntime.Trace "Value: " & objTag.Read & vbCrLf
```

使用读操作时,已进行了读的过程变量将被加入到映像区中,从此它们会周期地从 AS 系统中读取。如果变量已经存在于映像区,包含在映像区中的值会返回给变量。

3) 直接读

通常,变量是从变量映像区中读取。在某种情形下,必须直接从 AS 中读取,例如为了同步快速处理。如果可选读参数设置为 1,变量不是周期性的登陆,变量值只是从 AS 中请求一次。

```
Dim objTag
Set objTag = HMIRuntime.Tags("Tag1")
HMIRuntime.Trace "Value: " & objTag.Read(1) & vbCrLf
```

4) 带状态处理的读操作

为确保值的有效性,读完之后,应进行检查。在下面的代码中,读 myWord 变量,然后进行检查。如果质量代码不是 OK(0x80),那么,LastError、ErrorDescription 以及质量代码属性会显示在脚本的诊断窗口中。

```
Dim objTag
Set objTag = HMIRuntime.Tags("Tag1")
objTag.Read
If &H80 <> objTag.QualityCode Then
HMIRuntime.Trace "Error: " & objTag.LastError & vbCrLf & "ErrorDescription: " & objTag.ErrorDescription & vbCrLf & "QualityCode: 0x" & Hex(objTag.QualityCode) &vbCrLf
Else
HMIRuntime.Trace "Value: " & objTag.Value & vbCrLf
End If
```

例 10 给对象属性赋值。

VBS 允许访问图形编辑器中所有画面对象的属性。属性可以在运行状态下修改。

1) 简单设置属性

下面的代码中,画面中的 Rectangle1 对象的背景色设置为红色。

```
ScreenItems("Rectangle1").BackColor = RGB(255,0,0)
```

2) 带对象引用的属性设置

在下面的代码中,创建了画面中 Rectangle1 对象的引用,并用标准 VBS 函数 RGB() 来设置背景色为红色。

```
Dim objRectangle
Set objRectangle = ScreenItems("Rectangle1")
objRectangle.BackColor = RGB(255,0,0)
```

3) 通过画面窗口设置对象属性

为改变包含在画面中的对象的属性,首先要用 HMIRuntime.Screens 来引用包含对象的画面。在下面的代码中,创建了包含在画面 Picture2 中 Rectangle1 对象的引用,并把它的背景色设置为红色。在这个代码中 Screen2 显示在 Screen1 中,Screen1 显示在基本画面 Base-

Screen 中。

```
Dim objRectangle
Set objRectangle = HMIRuntime.Screens(" BaseScreen.ScreenWindow1:Screen1.ScreenWindow1:
Screen2").ScreenItems("Rectangle1")
objRectangle.BackColor = RGB(255,0,0)
```

其实,不必指定画面名称,就可以用画面窗口的名称来惟一指定画面。

```
Dim objRectangle
Set objRectangle = HMIRuntime.Screens("ScreenWindow1.ScreenWindow1").ScreenItems
("Rectangle1")
objRectangle.BackColor = RGB(255,0,0)
```

例 11 ActiveX 控件的调用方法。

下面的代码演示了怎样调用嵌入到 WinCC 画面中 ActiveX 控件的属性和方法。

MS Form 2.0 Combobox

```
Dim cboComboBox
Set cboComboBox = ScreenItems("ComboBox1")
cboCombobox.AddItem "1_ComboBox_Field"
cboComboBox.AddItem "2_ComboBox_Field"
cboComboBox.AddItem "3_ComboBox_Field"
cboComboBox.FontBold = True
cboComboBox.FontItalic = True
cboComboBox.ListIndex = 2
```

MS Form 2.0 Listbox

```
Dim lstListBox
Set lstListBox = ScreenItems("ListBox1")
lstListBox.AddItem "1_ListBox_Field"
lstListBox.AddItem "2_ListBox_Field"
lstListBox.AddItem "3_ListBox_Field"
lstListBox.FontBold = True
```

WinCC Function Trend Control

```
Dim lngFactor
Dim dblAxisX
Dim dblAxisY
Dim objTrendControl
Set objTrendControl = ScreenItems("Control1")
For lngFactor = -100 To 100
dblAxisX = CDbl(lngFactor * 0.02)
dblAxisY = CDbl(dblAxisX * dblAxisX + 2 * dblAxisX + 1)
```

```
objTrendControl.DataX = dblAxisX
objTrendControl.DataY = dblAxisY
objTrendControl.InsertData = True
Next
```

Microsoft Web Browser

```
Dim objWebBrowser
Set objWebBrowser = ScreenItems("WebControl")
objWebBrowser.Navigate "http://www.siemens.de"
......
objWebBrowser.GoBack
......
objWebBrowser.GoForward
......
objWebBrowser.Refresh
......
objWebBrowser.GoHome
......
objWebBrowser.GoSearch
......
objWebBrowser.Stop
......
```

10.3　VB for Application

WinCC V6.0 在图形编辑器中集成了一个 VBA 编辑器,可以用来使组态自动化。VBA 与 Microsoft Office 提供的 VBA 编辑器相似,可以直接利用 VBA 编程经验。

利用 VBA 可以扩展图形编辑器的功能,进行自动化组态。总的来说,图形编辑器可以作以下用途:
- 创建用户定义的菜单或工具栏;
- 创建和编辑标准、智能的窗口对象;
- 给画面和对象添加动态;
- 在画面和对象中组态动作;
- 访问支持 VBA 的产品(例如 MS Office 产品)。

10.3.1　VBA 的适用范围

VBA 与 VBS 的区别与联系如表 10-3 所列。

表 10-3 VBS 和 VBA 对比表

项 目	VBA	VBScripting
语言	Visual Basic	Visual Basic
可调试	可以	可以
可访问其他应用程序	可以	可以
WinCC 已集成功能	是	是
适用范围	WinCC 组态环境(CS) 图形编辑器	WinCC 运行环境(RT) 图形编辑器、全局脚本
可访问对象	WinCC 组态环境(CS) 图形编辑器、变量(tags)、 报警、归档、文本	WinCC 组态环境(RT) 图形编辑器、变量(tags)
功能近似于	动态向导和 ODK	C-Script 和 ODK

动态向导不能被 VBA 所取代，但 VBA 可以很容易地增强动态向导的功能。

ODK 提供了大量的可调用函数，允许访问 WinCC 在组态和运行环境下的所有功能。VBA 只提供了基于对象的访问组态环境下图形编辑器所有对象的功能。

10.3.2 VBA 编辑器

WinCC 工程中的 VBA 代码在 VBA 编辑器中进行管理。可以通过把代码放在不同的地方而指定代码的有效范围，代码有以下 3 种类型：

- 全局有效 VBA 代码；
- 工程有效 VBA 代码；
- 画面有效 VBA 代码。

图形编辑器中的画面在 VBA 对象模型中被当作一个文档(document)。

在图形编辑器中启动 VBA 编辑器的方法是：按 ALT＋F11 键或选择菜单 Tools＞Macros＞Visual Basic Editor。如果在图形编辑器中没有打开一幅画面，只能编辑全局或项目有效 VBA 代码。

全局有效、工程有效以及所有打开画面有效的 VBA 代码都可以在 VBA 编辑器中打开编辑，如图 10-35 所示。

（1）全局有效 VBA 代码

此代码指的是写在 VBA 编辑器中 GlobalTemplateDocument 下的代码。VBA 代码存储为@GLOBAL.PDT 文件，放在 WinCC 的安装目录下。这些代码对于计算机上所有的 WinCC 工程都适用。WinCC 只使用存放在本地机上的全局有效 VBA。

（2）工程有效 VBA 代码

此代码指的是写在 VBA 编辑器中 ProjectTemplateDocument 下的代码。VBA 代码存储为@PROJECT.PDT 放在 WinCC 工程目录的根目录下。这个文件包含对@GLOBAL.PDT 文件的引用，所以可以直接在 ProjectTemplateDocument 中调用存储在@GLOBAL.PDT 中的函数和过程。ProjectTemplateDocument 中的 VBA 代码对正打开项目的所有画面有效。

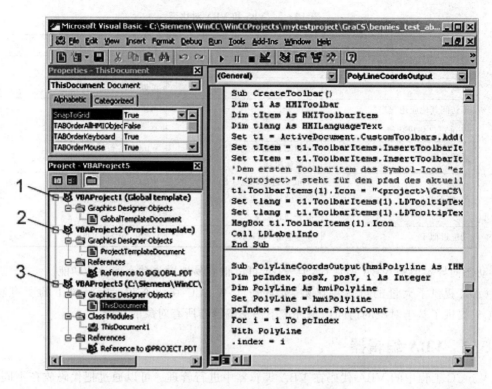

图 10-35 VBA 编辑器

(3) 画面有效 VBA 代码

此代码指的是写在 This document 下的代码。这些代码与画面一起存为 PDL 文件。这个文件包含对 @PROJECT.PDT 文件的引用,所以可以直接在 PDL 文件中调用存储在 @PROJECT.PDT 中的函数和过程。

(4) VBA 宏执行时的特点

VBA 宏在执行时,有如下特点:首先执行画面有效 VBA 代码,然后执行工程有效 VBA 代码。如果调用的宏既包含在画面有效代码中,又包含在工程有效代码中,那么,只会执行画面有效 VBA 代码。这是为了避免出现 VBA 宏和函数执行两次的错误。

10.3.3 在图形编辑器中使用 VBA

基本上说,在图形编辑器中所有用鼠标进行的组态工作,都可以用 VBA 宏来替代。VBA 在图形编辑器中的对象模型,如图 10-36 所示。

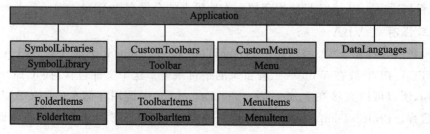

图 10-36 VBA 对象模型

VBA 在图形编辑器中可以进行如表 10-4 所列的工作。

表 10-4 VBA 功能表

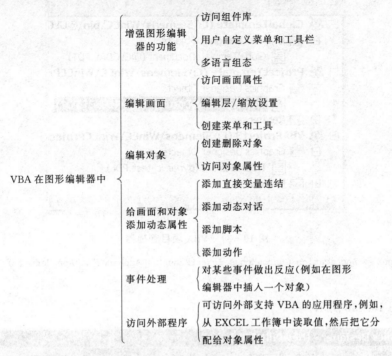

下面举 3 个例子来说明如何在图形编辑器中使用 VBA。
- 例 12 说明如何创建自定义的菜单。
- 例 13 说明如何用 VBA 编辑对象属性。
- 例 14 说明如何对画面和对象的属性设置动态。

例 12 在图形编辑器的菜单中增加新的菜单条目。

首先要增加一个用户自定义的菜单,在此菜单中可以插入菜单条目、分割线和子菜单。具体步骤如下:

第一步:打开 VBA 编辑器。

用 ALT+F11 或 Tools>Macro>visual basic editor 菜单项来打开 VBA 编辑器。

第二步:在项目管理器中,打开目标文档,编写 VBA 代码,如图 10-37 所示。

第三步:为了在图形编辑器中创建创建一个用户定义的菜单,可以在文档中插入一个 GreateApplicationMenus()过程,或通过事件处理加入下列创建菜单的代码。

```
Sub CreateApplicationMenus()
'Declaration of menus...:
Dim objMenu1 As HMIMenu
Dim objMenu2 As HMIMenu
'
'Add menus. Parameters are "Position", "Key" und "DefaultLabel":
Set objMenu1 = Application.CustomMenus.InsertMenu(1, "AppMenu1", "App_Menu_1")
```

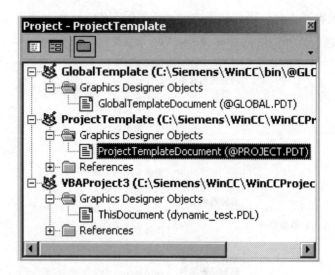

图 10 - 37　VBA 项目管理器

```
Set objMenu2 = Application.CustomMenus.InsertMenu(2,"AppMenu2","App_Menu_2")
End Sub
```

结果如图 10 - 38 所示。

图 10 - 38　在菜单中插入用户自定义菜单

第四步:按 F5 键启动过程。

例 13　如何用 VBA 编辑对象。

第一步:在图形编辑器中打开 VBA 编辑器。

第二步:在项目管理器中打开 ThisDocument 文档,如图 10 - 39 所示。

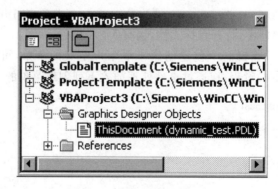

图 10 - 39　VBA 项目管理器

① 定义指定对象（HMICircle）的属性。在 ThisDocument 文档中插入 EditDefinedObjectType()过程，即在当前画面中插入一个圆，圆的线条宽度和颜色被改变。

```
Sub EditDefinedObjectType()
Dim objCircle As HMICircle
Set objCircle = ActiveDocument.HMIObjects.AddHMIObject("myCircleAsCircle", "HMICircle")
With objCircle
'direct calling of objectproperties available
.BorderWidth = 4
.BorderColor = RGB(255, 0, 255)
End With
End Sub
```

② 改变非指定对象的属性（HMIObject）。在 Thisdocument 中插入 EditHMIObject 过程，即在当前画面中插入一个圆，圆的线条宽度和颜色被改变。

```
Sub EditHMIObject()
Dim objObject As HMIObject
Set objObject = ActiveDocument.HMIObjects.AddHMIObject("myCircleAsObject", "HMICircle")
With objObject
'Access to objectproperties only with property "Properties":
.Properties("BorderWidth") = 4
.Properties("BorderColor") = RGB(255, 0, 0)
End With
End Sub
```

③ 在当前画面中选中对象。在 Thisdocument 中插入 SelectObject()过程，即在画面中插入一个圆并被选中。

```
Sub SelectObject()
Dim objObject As HMIObject
Set objObject = ActiveDocument.HMIObjects.AddHMIObject("mySelectedCircle", "HMICircle")
ActiveDocument.HMIObjects("mySelectedCircle").Selected = True
End Sub
```

④ 在当前画面中查找对象，插入 FindObjectsByName()，FindObjectsByType()，或 FindObjectsByProperty()到 Thisdocument 中，即查找名字中带 circle 字符串的对象。

```
Sub FindObjectsByName()
Dim colSearchResults As HMICollection
Dim objMember As HMIObject
Dim iResult As Integer
Dim strName As String
'
'Wildcards (?, *) are allowed
```

```
Set colSearchResults = ActiveDocument.HMIObjects.Find(ObjectName: = " * Circle * ")
For Each objMember In colSearchResults
iResult = colSearchResults.Count
strName = objMember.ObjectName
MsgBox "Found: " & CStr(iResult) & vbCrLf & "Objectname: " & strName
Next objMember
End Sub
```

⑤ 下面的代码是在当前画面中查找 HMICircle 类型的对象。

```
Sub FindObjectsByType()
Dim colSearchResults As HMICollection
Dim objMember As HMIObject
Dim iResult As Integer
Dim strName As String
Set colSearchResults = ActiveDocument.HMIObjects.Find(ObjectType: = "HMICircle")
For Each objMember In colSearchResults
iResult = colSearchResults.Count
strName = objMember.ObjectName
MsgBox "Found: " & CStr(iResult) & vbCrLf & "Objektname: " & strName
Next objMember
End Sub
```

⑥ 下面的代码是在打开的画面中查找具有 BackColor 属性的对象。

```
Sub FindObjectsByProperty()
Dim colSearchResults As HMICollection
Dim objMember As HMIObject
Dim iResult As Integer
Dim strName As String
Set colSearchResults = ActiveDocument.HMIObjects.Find(PropertyName: = "BackColor")
For Each objMember In colSearchResults
iResult = colSearchResults.Count
strName = objMember.ObjectName
MsgBox "Found: " & CStr(iResult) & vbCrLf & "Objectname: " & strName
Next objMember
End Sub
```

⑦ 删除对象。在 Thisdocument 中插入 DeleteObject()过程，即在当前打开的画面中删除对象。

第三步：按 F5 键，启动每个过程。

例 14 为画面对象添加动态属性。

可以为画面对象添加如下动态属性：变量连接、动态对话和脚本。下面两个程序代码为对象添加一个直接连接和 VB 脚本。其他更详细内容,请参阅在线帮助。

① 为对象添加直接变量连接。

```
Sub CreateDynamicOnProperty()
Dim objVariableTrigger As HMIVariableTrigger
Dim objCircle As HMICircle
Set objCircle = ActiveDocument.HMIObjects.AddHMIObject("Circle1", "HMICircle")
'
'Create dynamic with type "direct Variableconnection" at the
'property "Radius":
Set objVariableTrigger = objCircle.Radius.CreateDynamic(hmiDynamicCreationTypeVariableDirect,_
"'NewDynamic1'")
'
'To complete dynamic, e.g. define cycle:
With objVariableTrigger
.CycleType = hmiVariableCycleType_2s
End With
End Sub
```

② 为对象添加 VB 脚本。在下面的代码中,圆的直径在运行时每 2 s 增加 5 个像素。

```
Sub AddDynamicAsCSkriptToProperty()
Dim objVBScript As HMIScriptInfo
Dim objCircle As HMICircle
Dim strCode As String
strCode = "Dim myCircle" & vbCrLf & "Set myCircle = "
strCode = strCode & "HMIRuntime.ActiveScreen.ScreenItems(""myCircle"")"
strCode = strCode & vbCrLf & "myCircle.Radius = myCircle.Radius + 5"
Set objCircle = ActiveDocument.HMIObjects.AddHMIObject("myCircle", "HMICircle")
'
'Create dynamic of property "Radius":
Set objVBScript = objCircle.Radius.CreateDynamic(hmiDynamicCreationTypeVBScript)
'
'Set SourceCode and cycletime:
With objVBScript
.SourceCode = strCode
.Trigger.Type = hmiTriggerTypeStandardCycle
.Trigger.CycleType = hmiCycleType_2s
.Trigger.Name = "Trigger1"
End With
End Sub
```

10.3.4 在其他编辑器中使用 VBA

VBA 允许访问其他 WinCC 编辑器,比如说变量记录(Tag logging)。除了图形编辑器外,VBA 可使下列编辑器自动化:变量管理、变量记录、文本库、报警记录。

访问这些编辑器的函数包含在 HMIGO CLASS 中。

引　用

为了能够用 VBA 访问 HMIGO,必须把 HMI GeneralObjects 1.0 Type Library 引用到 VBA 编辑器中(Project>References)。另外,在程序代码中必须创建这个类的实例,例如:

```
Dim HMIGOObject As New HMIGO
```

如果要同时访问多个对象,必须创建这个类的多个不同的实例。例如需要在变量记录里创建两个 HMIGO 类的实例:一个用来访问归档变量,另一个用来访问过程值归档。

利用 HMIGO 类提供的功能,可以创建多个变量,改变它们的值,编辑文本库中的文本以及把报警信息本地化。

其他具体内容,请参阅 WinCC 的在线帮助。

第 11 章 通　讯

本章讲述 WinCC 与可编程控制器间的通讯方式。WinCC 除了提供专用的通道,用于连接到 SIMATIC S5/S7/S505 等系列的 PLC 外,还提供了如 PROFIBUS DP/FMS、DDE(动态数据交换)和 OPC(用于过程控制的 OLE)等通用通道连接到第三方控制器。此外,WinCC 还以附加件(add-ons)的形式提供连接到其他控制器的通讯通道。另外,还提供了一个 CDK 选件,可以用它来开发一些专用通讯通道。

11.1　过程通讯原理

11.1.1　通讯术语

下面列举了一些在通讯中应用的术语。

(1) 通　讯

通讯用于描述两个通讯伙伴之间的数据交换。

(2) 通讯伙伴

通讯伙伴是指可以互相进行通讯的模块,也就是说它们可以互相交换数据。它们可以是 PLC 中的中央处理器板和通讯处理器,也可以是 PC 中的通讯处理器。

(3) 站

站是可以作为一个单元与一个或多个子网连接的设备。它可以是 PLC,也可以是 PC。

(4) 子　网

子网是用于描述一个通讯单元的术语。该单元包含建立链接所必需的所有物理组件以及相关的数据交换方式。

(5) 网　络

网络是由一个或多个互相连接的子网组成的单元,它包括所有可以互相通讯的站。

(6) 通讯驱动程序

在 WinCC 中通讯驱动程序也指通道。它是一个软件组织,可在自动化系统和 WinCC 中的变量管理器之间设置连接,以便能向 WinCC 变量提供过程值。在 WinCC 中有很多通讯驱动程序,可通过不同的总线系统连接不同的自动化系统。每个通讯驱动程序只需被集成到 WinCC 项目一次。

通讯驱动程序具有扩展名.chn,安装在系统中所有的通讯驱动程序可在 WinCC 安装目录下的子目录\bin 中查到。

通讯驱动程序具有不同通道单元用于各种通讯网络。

(7) 通道单元

通道单元指的是一种网络或连接类型。每个使用的通道单元必须分配给相关的通讯处理器。一些通道单元需要附加系统参数的组态。

（8）连　接

连接是两个通讯伙伴组态的逻辑分配，用于执行已定义的通讯服务。每个连接有两个端点，它们包含对通讯伙伴进行寻址所必需的信息，以及用于建立连接的附件属性。

一旦 WinCC 与自动化系统建立正确的物理连接，就需要 WinCC 的通讯驱动程序和相关的通道单元来建立或组态与自动化系统间的逻辑连接。每个通道单元下可有多个连接。

11.1.2 WinCC 通讯原理

1. WinCC 通讯结构及原理

WinCC 通讯结构层次如图 11-1 所示。

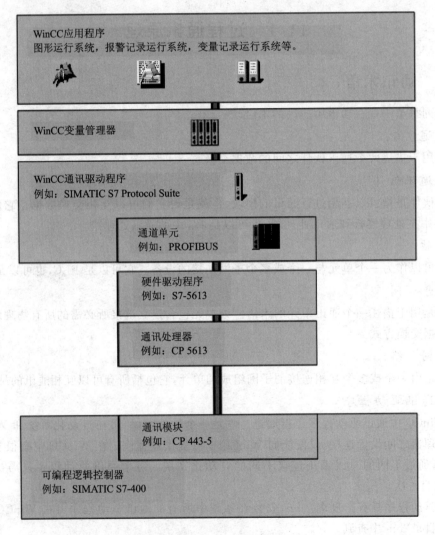

图 11-1　WinCC 通讯结构层次图

WinCC 使用变量管理器来处理变量的集中管理。此变量管理器不为用户所见。它处理 WinCC 项目产生的数据和存储在项目数据库中的数据。在 WinCC 运行系统中，它管理

WinCC 变量。WinCC 的所有应用程序必须以 WinCC 变量的形式从变量管理器中请求数据。这些 WinCC 应用程序包括图形运行系统、报警记录运行系统和变量记录运行系统等。

WinCC 变量管理器管理运行时的 WinCC 变量。它的任务是从过程中取出请求的变量值。这个过程通过集成在 WinCC 项目中的通讯驱动程序来完成。通讯驱动程序利用其通道单元构成 WinCC 与过程处理之间的接口。在大多数情况下，到过程处理的基于硬件的连接是利用通讯处理器来实现的。WinCC 通讯驱动程序使用通讯处理器来向 PLC 发送请求消息。然后，通讯处理器将回答相应消息请求的过程值发回 WinCC。

2. 建立 WinCC 与 PLC 间通讯的步骤
- 创建 WinCC 站与自动化系统间的物理连接。
- 在 WinCC 项目中添加适当的通道驱动程序。
- 在通道驱动程序适当的通道单元下建立与指定通讯伙伴的连接。
- 在连接下建立变量。

11.2 WinCC 与 SIMATIC S7 PLC 的通讯

WinCC 提供了一个称为 SIMATIC S7 Protocol Suite 的通讯驱动程序。此通讯驱动程序支持多种网络协议和类型，通过它的通道单元提供与各种 SIMATIC S7-300 和 S7-400 PLC 的通讯。具体选择通道单元的类型要看 WinCC 与自动化系统的连接类型。

11.2.1 通道单元的类型

SIMATIC S7 Protocol Suite 通讯驱动程序包括如下的通道单元：
- Industrial Ethernet 和 Industrial Ethernet(II) 两个通道单元皆为工业以太网通道单元。它使用 SIMATIC NET 工业以太网，通过安装在 PC 机上的通讯卡与 SIMATIC S7 PLC 进行通讯，使用的通讯协议为 ISO 传输层协议。
- MPI 用于通过编程设备上的外部 MPI 端口或 PC 机上通讯处理器在 MPI 网络上与 PLC 进行通讯。
- Named Connections(命名连接)通过符号连接与 STEP 7 进行通讯。这些符号连接是使用 STEP 7 组态的，并且当与 S7-400 的 H/F 冗余系统进行高可靠性通讯时，必须使用此命名连接。
- PROFIBUS 和 PROFIBUS(II) 实现与现场总线 PROFIBUS 上的 S7 PLC 的通讯。
- Slot PLC 实现与 SIMATIC 基于 PC 的控制器 WinAC Slot 412/416 的通讯。
- Soft PLC 实现与 SIMATIC 基于 PC 的控制器 WinAC BASIS/RTX 的通讯。
- TCP/IP 也是通过工业以太网进行通讯，使用的通讯协议为 TCP/IP。

WinCC 要与网络建立通讯链接，必须做以下工作：
- 为 PLC 选择与 WinCC 进行通讯的合适的通讯模块；
- 为 WinCC 所在的站的 PC 机选择合适的通讯处理器；
- 在 WinCC 项目上选择通道单元。

对于 WinCC 与 SIMATIC S7 PLC 的通讯，首先要确定 PLC 上通讯口的类型，不同型号的 CPU 上集成有不同的接口类型，对于 S7-300/S7-400 类型的 CPU 至少会集成一个 MPI/

DP 口。有的 CPU 上还集成了第二个 DP 口,有的还集成了工业以太网口。此外,PLC 上还可选择 PROFIBUS 或工业以太网络的通讯处理器。其次,要确定 WinCC 所在的 PC 机与自动化系统连接的网络类型。WinCC 的操作员站既可与现场控制设备在同一网络上,也可在单独的控制网络上。连接的网络类型决定了在 WinCC 项目中的通道单元类型。

PC 机上的通讯卡有工业以态网卡和 PROFIBUS 网卡,插槽有 ISA 插槽、PCI 插槽和 PC-MCIA 槽。此外,通讯卡有 Hardnet 和 Softnet 两种类型。表 11-1 列出了 PC 机上的通讯卡的类型。

- Hardnet 通讯卡有自己的微处理器,可减轻系统 CPU 上的负荷,可以同时使用两种以上的通讯协议(多协议操作)。
- Softnet 通讯卡没有自己的微处理器,同一时间内只能使用一种通讯协议。

表 11-1 PC 通讯处理器类型

通讯卡型号	插槽类型	类 型	通讯网络
CP5412	ISA	Hardnet	PROFIBUS/MPI
CP5611	PCI	Softnet	PROFIBUS/MPI
CP5613	PCI	Hardnet	PROFIBUS/MPI
CP5611	PCMCIA	Softnet	PROFIBUS/MPI
CP1413	ISA	Hardnet	工业以太网
CP1412	ISA	Softnet	工业以太网
CP1613	PCI	Hardnet	工业以太网
CP1612	PCI	Softnet	工业以太网
CP1512	PCMCIA	Softnet	工业以太网

表 11-2 列出了当 WinCC 与 PLC 进行通讯时,PLC 上使用的通讯模块和 PC 机上的通讯卡。

表 11-2 WinCC 通道单元、通讯模块和通讯卡

WinCC 通道单元	通讯网络	SIMATIC S7 类型	CPU 或通讯模块	PC 通讯卡
MPI	MPI	S7-300	CPU 31X, CP342-5, CP343-5	MPI 卡 CP5611
		S7-400	CPU 41X, CP 443-5	CP5511 CP5613
PROFIBUS	PROFIBUS	S7-300	CPU 31X, CP342-5, CP343-5	CP5412 CP5511
		S7-400	CPU 41X, CP443-5	CP5611 CP5613
工业以太网和 TCP/IP	工业以太网或 TCP/IP	S7-200	CP 243-1	CP1612
		S7-300	CP 343-1	CP1613
		S7-400	CP 443-1	CP1512
Soft PLC	内部连接	WinAC Basis/RTX	不需要	不需要
Slot PLC	内部连接	WinAC Slot	不需要	不需要

11.2.2 添加驱动程序

添加 SIMATIC S7 Protocol Suite 驱动程序的步骤：
- 在 WinCC 项目管理器的浏览窗口中，右击"变量管理"。
- 从快捷菜单中选择"添加新的驱动程序"菜单项，打开"添加新的驱动程序"对话框，选择 SIMATIC S7 Protocol Suite.chn，如图 11-2 所示。

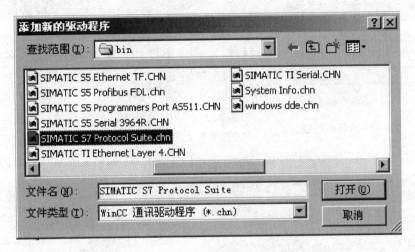

图 11-2 "添加新的驱动程序"对话框

- 单击"打开"按钮，将添加此驱动程序到所组态的 WinCC 项目中。

11.2.3 通道单元

1. 工业以太网通道单元

工业以太网是工业环境中最有效的一种子网。它适用于管理层和现场层通讯，有利于大量成员在大范围内进行大数据量的交换。工业以太网是一种开放式的通讯网络，符合 IEEE802.3 标准。其主要优点在于高可靠性、使用范围广且速度快、易扩展和开放性。通道单元"工业以太网"用于通过工业以太网将 WinCC 连接到 S7 自动化系统。此通道单元是通过 ISO 传输层协议进行的。ISO 传输层是 ISO-OSI 参考模型中的一层，提供与数据传送相关的面向连接的服务。传输层处理数据流控制、阻塞和确认任务。

下面的例子将详细介绍 WinCC 通过工业以太网与自动化系统的连接。在本例中需要用到如下的硬件和软件：

- 一个 S7-400 底板、一块 S7-400 电源、一块 CPU416-2 DP 模块和一块 CP443-1 模块。
- SIMATIC NET 软件和一块 CP1613 通讯卡。
- 装有 SIMATIC STEP 7 软件的 PC 和编程电缆。
- WinCC V6.0 和 PC 机（假定 STEP 7 和 WinCC 分别装在不同的 PC 机上）。
- 一条交叉的、在两网卡间进行连接的 RJ45 网络电缆。

通过 Industrial Ethernet 通道单元建立 WinCC 与 S7-400 PLC 通讯的步骤如下：
- 安装 PLC 上的各模块，并通电。

- 在安装 STEP 7 的 PC 机上进行 PLC 的硬件组态。硬件组态如图 11-3 所示。

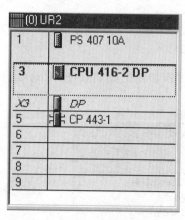

图 11-3　S7-400 的硬件组态

- 修改 CP443-1 的参数，增加一个以太网络，如果在 WinCC 中使用的通道是 Industrial Ethernet，则应激活复选框 Set MAC address/user ISO protocol，并设定 MAC 地址。如果在 WinCC 中打算使用 TCP/IP 通道单元，则应激活复选框 IP Protocol is being used，并设定 IP 地址及子网掩码，如图 11-4 所示，将组态好的配置下载到 PLC 中。
- 添加 OB1 块和 DB1 块，为便于测试，在此例中定义两个数据字：

DB1.DBW6　每秒加 1。

DB1.DBW8　CPU 每循环扫描一次加 1。

程序放在 OB1 中，将 OB1 和 DB1 下载到 PLC 中，并使 PLC 运行。至此，PLC 侧的任务已完成。下面的步骤是在 WinCC 站的 PC 上完成的。

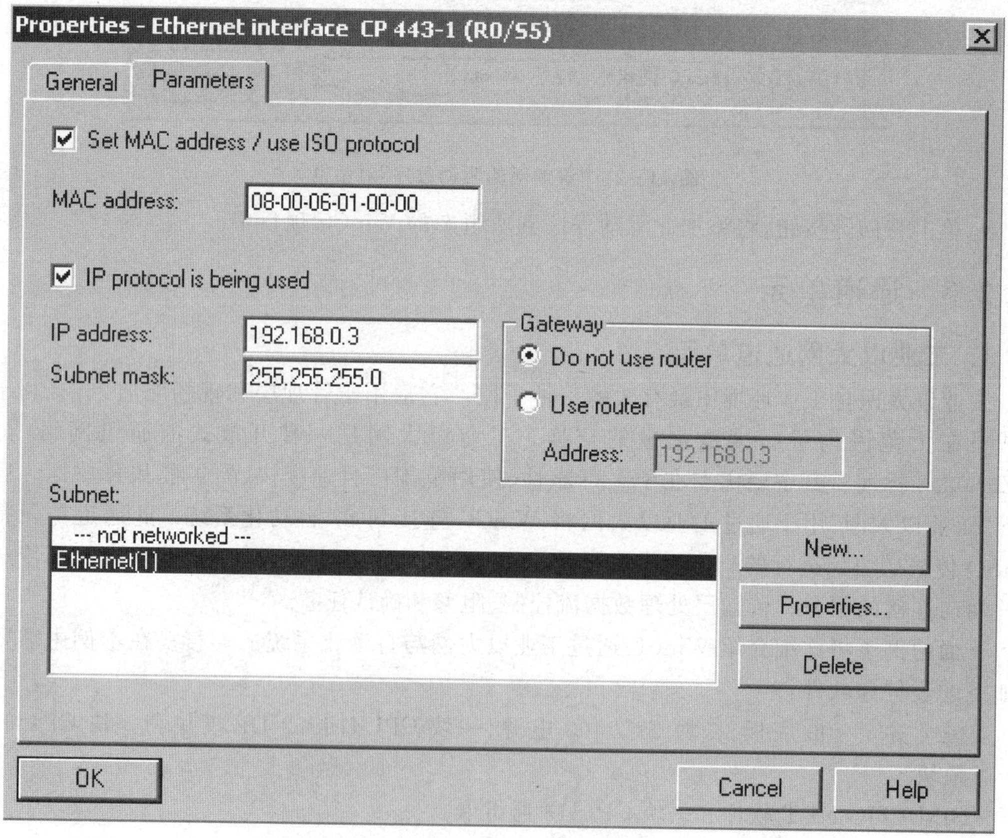

图 11-4　CP443-1 的参数设定

- 在安装 WinCC 的 PC 机上安装 CP1613 网卡。
- 安装 SIMATIC NET 光盘上的软件，安装时应包括 SIMATIC NET PC Product，NCM PC/S7 和 NCM S7-Industrial Ethernet 软件。

- 打开 Windows 控制面板下的工具 Set PG/PC Interface。在打开的应用程序中单击 Select 按钮，打开 Installing/Uninstalling interface 对话框，如果 CP1613 未出现在已安装的模块清单中，添加 CP1613 模块，如图 11-5 所示。单击 Close 按钮，退出此对话框。

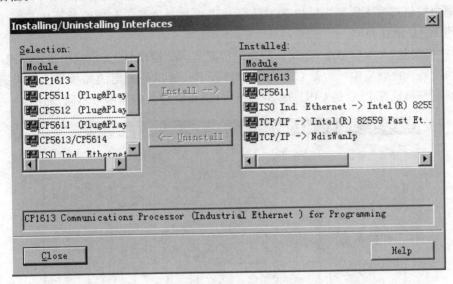

图 11-5 添加 CP1613 模块

- 在 Set PG/PC Interface 对话框中选择 CP_H1_1 的访问点为 CP1613（ISO），如图 11-6 所示。

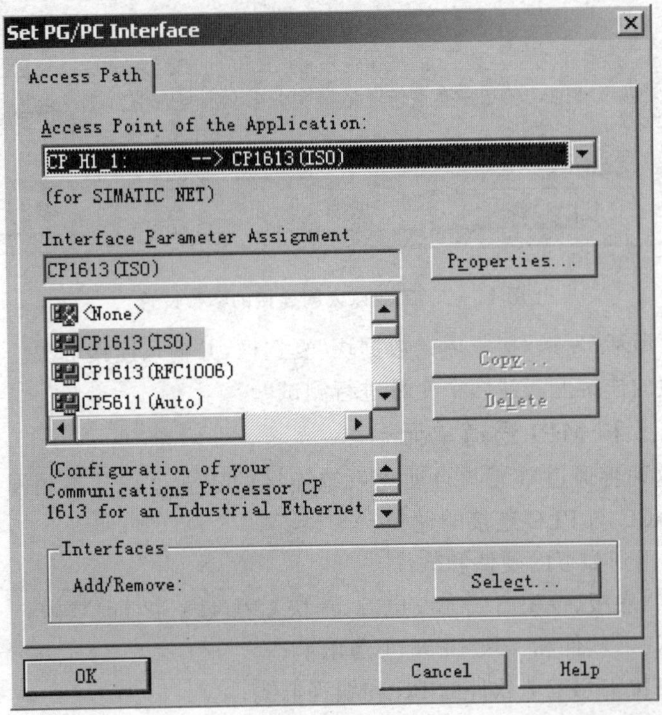

图 11-6 设置访问点

- 打开 WinCC 并添加驱动程序 SIMATIC S7 Protocol Suite,见图 11-2,在通道单元 Industrial Ethernet(工业以太网)的快捷菜单中选择"新驱动程序的连接"菜单项,打开"连接属性"对话框,输入连接的名称。
- 单击"属性"按钮,打开"连接参数- Industrial Ethernet"对话框。在"以太网地址"文本框中按格式输入所要连接的 PLC 上的通讯处理器地址。此处的地址应与图 11-4 中的 MAC 地址相同。
- 在"机架号"文本框中输入 CPU 所在的机架号,在"插槽号"文本框中指定 CPU 所在的插槽号。此处应输入的是 CPU 的插槽号,不是通讯处理器的插槽号。如果通讯处理器不是集成在 PLC 的 CPU 上,则 CPU 与通讯处理器的插槽号不同,如图 11-7 所示。

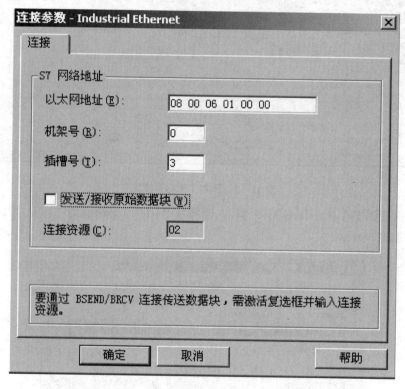

图 11-7 工业以太网连接的参数设置

- 如有必要可激活"发送/接收原始数据块"复选框,并输入连接资源。
- 在刚刚建立的连接上新建两个变量进行测试。

2. PROFIBUS 和 MPI 通道单元

WinCC 通过这两种通道单元与自动化系统连接的建立过程基本相同。下面以 PROFIBUS 为例讲述 WinCC 与 PLC 连接的过程。

该过程需要使用到如下的硬件和软件:

- 一个 S7-400 底板、一块 S7-400 电源、一块 CPU416-2 DP 模块;
- SIMATIC NET 软件和一块 CP5611 通讯卡;
- 装有 SIMATIC STEP 7 软件的 PC 和编程电缆;
- WinCC V6.0 和 PC 机(假定 STEP 7 和 WinCC 分别装在不同的 PC 机上);

– 一条 PROFIBUS 连接电缆。

通过 PROFIBUS 通道单元建立 WinCC 和 S7-400 PLC 通讯的步骤如下：

- 安装 PLC 上的各模块，并通电。
- 在安装 STEP 7 的 PC 机上进行 PLC 的硬件组态。硬件组态见图 11-3（但不需要放置在第 5 槽的 CP443-1 模块）。
- 修改 CPU416-2 的 DP 口的参数，增加一个 PROFIBUS 网络，设置 PROFIBUS 站地址和传输速率，如图 11-8 所示。单击 Properties 按钮，打开这条网络的属性设置，将组态好的配置下载到 PLC 中。

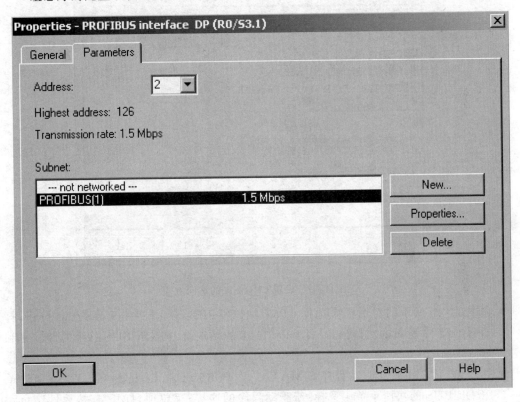

图 11-8 设置 DP 口的属性

- 添加 OB1 和 DB1，与上例中同。程序放在 OB1 中，将 OB1 和 DB1 下载到 PLC 中，并使 PLC 运行。至此，PLC 侧的任务已完成。下面的步骤是在 WinCC 站的 PC 上完成的。
- 在安装 WinCC 的 PC 机上安装 CP5611 PROFIBUS 网卡。
- 安装 SIMATIC NET 光盘上的软件，安装时应包括 SIMATIC NET PC Product，NCM PC/S7 和 NCM S7-PROFIBUS 软件。
- 打开 Windows 控制面板下的工具 Set PG/PC Interface。在打开的应用程序中单击 Select 按钮，打开 Installing/Uninstalling interface 对话框。如果 CP5611 未出现在已安装的模块清单中，添加 CP5611 模块，如图 11-5 所示。单击 Close 按钮，退出此对话框。
- 在 Set PG/PC Interface 对话框中选择 CP_L2_1 的访问点为 CP5611（PROFIBUS），如

图 11-9 所示。

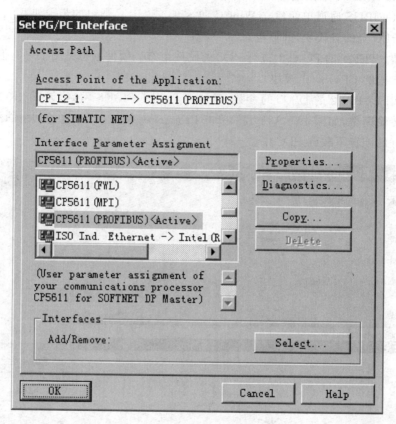

图 11-9 设置 CP_L2_1 的访问点

- 在图 11-9 所示的对话框中选择 CP5611(PROFIBUS)，并单击 Properties 按钮，打开如图 11-10 所示的对话框，设置 CP5611 卡的站地址、PROFIBUS 总线的传输率和传输协议。
- 打开 WinCC 并添加驱动程序 SIMATIC S7 Protocol Suite，见图 11-2。在通道单元 PROFIBUS 的快捷菜单中选择"新驱动程序的连接"菜单项，打开"连接属性"对话框，输入连接的名称。
- 单击"属性"按钮，打开"连接参数 - PROFIBUS"对话框。在"站地址"文本框中输入的站地址应与图 11-8 所设定的站地址相同，网络段号为 0，在"机架号"文本框中输入 CPU 所在的机架号，在"插槽号"文本框中指定 CPU 所在的插槽号，如图 11-11 所示。
- 在刚刚建立的 PROFIBUS 连接上建立变量，测试连接正常与否。

3. TCP/IP

通道单元 TCP/IP 使用 TCP/IP 协议，通过工业以太网，将 WinCC 连接到自动化系统 S7 PLC 上。它的连接的创建方式与工业以太网相同。在 WinCC 和 STEP 7 的组态上也与 Industrial Ethernet 通道单元基本相同。

在图 11-4 所示的对话框中，应激活 IP Protoco is being userd 复选框，并设置号 IP 地址和子网掩码。

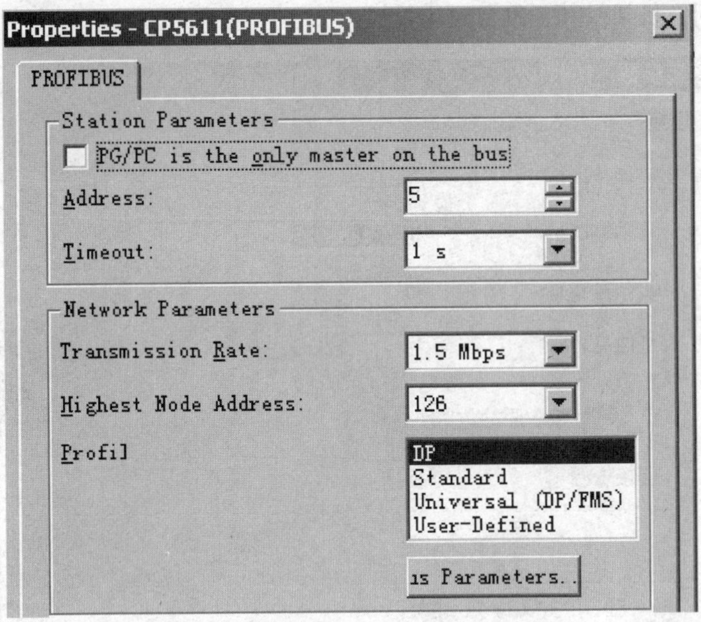

图 11－10　设定 CP5611 卡的参数

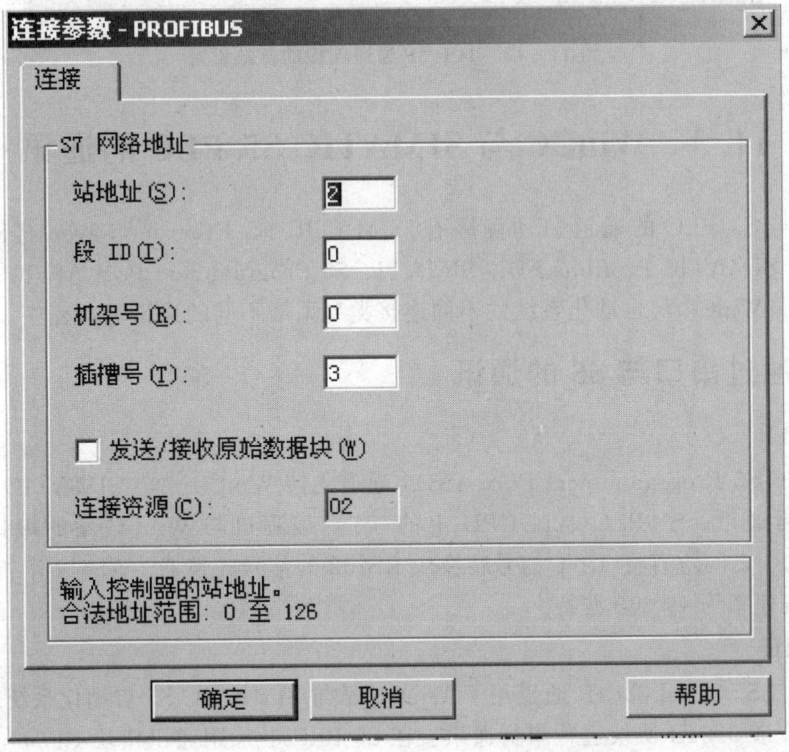

图 11－11　设定 PROFIBUS 连接的参数

在 WinCC 中建立 TCP/IP 的通道连接，如图 11-12 所示。此处的 IP 地址应与图 11-4 中的 IP 地址相同。机架号和插槽号也应设置。

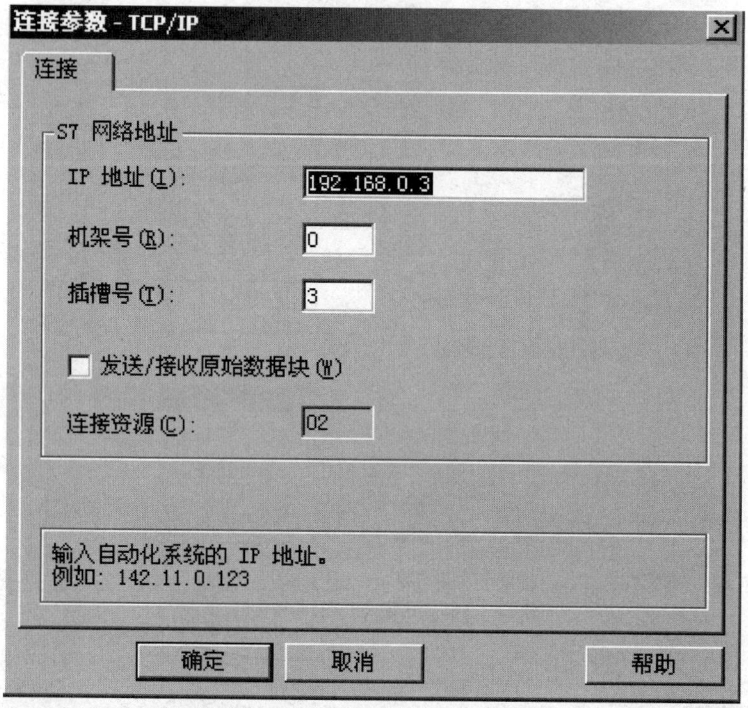

图 11-12 TCP/IP 通道连接的参数设置

11.3 WinCC 与 SIMATIC S5 PLC 的通讯

WinCC 与 S5 PLC 的通道驱动程序有：SIMATIC S5 Ethernet Layer 4，SIMATIC S5 Ethernet TF，SIMATIC Profibus FDL，SIMATIC S5 Programmers Port AS511 和 SIMATIC Serial 3964R。WinCC 与自动化系统的不同连接类型采用不同的通讯驱动程序。

11.3.1 通过串口与 S5 的通讯

1. AS511

SIMATIC S5 Programmmers Port AS511 通道支持 WinCC 站与 SIMATIC S5 之间通过串行链接进行通讯。S5 PLC 通过 CPU 上的 TTY 编程口与 WinCC 站的串口建立连接。WinCC 站与 S5 之间应有将 TTY 信号转换成 RS232 的信号转换器。AS511 串行通讯链接支持的最大传输速率为 19 200 波特。

2. 3964R

SIMATIC S5 Serial 3964R 通道用于 WinCC 站与 SIMATIC S5 自动化系统之间的通讯，并通过 3964R 或 3964R 协议进行串行通讯。在 S5 PLC 上采用通讯模块 CP544 或采用 CPU 模块上的第二个串口子模块。在 WinCC 站与 S5 PLC 间应选择相同的接口类型。如果接口不同，在两者之间应有相应的转换器。这种通讯方式的传输速率可达 19 200 波特。

11.3.2 通过 PROFIBUS 与 S5 的通讯

WinCC 站通过 PROFIBUS 总线与 S5 的通讯可以使用 3 种通讯驱动程序：PROFIBUS DP,PROFIBUS FMS,PROFIBUS FDL。

1. PROFIBUS FMS

通讯驱动程序 PROFIBUS FMS 支持 WinCC 站与自动化系统（S5 和 S7）之间的通讯。此外,由于 PROFIBUS FMS 协议是开放协议,通过这种通道,WinCC 站还可以与支持 PROFIBUS FMS 协议的其他公司的 PLC 进行通讯。这种类型的通讯可以管理大量的数据。

此通讯驱动程序用于读/写通过 PROFIBUS FMS 协议可访问的自动化系统过程变量。FMS 协议为 OSI 的第七层即应用层协议。在 WinCC 站上有支持 PROFIBUS FMS 协议的通讯卡,如 CP5613 和 CP5412。

在 S5 系统中,通讯处理器 CP5431 FMS 支持 FMS 协议。要组态 CP5431 通讯处理器,需要使用 COM5431（SINEC NCM for COMS 软件包中的软件）软件,对 CP5431 进行适当的配置,并在 S5 系统上建立 FMS 链接及对要通讯的对象建立虚拟现场设备（VFD）。

在 WinCC 项目中添加 PROFIBUS FMS 通道驱动程序后,便在其下生成一个惟一的通道单元 PROFIBUS FMS。在创建 PROFIBUS FMS 连接的过程中须设置好 FMS 连接名称或索引。此名称或索引应与 COM5431 上设置的名称相同。

当创建 FMS 的连接后,便可在其下创建变量。在创建变量时,要求输入远程变量的名称或索引号及子索引。这里的索引和子索引即为用 COM5431 进行配置时建立的 VFD 的索引和子索引。

2. PROFIBUS DP

通讯驱动程序 PROFIBUS DP 采用 DP 通讯协议与 S5 系统进行通讯。如果没有其他的主站对一从站进行地址分配,则 WinCC 站可通过其通讯卡直接与 PROFIBUS DP 的这个从站进行通讯。

3. PROFIBUS FDL

通讯驱动程序 PFORIBUS FDL 使用 FDL 协议与自动化系统间进行通讯。FDL 协议为 OSI 的第二层即数据链路层协议。使用 FDL 协议,对变量的读/写分别由请求和应答报文实现。请求报文由 WinCC 发送至 PLC。自动化系统通过应答报文予以响应。WinCC 站的通讯卡可以是 CP5412,CP5613 和 CP5614。无论使用何种类型的通讯卡,连接设备都是通过 FDL (CP5412/A2-1)通道单元与 SIMATIC S5 进行通讯的。

FDL 连接通过本地和远程服务访问点指定。服务访问点（SAP）是 PROFIBUS 节点中的数据端口,SAP 必须在 WinCC 站和通讯伙伴的站上分别进行配置。在进行设置时,应注意 WinCC 站的本地 SAP 应为通讯伙伴的远程 SAP;同样,通讯伙伴的本地 SAP 应为 WinCC 站的远程 SAP。每个服务访问点都有惟一的标志符。WinCC 与通讯伙伴之间的通讯需要有惟一的标志符。在建立 FDL 连接时,需要指定远程服务访问点和本地服务访问点。

11.3.3 通过 Ethernet 与 S5 的通讯

1. Ethernet TF

SIMATIC S5 Ethernet TF 通讯驱动程序用于 WinCC 站与 SIMATIC S5 PLC 之间的通

讯。通讯使用 TF 协议通过工业以太网进行。

2. Ethernet Layer 4

SIMATIC S5 Ethernet Layer 4 通讯驱动程序用于通过 ISO 传输协议或 TCP/IP 协议与 S5 PLC 间的通讯。添加此通道驱动程序后增加 3 个通道：S5 传输 CP1413-1、S5 传输 CP1413-2 和 S5 传输 TCP/IP。前面两个通道使用 ISO 传输协议，可用的 PC 机通讯卡为 CP1413 或 CP1613。第三个通道使用 TCP/IP 协议，可用的 PC 通讯卡为 CP1612，CP1413 和 CP1613。

11.4 OPC 通讯

WinCC 可用做 OPC 客户机实现与 OPC 服务器的连接。WinCC 也可当作 OPC 服务器，其他应用程序也可以 OPC 方式访问 WinCC。

11.4.1 基本知识

随着过程自动化的发展，自动化系统生产商希望能够集成不同厂家的不同硬件设备和软件产品，实现各家设备之间的相互操作，工业现场的数据能从车间级汇入到整个企业信息系统中。OPC(OLE for Process Control)是在此背景下产生的。OPC 是世界上领先的自动化公司和软硬件供应商合作开发的一套工业标准。OPC 是指一个标准的、与制造商无关的软件接口。它以微软的 COM(组件对象模型)和 DCOM(分步式组件对象模型)技术为基础，定义了一套标准接口，使不同应用程序、控制器能相互交换数据。

COM 是位于同一计算机上的对象之间通讯的标准协议。其中，对象是指属于不同程序的一部分。服务器是提供服务的对象，客户机是使用服务器提供服务的应用程序。

DCOM 代表 COM 功能的扩展，从而允许对远程网络计算机上的对象进行访问。该基础允许在工业、管理办公室和生产的应用程序之间进行标准化的数据交换。

访问过程数据的应用程序与通讯网络的访问协议捆绑在一起。使用标准软件接口 OPC，各个生产商的设备和应用程序就能以统一的方式连接起来。

OPC 服务器是数据的供应方，负责为 OPC 客户提供所需的数据；OPC 客户机是数据的使用方，处理 OPC 服务器提供的数据。在使用 OPC 过程中，总是包括有 OPC 服务器与 OPC 客户机。OPC 服务器一般并不知道它的客户机来源。作为 WinCC 过程驱动程序的 OPC 通道是作为 OPC 客户机，它的服务器可以是其他公司所提供的 OPC 服务器。

11.4.2 服务器功能

1. WinCC OPC 服务器

OPC 的各种标准软件接口由 OPC 基金会定义。WinCC 的 OPC 服务器支持下列规范：

(1) OPC DA 1.0A 和 2.0

OPC 数据访问(OPC DA)是管理过程数据的规范。WinCC OPC DA 服务器符合此规范。

(2) OPC HDA 1.1

OPC 历史数据访问(OPC HDA)是管理归档数据的规范。该规范是对 OPC 数据访问规范的扩充。WinCC OPC HDA 服务器符合此规范。

（3）OPC A&E 1.0

OPC 报警和事件是发送过程报警和事件的规范。WinCC OPC A&E 服务器符合此规范。有关 WinCC OPC HDA 和 WinCC A&E 服务器的内容，本章不予讨论。

2. WinCC OPC DA 服务器

WinCC OPC DA 服务器为其他应用程序提供了 WinCC 项目的过程数据。OPC 客户机程序能够在同一台计算机上运行或在已联网的计算机上运行。以这种方法，其他 OPC 客户机程序能够访问 WinCC 运行系统中的变量。

存在不同生产商提供的许多 OPC DA 服务器。每个 OPC DA 服务器都有惟一的名称（ProgID）以便识别。OPC DA 客户机必须清楚地知道该名称，并使用该名称对 OPC 服务器进行访问。WinCC OPC DA 服务器名称为 OPCServer.WinCC。

11.4.3 OPC DA 服务器的 DCOM 配置

如果 WinCC OPC DA 服务器与 WinCC OPC DA 客户机程序分别运行在网络上的不同计算机上，OPC 客户机要与 OPC 服务器进行数据交换，那么必须对相应的 OPC 服务器进行适当的 DCOM 配置。Windows 2000 下的 dcomcnfg.exe 是专门用来对远程访问 COM 对象进行配置的工具。

设置步骤如下：
- 单击"开始"菜单并选择"运行"，输入 dcomcnfg。打开"分步式 COM 配置属性"对话框。
- 在此对话框中的"应用程序"选项卡中选择 OPCServer.WinCC，如图 11-13 所示。单击"属性"按钮。打开"OPCServer.WinCC 属性"对话框。

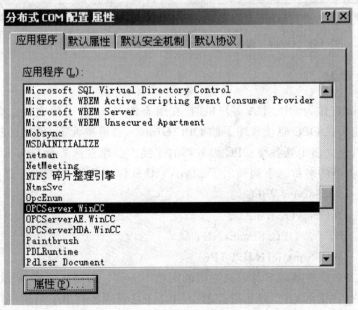

图 11-13　选择 OPCServer.WinCC 进行 DCOM 设置

- 在此对话框中选择"安全性"选项卡,并选择单选项"使用自定义的访问权限"。单击"编辑"按钮,打开"注册表值的权限"对话框。在此对话框中可添加允许远程访问 WinCC OPC DA 服务器的用户,如图 11-14 所示。按"确定"按钮退出。

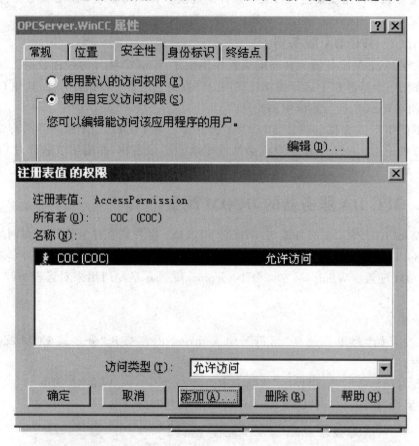

图 11-14 添加远程访问 WinCC OPC DA 服务器的用户

11.4.4 客户机

当使用 WinCC 作为 OPC DA 客户机时,在组态的 WinCC 工程项目上必须添加 OPC 驱动程序通道。随后在 OPC 驱动程序下的 OPC Groups 通道单元下,创建针对某个 OPC 服务器的连接。可以建立多个到各种 OPC 服务器的连接。要建立到某个 OPC 服务器的连接必须知道此 OPC 服务器的名称。下面列出了 SIMATIC 软件产品的 OPC DA 服务器名称:

WinCC——OPCServer.WinCC。
WinAC——OPCServer.WinAC。
SIMATIC NET——OPC.SimaticNET。
Protool——OPC.SimaticHMI.PTPro。

其他公司 OPC 服务器的名称可从它们的文档中查到。为简化创建 WinCC OPC 客户机,可以使用 WinCC 提供的 OPC 条目管理器。OPC 条目管理器列出了当前可用的 OPC 服务器名称。

1. OPC 条目管理器

使用 OPC 条目管理器可以简化创建 WinCC OPC 客户机的过程。选择 OPC 通道驱动程序，并选择其下的 OPC Groups 通道，从其快捷菜单中选择"系统参数"菜单项可打开"OPC 条目管理器"对话框。在此对话框下可显示当前在网络下所有的 OPC 服务器，选择某个 OPC 服务器可浏览它的可用变量。

OPC 条目管理器可完成如下任务：
- 程序网络上的 OPC 服务器名称。
- 创建对某个 OPC 服务器的连接。
- 选择 OPC 服务器的变量并创建与之相关的 WinCC 变量。

2. 创建 OPC 连接

支持浏览功能的 OPC 服务器连接的创建可在 OPC 条目管理器下完成。

创建不支持浏览功能的 OPC 服务器的连接的步骤：
- 在 OPC 通道驱动程序下，右击 OPC Groups 通道，从快捷菜单中选择"新驱动程序的连接"菜单项，打开"连接属性"对话框。
- 输入 OPC 连接的名称，并单击"属性"按钮，打开 OPC 服务器名称设置对话框。
- 设置 OPC 服务器名称和 OPC 服务器运行的计算机名称，如图 11-15 所示。
- 输入完后可按"测试服务器"按钮进行测试。

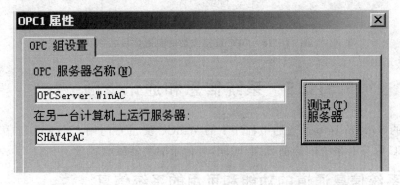

图 11-15 设置 OPC 服务器名称和运行的计算机名称

3. 创建变量

支持浏览功能的 OPC 服务器的变量创建可在 OPC 条目管理器下完成。

创建变量的步骤如下：
- 右击刚刚创建的 OPC 连接，从快捷菜单中选择"新建变量"菜单项，打开"变量属性"对话框。
- 输入变量的名称，并选择变量的数据类型。单击"选择"按钮，"打开 OPC 地址"对话框。在此对话框中输入条目名称和访问路径，如图 11-16 所示。不同 OPC 服务器有不同的条目名称定义。WinCC OPC DA 服务器的条目名称即为其变量名称。图 11-16 为 WinAC 的条目名称形式。单击"确定"按钮，关闭相应的对话框。

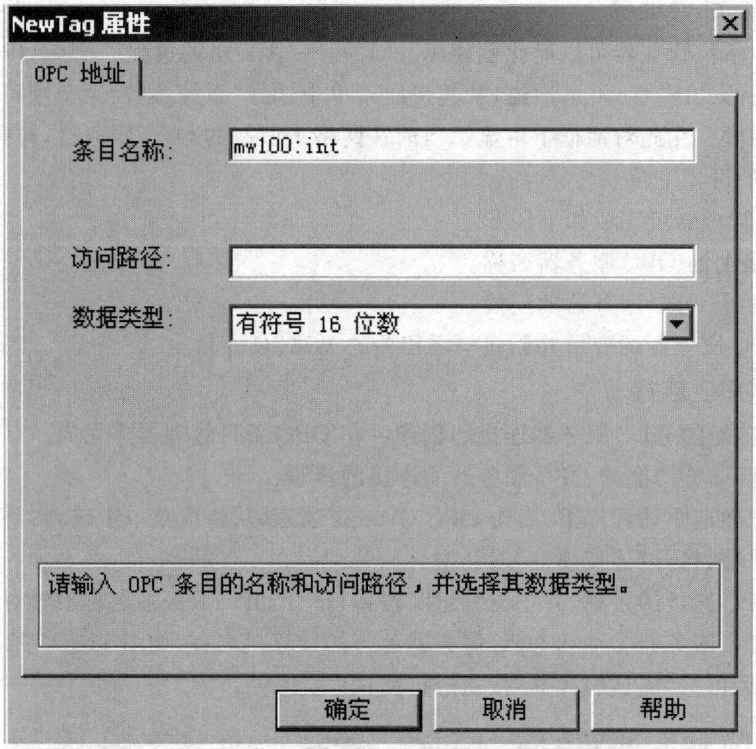

图 11-16　OPC 连接类型的变量条目名称

11.5　系统信息和通讯诊断

WinCC 的 System Info 通道通讯程序下的 WinCC 变量专门用于记录系统信息,例如,可以记录 WinCC 服务器系统的当前日期、时间,可记录驱动器磁盘容量。

11.5.1　系统信息通道的功能和可用的系统信息

1. 系统信息通道的功能

系统信息中的通道具有如下的功能:
- 在过程画面中显示时间。
- 通过在脚本中判断系统信息来触发事件。
- 在趋势图中显示 CPU 负载。
- 显示和监控多用户系统中不同服务器上可用的驱动器的空间,并触发消息。

2. 系统信息通道可用的系统信息

下面介绍了系统信息通道可用的系统信息。
- 日期、时间:以 8 位字符集表示的文本型变量,可用各种不同的表示格式。
- 年、月、日、星期、[小]时、分、秒、毫秒:16 位无符号数变量。星期也可以 8 位字符集的文本变量来表示。

- 计数器:有符号 32 位数,可设置起始值和终止值。这种类型变量按从最小更新周期加 1 计数。
- 定时器:有符号 32 位数,可设置起始值和终止值。这种类型变量按每秒加 1 计数。
- CPU 负载:32 位浮点数,可显示 CPU 负载时间或空闲时间的百分比。
- 空闲驱动器空间:32 位浮点数,可表示本地硬盘或软盘的可用空间或可用空间百分比。
- 可用的内存:32 位浮点数,可表示空闲的内存量或内存量百分比。
- 打印机监控:无符号 32 位数,可显示打印机的一些状态信息。

11.5.2 组态系统信息通道

组态系统信息通道无需另外的硬件。添加 System Info 驱动程序并创建一个连接,就可在这个连接下创建需要的变量。在"变量属性"对话框中,单击"选择"按钮,打开"系统信息"对话框。在此对话框的"函数"栏选择变量的信息类型,在"格式化"栏选择信息的显示方式。

11.5.3 通讯诊断

通讯诊断用于查明并清除 WinCC 和自动化系统的通讯故障。

1. 通讯连接的状态

通常在运行系统中会首先识别出在建立链接时发生的故障或错误。在一个项目中,WinCC 站上的通道单元可能对应多个连接,一个连接下有多个变量。如果是通道单元下的所有连接都有故障,那么首先应检查此通道单元对应的通讯卡的设置和物理连接。如果只是部分连接有问题,而通讯卡和物理连接是好的,那么应检查所建立连接的设置,即检查连接属性中的站地址、网络段号、PLC 的 CPU 模块所在的机架号和槽号等是否正常。如果连接都正常,而故障表现在某个连接下的部分变量,则这些变量所设定的地址有错误。

在项目激活状态下,单击 WinCC 项目管理器的菜单"工具">"驱动程序连接状态",将打开"状态-逻辑连接"对话框。此对话框显示所有建立的逻辑连接的连接状态:正确连接或是断开连接。

2. 通道诊断

WinCC 提供了一个工具软件 Channel Diagnosis(通道诊断)。在运行系统中,WinCC 通道诊断为用户既提供激活连接状态的快速浏览,又提供有关通道单元的状态和诊断信息。

有两种方法可以使用 WinCC 通道诊断:
- 单击 Windows"开始">SIMATIC>WinCC>Tools>Channel Diagnosis,打开通道诊断应用程序。
- 通道诊断也可当作 ActiveX 控件插入到 WinCC 画面或其他应用程序中。

在默认情况下,WinCC 图形编辑器的对象选项板没有包含此控件。在图形编辑器中选择对象选项板的"控件"选项卡,并右击"对象选项板"的空白区域,从快捷菜单中选择"添加/删除",打开"选择 OCX 控件"对话框,在"可用的 OCX 控件"列表框中选择 WinCC Channel Diagnosis Control 项,并激活复选框。单击"确定"按钮,关闭对话框。WinCC Channel Diagnosis Control 控件出现在"控件"选项卡上。

3. 变量的诊断

在运行系统的变量管理器中,可用查询当前变量的质量代码和变量改变的最后时刻来进行变量的诊断。

在 WinCC 项目激活状态下,将鼠标指针指向要诊断的变量,出现的工具提示显示该变量的当前值、质量代码以及变量的最后一次改变的时间。通过质量代码可查出变量的状态信息。如果质量代码为 80,表示变量连接正常;如果质量代码不为 80,可通过质量代码表来查找原因。

11.6 H 系统与 WinCC 的通讯

11.6.1 系统与 WinCC 的通讯要求

H 系统与 WinCC 的通讯根据不同的要求可以采用单路径、双路径和四路径连接三种方式。在这里只介绍单路径连接方式,其他连接方式与其组态方式是一致的。

H 系统与 WinCC 连接所需要的软硬件如下:

① SIMATIC H 站,两机架中每个机架 1 个通讯 CP;

② PC 机含一块 CP1613 工业以太网卡;

③ STEP 7 V5.3(或 STEP 7 V5.2 加冗余软件包);

④ SIMATIC NET V6.2 SP1;

⑤ WinCC V6.0 SP2;

⑥ S7-REDCONNECT V6.2。

11.6.2 组态过程

第一步:STEP 7 硬件组态。

① 添加 SIMATIC H Station 站点,如图 11-17 所示。

② 按照现场设备添加系统硬件,对于 CP443-1 IT 模板添加 MAC 地址及 IP 地址,在这里为 192.168.0.2,如图 11-18 所示。

③ 添加错误诊断 OB 块 OB70,OB72,OB80,OB82,OB83,OB85,OB86,OB87,OB88,OB121 和 OB122,如图 11-19 所示。如果没有装载这些 OB 块的话,H 系统在出现错误时可能会进入 Stop 状态。

④ 添加 PC Station 站,命名为 WinccStation,如图 11-20 所示。

⑤ 组态 PC Station,将 CP1613 连接到以太网上同时使能 MAC 地址,如图 11-21 所示。

第二步:网络硬件组态。

① 在 Configuration Console 中将 CP1613 工作方式改为 Configuration Mode,如图 11-22 所示。

② 将 Access Points 改为 PC internal(local),如图 11-23 所示。

③ 在 Station Configuration Editor 中添加 WinCC 站点及 CP1613 工业以太网卡,Station name 必须与硬件组态中的 PC Station 名一致,如图 11-24 所示。

第 11 章 通 讯

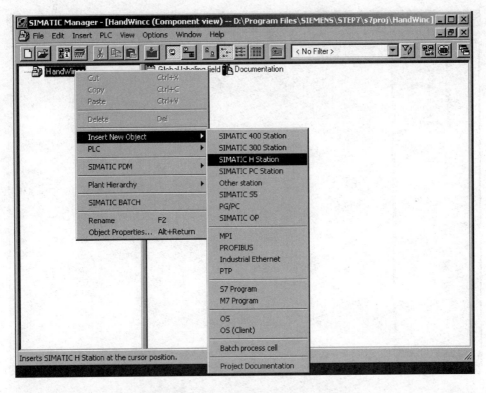

图 11-17 添加 SIMATIC H Station 站点

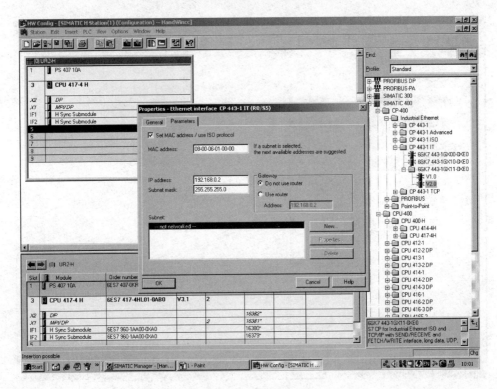

图 11-18 系统硬件配置

172 深入浅出西门子 WinCC V6(第 2 版)

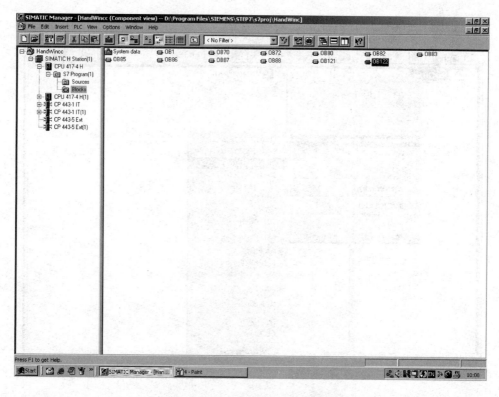

图 11-19 添加错误诊断 OB 块

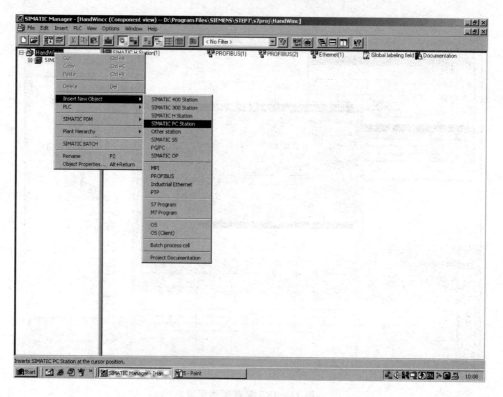

图 11-20 添加 PC Station 站

第 11 章 通 讯

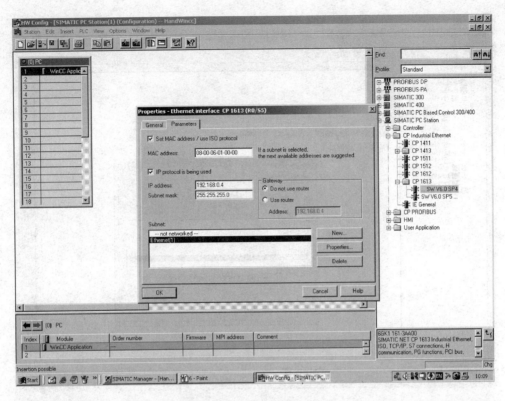

图 11-21 组态 PC Station 站

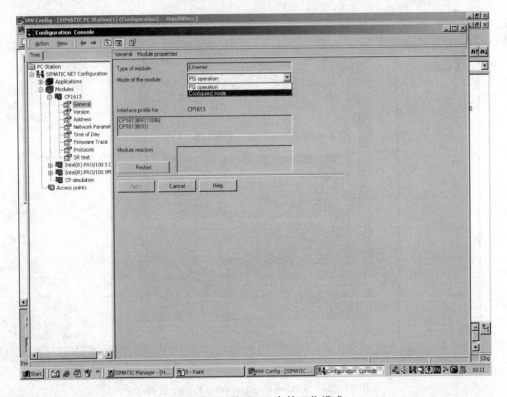

图 11-22 修改 CP 卡的工作模式

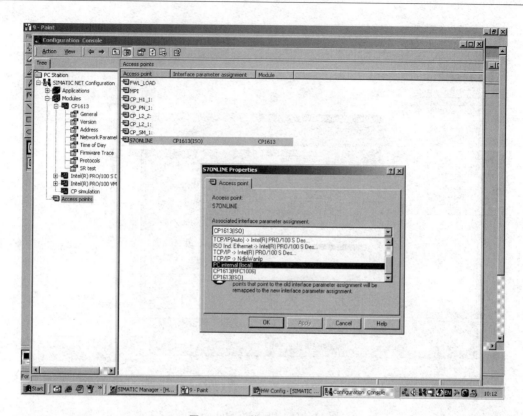

图 11-23 修改 Access Point

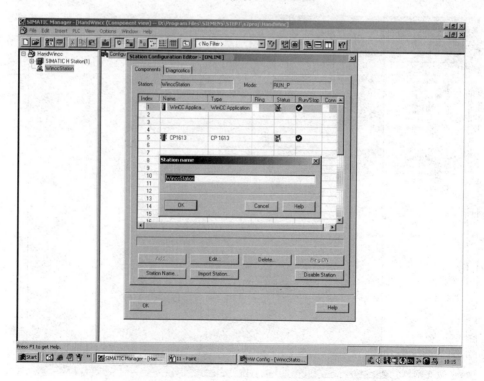

图 11-24 Station Configuration Editor 组态

④ 建立网络连接。在网络配置中建立 H 系统与 WinCC 站点之间的数据链路,链路类型为 S7 Connection Fault-tolerant,分别对 PLC 及 PC Station 下载硬件,如图 11-25 所示。

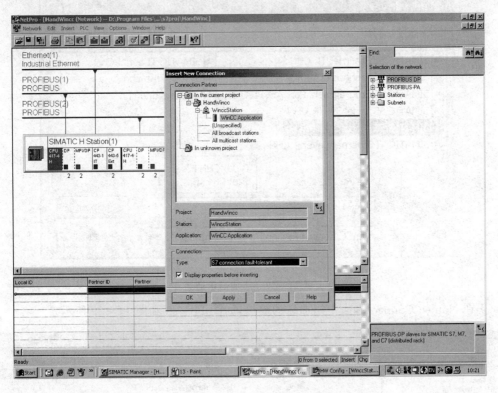

图 11-25 网络连接组态

第三步:WinCC 组态。

① 建立 WinCC 项目,如图 11-26 所示。

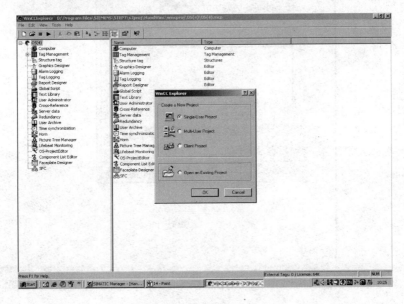

图 11-26 新建 WinCC 项目

② 添加新的驱动,如图 11-27 所示。

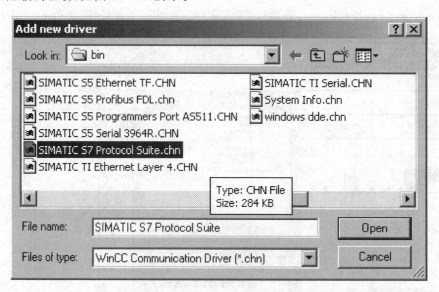

图 11-27　添加通讯通道

③ 在 Named Connections 中添加新的连接,如图 11-28 和图 11-29 所示。

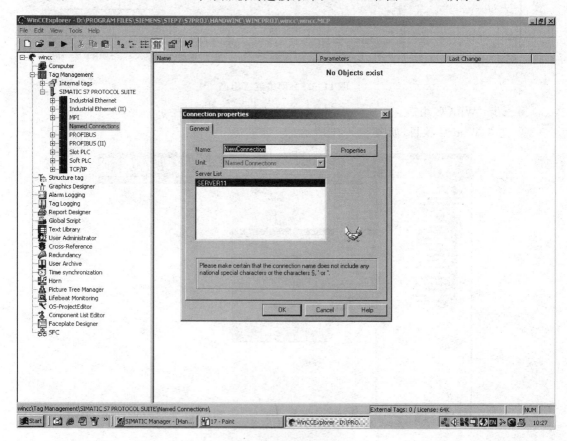

图 11-28　新建通讯通道

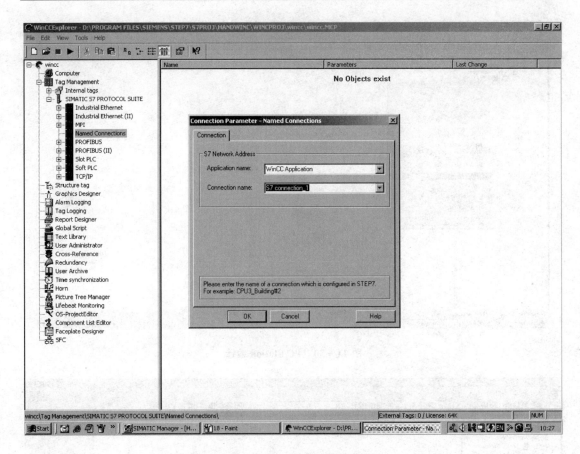

图 11-29 组态通讯通道

至此,WinCC 与 H 系统的连接就完成了。

11.6.3 在 STEP7 全集成自动化框架内组态 WinCC 工程

第一步:按照 11.6.2 节中的步骤对系统进行硬件组态。

第二步:添加 PC Station 站并进行硬件组态。

第三步:对 PC Station 站进行编译,如图 11-30 所示。

编译参数配置对话框如图 11-31 和图 11-32 所示,通过这些对话框对编译过程进行参数配置。

参数配置后,STEP 7 开始给 WinCC 传送数据,如图 11-33 所示。

系统将在 WinCC 中建立名为 Hwincc 的 OS 站点,其路径可以通过 Compilation log 中可以找到,如图 11-34 所示。

第四步:在 WinCC 中自动建立了与 PLC 的链接及其 Tag,如图 11-35 所示。

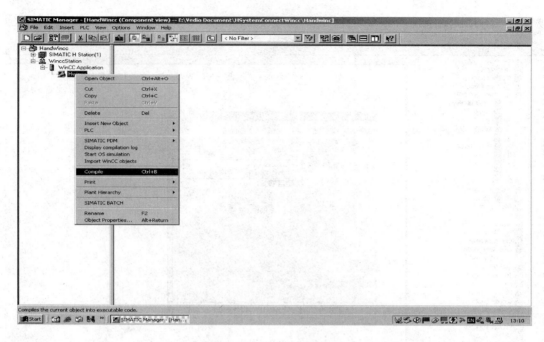

图 11-30 PC Station 编译

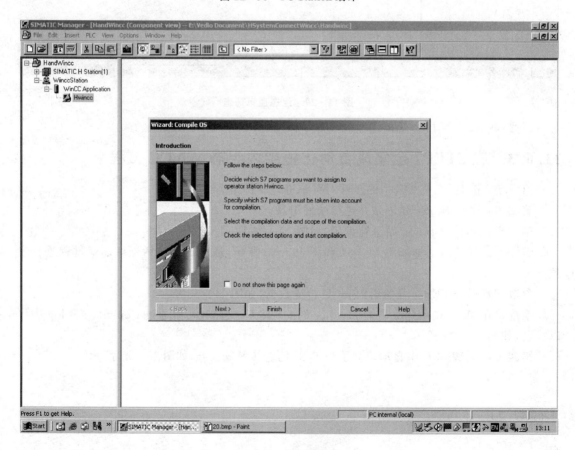

图 11-31 编译过程 1

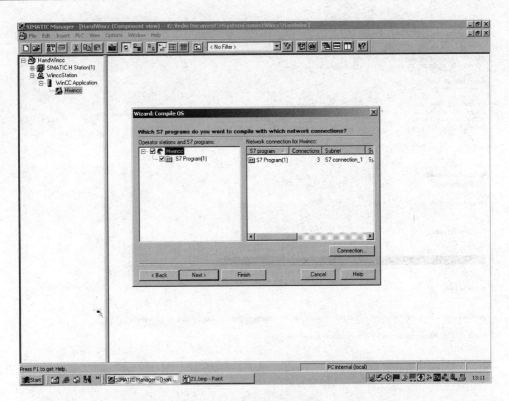

图 11-32 编译过程 2

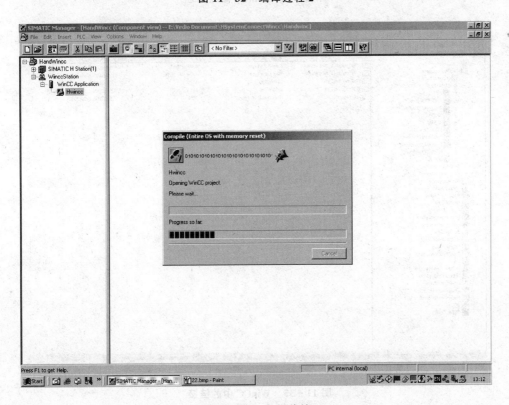

图 11-33 数据传输

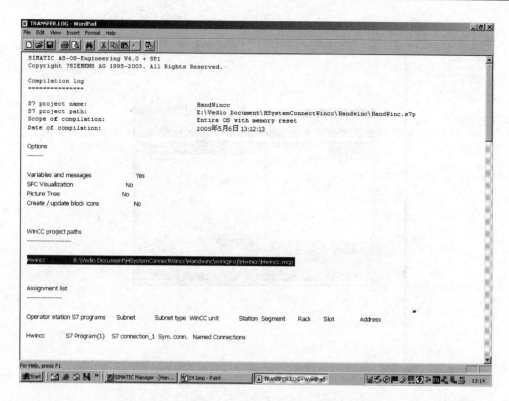

图 11-34 WinCC 站点地址

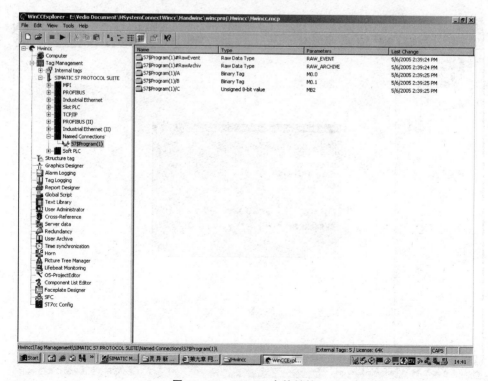

图 11-35 WinCC 中的链接

高级篇

第 12 章 系统组态

12.1 WinCC 客户机/服务器结构

12.1.1 客户机/服务器结构概述

WinCC 客户机/服务器结构（Client/Server 结构，以下简称 C/S 结构）是在网络基础上，以数据库管理为后援，以微机为工作站的一种系统结构。C/S 结构包括连接在一个网络中的多台计算机。那些处理应用程序请求另外一台计算机的服务的计算机称为客户机（Client），而处理数据库的计算机称为服务器（Server）。客户机/服务器功能描述如表 12-1 所列。

表 12-1 客户机/服务器功能描述

客户机功能	服务器功能
管理用户接口	从客户机接受数据库请求
从用户接受数据	处理数据库请求
处理应用逻辑	格式化结果并传送给客户机
产生数据库请求	执行完整性检查
向服务器发送数据库请求	提供并行访问控制
从服务器接受结果	执行恢复
格式化结果	优化查询和更新处理

客户机运行那些使用户能阐明其服务请求的程序，并将这些请求传送到服务器。由客户机执行的处理为前端处理（front-end processing）。前端处理具有所有与提供、操作和显示数据相关的功能。

在服务器上执行的计算称为后端处理（back-end processing）。后端硬件是一台管理数据资源并执行引擎功能（如存储、操作和保护数据）的计算机。

通过将任务合理分配到 Client 端和 Server 端，降低了系统的通讯开销，可以充分利用两端硬件环境的优势。

WinCC 可组态含有多个客户机和服务器的客户机/服务器系统，从而更有效地操作和监控大型系统。通过在多个服务器中分配操作和监控的任务，平衡了服务器的使用率，从而使性能得到改善。此外，也可以使用 WinCC 来构建具有复杂的技术或拓扑结构的系统。

12.1.2 WinCC 可实现的客户机/服务器方案

根据应用情况，可以使用 WinCC 来实现不同的客户机/服务器方案。WinCC 服务器类型和特点如表 12-2 所列。

表 12-2 WinCC 服务器类型和特点

客户机/服务器实现方案	特点	软件要求
多用户系统	多个操作站通过过程驱动器连接访问服务器上的项目。单个操作站可以执行同样的或不同的任务。在多用户系统的情况下,没有必要组态客户机。服务器负责实现所有公共功能	WinCC Basic System WinCC Server Option License Microsoft Windows 2000 Server 客户机只需安装最小点数 Runtime License (Runtime 128)
分布式系统	分布任务在多个服务器的结果,减轻了单个服务器的负荷。客户机可具有自己的工程来浏览多个服务器上的数据,使大型应用程序系统获得更好的性能	WinCC Basic System WinCC Server Option License Microsoft Windows 2000 Server 客户机只需安装最小点数 Runtime License (Runtime 128)
文件服务器	WinCC 文件服务器是具有最小 WinCC 组件组态的服务器。可以将项目保存在文件服务器上并集中管理。因此,可更方便地创建所有项目的定期备份副本	Windows 2000 SP2 或 Windows XP SP1 Microsoft SQL Server 2000 SP3 Microsoft Message Queuing WinCC Fileserver V6.0
长期归档服务器	长期归档服务器用于保存归档备份副本。不带有过程驱动器连接的服务器将用作长期归档服务器;具有过程驱动器连接的服务器将其归档备份数据副本传送到该服务器上	Windows 2000 SP2 或 Windows XP SP1 Microsoft SQL Server 2000 SP3 Microsoft Message Queuing WinCC Fileserver V6.0
中央归档服务器	集中归档多个 WinCC 服务器和其他数据源相关过程数据。这样,用于分析和可视化的过程数据可用于整个公司。使用开放接口,例如用 OPC、OLE-DB、ODBC 来存储 WinCC 历史记录中各种数据源的数据。此外,也可访问集中归档服务器上的数据。通过 WinCC 趋势控件或 WinCC 报警控件,WinCC 历史记录的数据可以在 WinCC 过程画面中显示	操作系统 Windows 2000 SP2 或 Windows XP SP1 严格意义上说,集中归档服务器没有任何过程连接,而是经由服务器-服务器连接链接到 WinCC 服务器 WinCC 6.0 Basic System WinCC Server Option License
服务器-服务器通讯	在两个服务器之间进行通讯期间,一个服务器可以访问另一个服务器上的数据。一个服务器可以访问多达 12 个其他服务器或冗余服务器对上的数据。在组态和操作方面,进行数据访问的服务器与客户机相同,除非不能组态成标准服务器	WinCC 6.0 Basic System 进行访问的每台服务器都需要 WinCC Server Option License
冗余服务器	WinCC 冗余用于组态冗余系统。可将两台服务器连接在一起进行并行操作。如果其中一台服务器出现故障,将自动切换。总体上,这将增加 WinCC 和设备的可用性	Windows 2000 Server WinCC 6.0 Basic System WinCC Redundancy Option License

12.1.3 WinCC 中客户机和服务器可能的数目

WinCC 客户机种类如表 12-3 所列。

表 12-3 WinCC 客户机种类

```
                    ┌ WinCC 客户机 ┬ 在多个客户机上显示来自服务器的视图(多用户系统)
                    │              ├ 在客户机上显示多个服务器的视图(分布式系统)
                    │              └ 从客户机上组态服务器项目(远程)
客户机种类 ─────────┤
                    │ Web 客户机   ┬ 可使用具有不同操作系统的客户机
                    │              └ 可通过多个网络客户机同时访问服务器
                    │
                    └ 瘦客户机     ┬ 在以 Windows CE 为基础的强大的
                                   └ 客户机平台(例如 MP370)上也可使用
```

根据所使用客户机的类型和数目,可实现不同的数量结构;也可以是混合系统,表示在一个客户机/服务器系统中同时使用客户机和 Web 客户机。

如果只使用 WinCC 客户机,则在一个 WinCC 网络中,最多有 32 个客户机可同时访问一个服务器。在运行系统中,一个客户机最多可访问 12 个服务器。按照 12 个冗余服务器对的形式,最多可实现 24 个服务器。

使用网络客户机时,可实现的最大数量结构多达 51 个客户机(1 个客户机和 50 个网络客户机)。在这样的系统中,按照 12 个冗余服务器对的形式,最多可实现 24 个服务器。

下面介绍混合系统的组态。

在组态混合系统时,应遵守下列经验规则,以获得最大的数量结构,即

- 每种客户机类型均具有一个值;
- 网络客户机/瘦客户机＝1;
- 客户机＝2;
- 具有"组态远程"功能的客户机＝4。

在 WinCC 服务器不带操作功能的情况下,每个服务器上所有客户机数值的总和不应超过 60;对于带有操作功能的服务器,数值的总和不应超出 16。

实例:客户机数目计算表(见表 12-4)。

表 12-4 客户机数目计算表

组　件	含　义
2 个具有"远程组态"功能的客户机	2×4＝8
4 个客户机	4×2＝8
44 个网络客户机	44×1＝44
总和	60

12.2 客户机/服务器结构组态步骤

下面主要介绍多用户和分布式结构的组态步骤。

12.2.1 多用户结构的服务器组态

多用户系统由一台服务器和多个操作站（客户机）组成。通常对小系统，即数据不需要分布到多个服务器的情况下，组态带有过程驱动器连接的单服务器。多个操作站通过过程驱动器连接访问服务器上的项目。单个操作站可以执行同样的或不同的任务。

1. 应用领域

下列场合中需要多用户系统，即
- 希望在不同的操作控制台上显示与同一过程相关的不同信息。例如，用户可以使用一个操作控制台来显示过程画面，使用第二个操作控制台专门实现显示和确认消息的功能。操作控制台既可以并排布置，也可以位于完全不同的位置。数据由服务器提供。
- 希望操作来自多个不同位置的过程。例如，沿生产线的不同位置组态用户授权，来定义某个操作控制台上操作员可用的功能。

2. 组态步骤

多用户结构的组态步骤如下：

第一步：在服务器上创建类型为"多用户项目"的新项目。
- 在 WinCC 资源管理器中打开服务器，选择菜单项"文件">"新建"。WinCC 项目类型定义对话框打开，如图 12-1 所示。

图 12-1 WinCC 项目类型定义对话框

- 选择"多用户项目"并单击"确定"按钮，显示"创建新项目"对话框。
- 如果目录名称与项目名称不同，则输入项目名称和子目录名称（如图 12-2 所示）。通常，用 WinCC 安装目录中的 WinCC Projects 文件夹作项目路径。
- 单击"创建"按钮，项目在 WinCC 资源管理器中创建并打开。当前项目将自动作为服务器项目。

第二步：在服务器上组态必要的项目数据（画面、归档、变量……）。
第三步：应具有远程组态能力的客户机，必须在服务器上的计算机列表中注册。

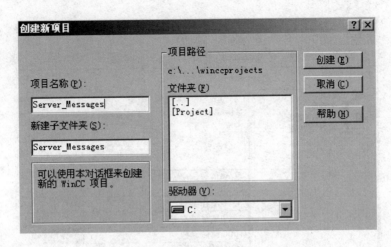

图 12-2　项目名称和路径组态对话框

- 在 WinCC 资源管理器中选择"计算机",然后选择级联菜单项"新建计算机",显示"计算机属性"对话框。
- 输入能访问当前服务器的计算机的名称,并指定访问计算机是客户机,还是服务器计算机。
- 单击"确定"按钮,以便将计算机注册到项目的计算机列表中。
- 对于要访问当前服务器的所有计算机,重复上述步骤。

第四步:为应具有远程组态能力的客户机分配操作权限。

为了使客户机能够远程打开和处理服务器项目,必须在服务器项目中为客户机组态相应的操作权限。服务器提供了下列可用的操作权限。

远程组态:可从远程工作站打开服务器项目,并对项目进行完全访问。

组态远程:客户机可从远程工作站激活服务器项目,包括在运行时。

JUST MONITOR:授权网络客户机对系统进行监控。这种操作员权限与其他客户机的组态无关。

一旦客户机试图打开、激活或取消激活相应服务器中的项目,就会请求客户机的操作权限。如果相应的操作权限没有在服务器上注册,则项目不能进行处理。在客户机上关闭服务器项目后,再次打开时需再次请求注册。其步骤如下:

- 打开 WinCC 资源管理器中的用户管理器。
- 从用户列表中选择要编辑的用户。
- 激活"组态远程"授权和"激活远程",以便该用户可以被分配服务器项目的完整权限(如图 12-3 所示)。
- 关闭用户管理器。

第五步:组态数据包导出(手动或自动)。

- 在 WinCC 项目管理器中,选中"服务器数据",并在弹出的菜单上选择命令"创建"。
- 在"数据包属性"对话框中,指定符号和物理服务器名称。该信息可识别客户机上数据包的来源。组态期间应及早定义服务器的物理和符号计算机名。如果符号计算机名称改变,则必须在所有组态数据中都对其进行修改。符号计算机名称通常由项目名称

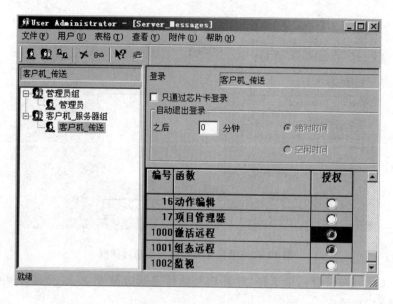

图 12-3 用户管理器

和物理计算机名称组合而成。
- 单击"确定"按钮,生成服务器数据。根据组态大小的不同,该过程将占用一些时间。

结果是带有服务器数据的数据包位于 WinCC 项目管理器中"服务器数据"下的列表中。数据包将保存在文件系统的<项目名称>\<计算机\ Packages>\ *.pck 项目目录中。

第六步:激活服务器上的自动程序包导入。
- 在 WinCC 资源管理器中标记"服务器数据"项,并在弹出的菜单上选择命令"隐含更新"(如图 12-4 所示)。

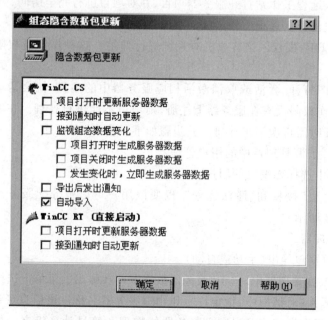

图 12-4 服务器数据包更新组态对话框

- 选择需要的选项。可以进行多重选择。
- 单击"确定"按钮,确认所做的选择。

第七步:组态服务器项目中的客户机。
- 在服务器上打开 WinCC 资源管理器中的计算机列表。
- 选择要组态的客户机,然后从弹出的关联菜单中选择"属性"(如图 12-5 所示)。

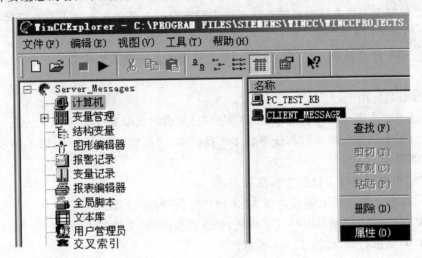

图 12-5 客户机属性组态

- 客户机的"计算机属性"对话框打开。
- 如果使用多语言项目,则要在标签控件上激活那些应在客户机上运行系统中激活的编辑器,例如文本库。
- 使用"参数"标签控件选择客户机上启动运行系统时所采用的语言。例如,可以组态两台以不同语言显示相同数据的客户机。
- 在"图形运行系统"标签控件上指定客户机的起始画面。每个客户机的起始画面均可单独进行选择。必要的话,此处可定义窗口属性。
- 使用"确定"按钮,确认所做的输入。
- 使用同样的方式,组态项目中其他客户机的属性。
- 打开服务器项目中的"服务器数据编辑器",弹出菜单,并选择"隐含更新",激活"自动导入"设置。
- 在服务器项目中创建程序包。

12.2.2 多用户结构的客户机组态

如果组态的是多用户系统,且客户机在其中只显示一个服务器上的数据,则不需要任何客户机组态。客户机将从服务器项目中接受全部数据及其运行环境。

多用户结构客户机组态步骤如下:

第一步:在客户机上打开 WinCC 项目管理器 WinCC Explorer,单击"打开"按钮,找到 Server 上的项目。

第二步:选择.mcp 项目文件,将会显示客户登录对话框。

第三步:输入客户端的用户名和密码。此用户名和密码必须已经在 Server 端定义,而且具有"1000 远程激活"和"1001 远程组态"的授权。

第四步:Server 的工程就会在本地客户机上打开,只要激活运行工程即可。

12.2.3 分布式结构的服务器工程组态

WinCC 可以用于组态分布系统。该系统中的客户机在各种服务器上有自己的视图,因此可有效地操作和监控大型系统;作为分布任务在多个服务器的结果,减轻了单个服务器的负荷,使大型应用程序系统获得更好的性能。其主要特征是一个或多个客户机访问多个服务器上的数据。

例如,分布系统用于:
- 相同任务要由多个操作员和监控站(客户机)完成的大型系统上。
- 当要分布不同操作员和监控任务到多个操作站,诸如集中客户机时,用于显示一个系统的全部消息。

分布式结构的服务器工程组态步骤如下:

第一步:在各个服务器上创建类型为"多用户项目"的新项目。

- 在 WinCC 资源管理器中打开客户机,并选择菜单项"文件">"新建"。"WinCC 资源管理器"对话框打开,如图 12-1 所示。
- 选择"多用户项目"并单击"确定"按钮,显示"创建新项目"对话框。
- 如果目录名称与项目名称不同,则输入项目名称和子目录名称,如图 12-6 所示。通常,用 WinCC 安装目录中的 WinCC Projects 文件夹作项目路径。

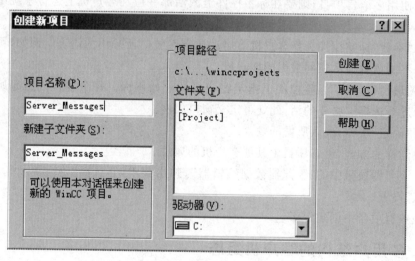

图 12-6 定义项目名称和路径

- 单击"创建"按钮,项目在 WinCC 资源管理器中创建并打开。当前项目将自动作为服务器项目。

第二步:在各个服务器上组态必要的项目数据(画面、归档、变量……)。根据分配的不同(技术/功能方面),也可关联到指定的项目数据,例如,只与归档有关。

第三步:应具有远程组态能力的客户机必须在服务器上的计算机列表中注册。

- 在 WinCC 资源管理器中选择"计算机",然后选择关联菜单项"新建计算机",显示"计算机属性"对话框。
- 输入能访问当前服务器的计算机的名称,并指定访问计算机是客户机,还是服务器计算机。
- 单击"确定"按钮,以便将计算机注册到项目的计算机列表中。
- 对于要访问当前服务器的所有计算机,重复上述步骤。

第四步:为应具有远程组态能力的客户机分配操作权限。
- 打开 WinCC 资源管理器中的用户管理器。
- 从用户列表中选择要编辑的用户。
- 激活"组态远程"授权和"激活远程",以便该用户可以被分配服务器项目的完整权限,如图 12-3 所示。
- 关闭用户管理器。

第五步:组态程序包导出(手动或自动)。
- 在 WinCC 资源管理器中,选择"服务器数据"项,并在弹出的菜单上选择命令"创建",如图 12-7 所示。
- 在"程序包属性"对话框中,指定符号和物理服务器名称。该信息可识别客户机上程序包的来源。组态期间尽可能定义服务器的物理和符号计算机名称。如果符号计算机名称改变,则必须在所有组态数据中都对其进行修改。符号计算机名称通常由项目名称和物理计算机名称组合而成。
- 单击"确定"按钮,生成服务器数据。根据组态大小的不同,该过程将占用一些时间,显示生成的程序包。

生成程序包后,它们将在 WinCC 资源管理器数据窗口中作如下显示,即

键盘,右边:所装载的程序包;

键盘,左边:从服务器导出的程序包;

监视器绿色:没有标准服务器;

监视器红色:具有标准服务器;

监视器蓝色:服务器自己的导出程序包(未重新导入);

连续两个显示器:本地生成的程序包,重新导入到自己的项目中。

实例见图 12-8。

图 12-7 创建服务器数据包

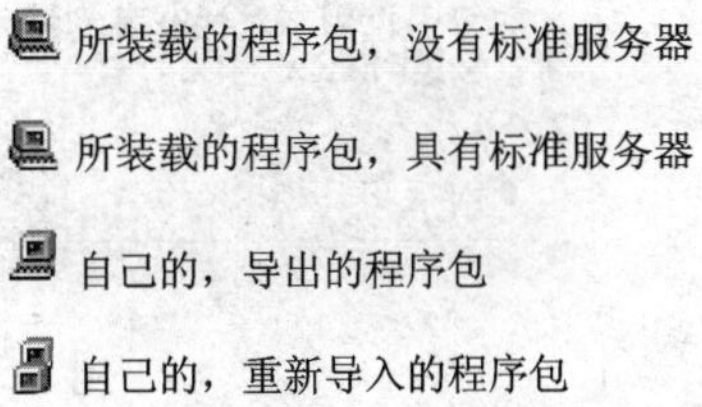

所装载的程序包,没有标准服务器

所装载的程序包,具有标准服务器

自己的,导出的程序包

自己的,重新导入的程序包

图 12-8 数据包状态图标

12.2.4 分布式结构中客户机工程组态

分布式结构中客户机工程组态步骤如下：

第一步：在客户机上创建新的项目。

- 在 WinCC 资源管理器中打开客户机，并选择菜单项"文件">"新建"。"WinCC 资源管理器"对话框打开，如图 12-9 所示。

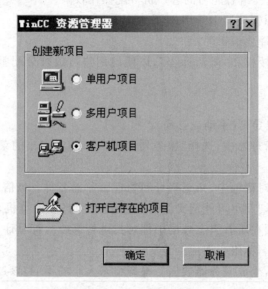

图 12-9 项目类型指定

- 选择"客户机项目"并单击"确定"按钮，显示"创建新项目"对话框。
- 如果目录名称应该不同于项目的名称，则输入项目名称和子目录名称，如图 12-10 所示。通常使用 WinCC 安装目录中的 WinCC Projects 文件夹作为项目路径。

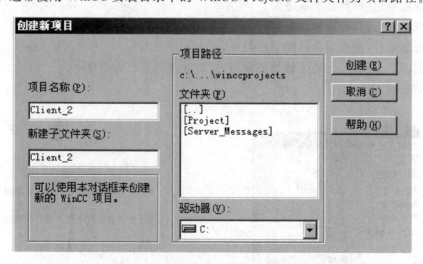

图 12-10 定义项目名称和路径

- 单击"创建"按钮,项目在 WinCC 资源管理器中创建并打开。

第二步:组态导入数据包。

为了使分布式系统中的客户机能够显示来自不同服务器的过程数据,需要相关数据的信息。为此,分布式系统中的服务器将创建包含其组态数据的数据包,并将其提供给客户机。客户机需要服务器的数据包,以便显示这些服务器的数据,如图 12-11 所示。

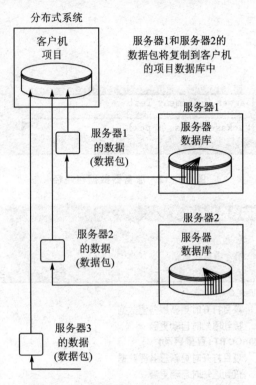

图 12-11　分布式系统数据包结构示意图

- 打开客户机上的客户机项目。
- 在 WinCC 资源管理器中选择"服务器数据"项,并在弹出的菜单上选择命令"装载",显示"打开文件"对话框。如果要更新已经装载的数据包,请选择"更新"命令。
- 选择要导入的数据包,并单击"确定"按钮。通常,服务器数据包将以名称"<项目名称_计算机名称>＊.pck"存储在目录"...\\<服务器项目名称>\<计算机名称>\程序包\"中,如图 12-12 所示。然而,也可以访问存储在任何数据介质中的数据包。
- 单击"打开"按钮,数据被导入。
- 在 WinCC 资源管理器中选择"服务器数据"项,并在弹出的菜单上选择命令"隐含更新",显示"组态隐含数据包更新"对话框,如图 12-13 所示。
- 选择需要的选项,可能有多种选择。
- 单击"确定"按钮,确认所做的选择。服务器数据将在客户机上自动进行更新,例如在通过网络打开项目或接受通知时将自动更新。
- 显示所装载的程序包。

程序包装载后,它们将在 WinCC 资源管理器数据窗口中作如下显示(如图 12-14 所

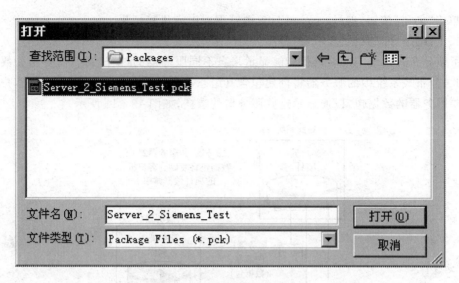

图 12-12 服务器数据包路径

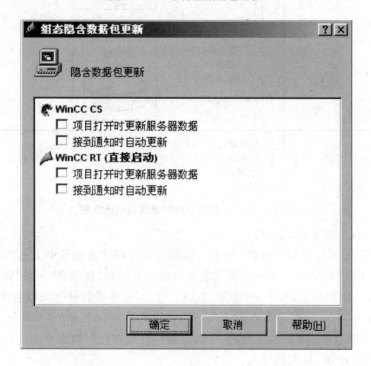

图 12-13 "组态隐含数据包更新"对话框

示),即

键盘,右边:所装载的程序包;

键盘,左边:已导出,但尚未装载的程序包;

监视器绿色:没有标准服务器;

监视器红色:具有标准服务器。

第三步:组态标准服务器。

为分布式系统中的客户机组态一个标准服务器后,如果没有指定任何惟一的服务器前缀(例如变量),则 WinCC 将从此标准服务器中请求数据。只有在导入相应的程序包之后,才能在客户机上选择标准服务器。

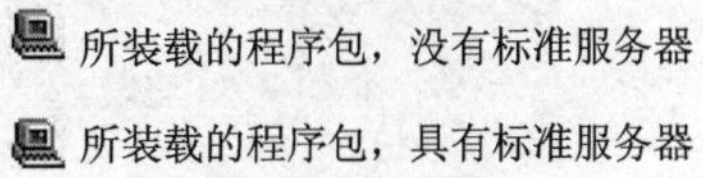

🖳 所装载的程序包,没有标准服务器
🖳 所装载的程序包,具有标准服务器

图 12-14　数据包状态图标

- 在 WinCC 资源管理器中选择客户机上的"服务器数据"选项。
- 从级联菜单中选择"标准服务器",显示"组态标准服务器"对话框。
- 从所需组件列表中选择标准服务器。列表包含了客户机上所装载的所有程序包的符号计算机名称,如图 12-15 所示。

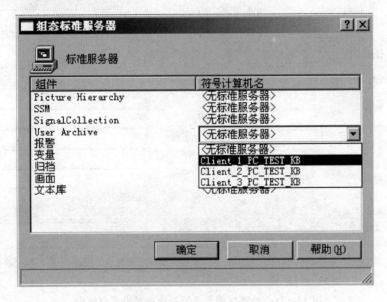

图 12-15　组态标准服务器

对话框中所列出的组件取决于 WinCC 安装程序。如果已经安装了选项,则组件选项(例如 SSM 拆分屏幕管理器)可以与显示的组件一起列出。

- 单击"确定"按钮,确认所做的选择。

第四步:组态客户机的起始画面。

分布式系统中的任何画面均可用于客户机的起始画面。它可以是来自服务器的画面、客户机上的本地画面或任何其他画面。

- 打开客户机上的客户机项目。
- 在 WinCC 资源管理器中选择计算机,然后从级联菜单中选择"属性"。
- 激活"图形运行系统"标签控件。
- 输入服务器计算机的名称作为起始画面名称,然后以\\＜服务器名称＞\＜画面名称＞的形式输入要使用的画面(如图 12-16 所示)。也可以使用"搜索"按钮搜索画面,选择对话框将显示装载到客户机上的所有服务器程序包的画面。
- 单击"确定"按钮,结束输入。

图 12-16 计算机图形运行系统启动设置对话框

第五步：显示来自不同服务器的画面。

来自不同服务器的画面可以显示在客户机上所组态的基本画面里的画面窗口中，如图 12-17 所示。

- 打开要插入到画面窗口中的客户机上的画面。
- 在图形编辑器的标准调色板中，从智能对象组中选择"画面窗口"，并将其插入到画面中。
- 双击画面窗口，打开属性对话框。
- 从"其他"组中，双击属性标签控件并选择"画面名称"属性，以便搜索画面；或者在"画面名称"属性中，双击"静态"列，以便以显示"＜服务器前缀＞::＜画面名称＞"，直接输入画面名称。
- 关闭属性对话框。

第六步：使用来自不同服务器的数据。

分布式系统中的客户机基准画面以及包含在其中的所有对象，均可直接在客户机上进行组态。从每个基本画面中，都可对多个服务器中的数据进行访问，例如：

- 来自服务器 1 中的过程值输出域，来自服务器 2 中的过程值输出域。

- 以比较的形式来显示不同系统块/服务器中数据的趋势显示。
- 显示多个不同服务器消息的消息窗口(如图 12-18 所示)。

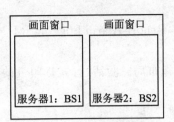

图 12-17 组态不同服务器的画面示意图

图 12-18 组态显示不同服务器消息的示意图

- 打开客户机上的客户项目。
- 使用图形编辑器组态要用作基本画面的画面。
- 从对象选项板的"控件"标签控件将 WinCC 在线趋势控件插入基本画面中,打开"WinCC 在线趋势控件属性"对话框。
- 要对当前过程进行监控时,选择"在线变量"作为数据源。
- 激活"趋势"标签控件。
- 通过选择"选择归档/变量",然后单击"选择"按钮,选择要显示其过程值的第一个趋势的变量。
- 输入下列形式的变量名称:"<服务器前缀 1>::<变量名称>",单击"确定"按钮,进行确认。
- 单击趋势标签控件中的"+"按钮,以便添加第二个趋势。
- 连接第二个趋势,变量来自第二个服务器,形式为"<服务器前缀 2>::<变量名称>"。
- 使用"确定"按钮,确认所做的输入。

第七步:显示来自不同服务器的消息。
- 打开客户机上的客户项目。
- 使用图形编辑器可组态将要用作基本画面的画面。
- 从对象选项板的"报警控件"标签控件将 WinCC 在线趋势控件插入基本画面中,打开"WinCC 报警控件属性"对话框。
- 当要显示该报警控件中所有已连接服务器的消息时,选择"服务器选择",并激活"所有服务器"复选框。
- 如果只要显示指定服务器中的消息,则取消激活"所有服务器"复选框,并单击"选择"按钮,从网络中选择一个 WinCC 服务器。
- 单击"确定"按钮,关闭对话框。

第八步:组态多个服务器消息的消息顺序报表。
- 打开 WinCC 资源管理器中报表编辑器下的布局@CCAlgRtSequence.RPl,显示行布局编辑器。
- 单击"选择"按钮,显示"协议表格选择"对话框。

- 使用"添加服务器"按钮,将应对其消息按消息顺序报表拟定协议的服务器插入到"所选服务器"的列表中。只有那些已在客户机上导入其程序包的服务器才会显示。
- 使用方向键把将要拟定协议的消息块传送给"报表的列序列"。
- 单击"确定"按钮,确认所做的输入。
- 在 WinCC 资源管理器中打开打印作业 @ Report Alarm Logging RT Message Sequence。
- 已用单独的名称存储了布局,从"布局"列表中选择布局。激活"行式打印机的行布局"复选框。
- 在"打印机设置"标签控件中,激活"打印机"复选框。
- 从所连接打印机的列表中选择打印机,报表将通过其打印输出。
- 使用"确定"按钮,确认条目。
- 在 WinCC 资源管理器中选择"客户机计算机",然后从级联菜单中选择"属性"命令,显示"计算机属性"对话框。
- 激活启动标签控件上的"消息顺序报表"。
- 使用"确定"按钮,确认条目。

12.2.5 冗余系统组态

冗余系统组态步骤如下:
- 建立网络中的服务器和客户机。
  在每台计算机上安装网络,并为每台计算机赋予一个惟一的名称,以便可以在网络上方便地识别。
- 设置用户。
- 安装网络后,必须在每台计算机上设置用户账号。
- 安装授权。
  必须安装冗余授权。安装步骤是:打开 Windows 中的"开始"菜单,并激活 SIMATIC/AuthorsW 下的 AuthorsW 应用程序,然后安装每台服务器的授权。
- 组态服务器上的项目。
  当组态 WinCC 冗余时,将定义缺省主站、伙伴服务器、切换时的客户机动作以及归档同步的类型,如图 12-19 所示。
- 在复制项目前,创建服务器数据包(编辑器 Serverdata)。建议在缺省主站上对其进行创建。
- 复制项目。
  为避免必须第二次组态伙伴服务器,"项目复制器"可将项目从一台服务器复制到另一台服务器。
  从 Windows"开始"菜单中,将鼠标指向"SIMATIC/WinCC/工具/项目复制器",可打开 WinCC 项目复制器,将显示"WinCC 项目复制器"对话框,如图 12-20 所示。WinCC 项目复制器参数说明如表 12-5 所列。

第 12 章 系统组态

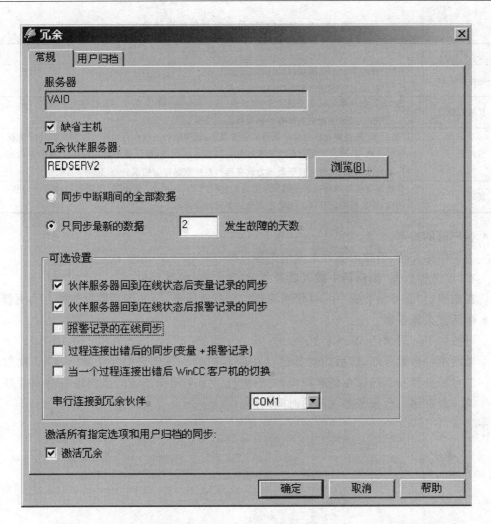

图 12-19 冗余参数组态对话框

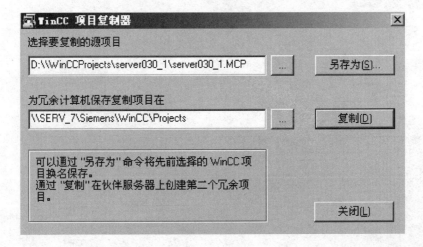

图 12-20 "WinCC 项目复制器"对话框

表 12 – 5 WinCC 项目复制器参数说明表

项 目	说 明
选择源项目	在"选择将要复制的源项目"域中,指定源项目 "..."按钮可方便地浏览源项目的路径名称
复制的项目	在"为冗余计算机保存复制项目在"域中,可指定带有目标计算机以及目标项目的文件夹 "..."按钮可方便地浏览带有目标项目的文件夹
另存为	"另存为"按钮将允许创建源项目的备份副本,或用新的名称保存项目。"另存为"将只能保存组态数据,当前的运行系统数据库将不保存。然而,目标计算机将生成一个新的空白运行系统数据库,以便项目不会因为没有运行系统数据库而错误启动
复制	在指定源项目以及将要复制项目的目标计算机之后,单击"复制"按钮即可启动复制过程。随后,将在目标计算机上创建已完全组态的冗余项目

- 客户机的组态。

  为了使用冗余,请按照下列步骤组态客户机,即

  在"服务器数据"编辑器中载入服务器(缺省主站)的数据包。

  在编辑器"服务器数据"中,可根据需要定义首选服务器,并激活数据包的自动更新。

- 激活冗余服务器。

  可按如下方式激活 WinCC 冗余,即

  激活第一台服务器,然后启动其已存在的客户机。一旦它们处于激活状态,就激活第二台服务器及其已存在的客户机,之后执行第一个同步。经同步的停机时间就是启动第一台和第二台服务器之间的时间间隔。

第 13 章 全集成自动化

为了给用户提供完整的解决方案,西门子公司推出了全集成自动化(TIA)的概念。通过集成的数据管理、集成的通讯和集成的编程组态三项核心技术,为用户提供了优化、集成的产品和方案,使用户拥有简单便捷的操作及维护环境。

作为全集成自动化的一个部分,SIMATIC WinCC 可以在 STEP 7 全集成自动化的框架内进行项目创建和管理。这样,就形成了 AS(Automation Station)组态和 OS(Operation Station)组态的集成。

集成环境下的 SIMATIC WinCC 组态将具有下列优点:
- 使变量和文本到 WinCC 项目的传送更简单;
- 在过程连接期间可直接访问 STEP 7 符号;
- 具有统一的消息组态;
- 可在 SIMATIC 管理器中启动 WinCC 运行系统;
- 可将组态数据装载到运行系统 OS 上;
- 具有扩展的诊断支持。

13.1 在 STEP 7 全集成自动化框架内组态 WinCC 工程

WinCC 与 AS 站的通讯组态可以有两种组态方式:一种是独立式组态方式;另外一种是集成式组态方式。

独立式组态方式是 AS 站和 OS 站分别组态,它们之间的通讯组态是通过在 WinCC 中组态变量通讯通道,然后定义变量,通过地址对应来读取 AS 站的内容。这种做法通常是 STEP 7+WinCC 的工程组态方法。前面讲的通讯组态就是采用的这种方法。

另外一种组态方式是集成式组态,也就是在 STEP 7 的全集成自动化框架内组态管理 WinCC 工程。这种方式下,WinCC 中不用组态变量和通讯,在 STEP 7 中定义的变量和通讯参数可以直接传输到 WinCC 中。工程组态任务量可减少一半以上,并且可减少组态错误的发生。这种做法通常是在 DCS 系统组态中应用。如果想用这种组态方式,则必须用 WinCC 的安装光盘安装 AS-OS Engineering 的组件。安装这个组件的前提条件是,你的机器上已经安装了 STEP 7 V5.2 的软件(详见附录 B WinCC 兼容性)。运行 WinCC 的安装程序,在通讯条目下,选择 AS-OS Engineering 选件,如图 13-1 所示。

可在 SIMATIC 管理器中直接创建 WinCC 项目。在此,可用两种不同的方式存储 WinCC 项目,即
- 作为 PC 工作站中的 WinCC 应用程序;
- 作为 SIMATIC 管理器中的操作站 OS。

当创建新的项目时,应使用 WinCC 应用程序。它们与 OS 相比具有下列优点:
- 在网络组态中可对 PC 工作站进行显示和参数化;

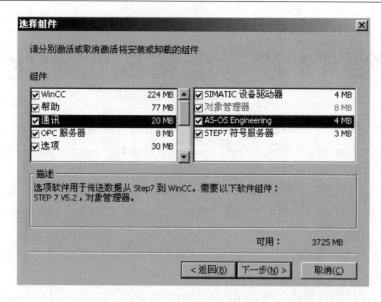

图 13-1 安装选件对话框

- 操作站的接口和访问点均可自动确定；
- 当项目装载时，操作站上当前的运行系统数据库将不会被覆盖，归档和消息列表的内容都将保留。

13.1.1 WinCC 作为 PC Station 的应用程序组态

在 STEP 7 项目中，SIMATIC PC 站代表一台类似自动化站 AS 的 PC。它包括自动化所需要的软件和硬件组件。除了通讯处理器与 Slot PLC 或 Soft PLC 以外，这些组件还包括 SIMATIC HMI 组件。

如果 PC 站作为操作站使用，则在组态期间必须添加一个 WinCC 应用程序。根据各自的要求，可在各种不同的项目类型之间进行选择，即

- 多用户项目中的主站服务器。在 PC 站中的名称为"WinCC 应用程序"。
- 多用户项目中的用作冗余伙伴的备用服务器。在 PC 站中的名称为"WinCC 应用程序"(Stby)。
- 多用户项目中的客户机。在 PC 站中的名称为"WinCC 应用程序客户机"。

如图 13-2 所示，WinCC 应用程序在 SIMATIC 管理器中显示如下：

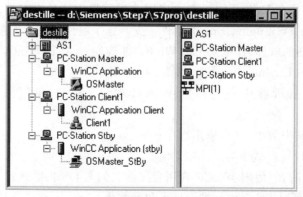

图 13-2 STEP 7 中插入 PC Station

13.1.2 组态步骤

前提条件是 PC 站必须已经在 STEP 7 项目中创建。

组态步骤如下：

第一步：创建 WinCC 应用程序。

- 打开 PC 站的硬件配置。为此，单击浏览窗口中的 PC 站。双击目录窗口中的"组态"对象。
- 使用菜单项"查看＞目录"打开硬件目录，并浏览文件夹"SIMATIC PC 站＞HMI"，如图 13-3 所示。

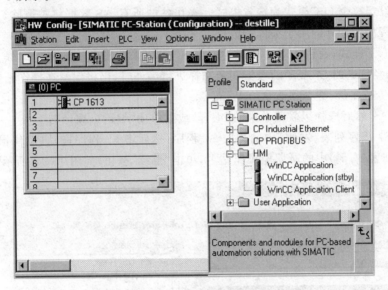

图 13-3　PC Station 硬件组态之一

- 选择期望的 WinCC 应用程序的类型，并将其拖动到 PC 的空闲插槽中，如图 13-4 所示。

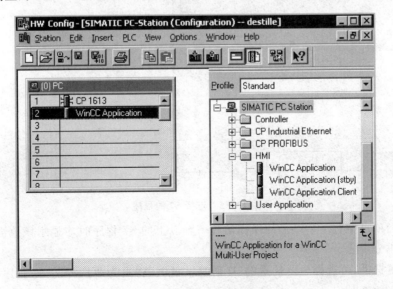

图 13-4　PC Station 硬件组态之二

- 保存并关闭硬件配置。

第二步：在 STEP 7 中组态 PC Station 与 AS 站的通讯网络连接。这项任务利用 SIMATIC NET 网络配置工具（Commission Console 和 Station Configuration Editor）以及 STEP 7 软件中的 Configure Network 来完成。具体步骤请参阅 STEP 7 相关文档。

必须将与操作员控制和监视相关的 AS 组态数据传送给 WinCC 的组态数据，以便在 WinCC 组态期间以及在运行系统中能够使用这些数据。为此，可使用"编译 OS"功能。

在传送操作期间，过程变量均存储在变量管理系统中，用户文本均存储在文本库中，而消息均存储在 WinCC 项目的报警记录系统中。使用"编译 OS"向导可编译组态数据。整个 OS 的编译可按两种不同的编译模式进行，即

- "重新设定整个 OS"模式为缺省模式。操作站的所有 AS 数据将被删除，并将重新传送为 S7 程序所选择的用于编译的数据。
- "整个 OS"模式，适用于对已分配的多个 S7 程序未选择全部编译的时候。这种模式可确保已经传送的 S7 程序的数据在未选择进行编译时，仍将保留在操作站中。

第三步：传送变量、文本和消息给 WinCC。

- 选择 OS，然后选择级联菜单中的"编译"或菜单项"编辑＞编译"。
- 选择 S7 程序列表（左侧）中的相应 S7 程序，然后将 S7 程序拖动（按住鼠标左键）到操作站列表（右侧）中的所期望操作站上，单击"继续"按钮，如图 13 - 5 所示。

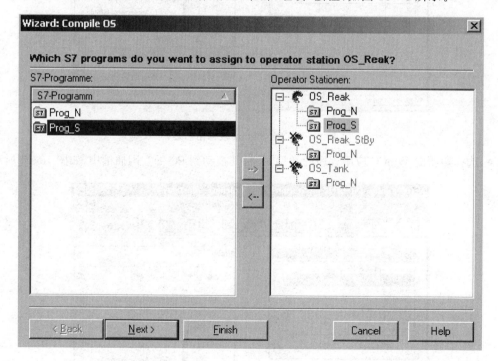

图 13 - 5　选择 S7 的程序

只有当项目中有一个以上的操作站和一个以上的 S7 程序时才显示该页面；否则，将自动完成分配。

- 使用复选框，可选择想要传送的 S7 程序。此时，将只为所选择的 S7 程序传送数据，如

图 13-6 所示。

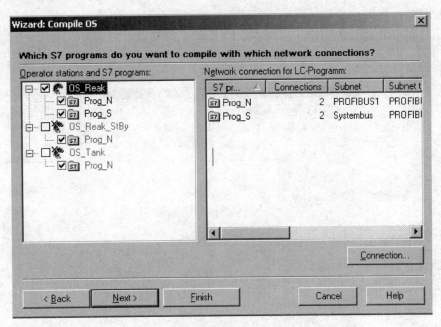

图 13-6 选择要传送的 S7 程序

- 选择将要使用的网络连接。当选择左侧区域中的操作站时,相关的 S7 程序将同组态的网络连接一起,都列在右侧区域中。要修改网络连接,可选择 S7 程序,并按下"连接"按钮,选择所需要的网络连接,如图 13-7 所示。按下"确定"按钮,然后选择"继续"按钮。

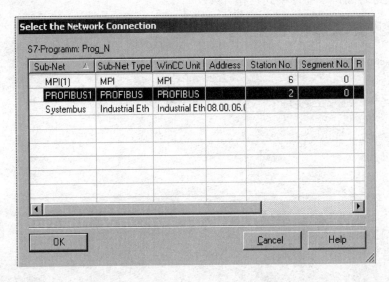

图 13-7 "选择网络连接"对话框

- 在 STEP 7 中,对定义的变量定义符号名称(建立 Symbol 表)。

打开 Symbol 表,选择要传送给 WinCC 的变量,右击变量,在快捷菜单中选择 Special Object Properties＞Operator and Monitoring 命令。在接下来的对话框中选中

Operator and Monitoring 复选框(如图 13-8 所示),则要传送的变量前就出现一个绿色小旗。

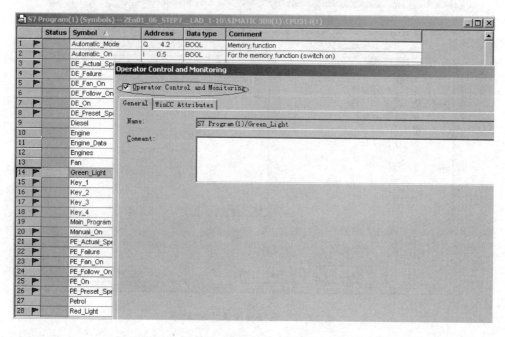

图 13-8 组态传送变量

- 选择"整个 OS"编译模式(如图 13-9 所示)。如果希望删除操作站中的所有 AS 数据,可选择"使用重新设定",单击"继续"按钮;如果只是对 S7 程序进行较小的修改,则应对修改进行编译。编译模式选择"修改"。

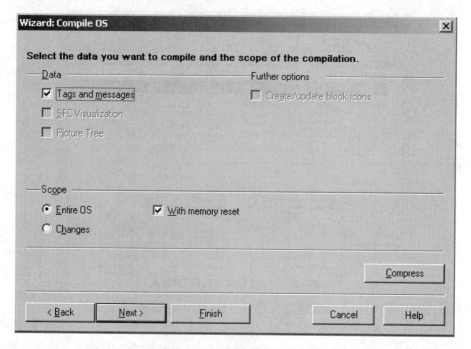

图 13-9 选择编译模式

- 检查编译选项，并单击"编译"按钮。
- 当编译过程已经完成时，将可能出现一条消息，提示已经出现的错误和警告。如果情况如此，请检查编译报表。

在 WinCC 项目中可以检查编译的结果。报警信息可在报警编辑器中看到，如图 13-10 所示。

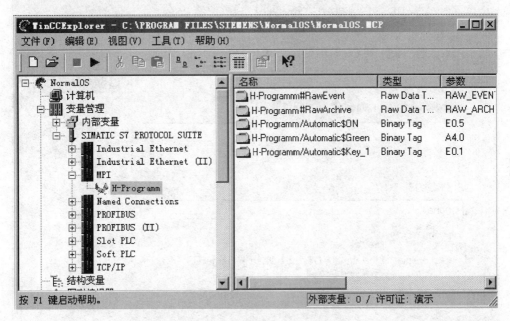

图 13-10 WinCC 中显示传送结果

变量、文本以及报警信息传送完之后，就可以利用这些信息，在 WinCC 管理器中对 WinCC 工程进行更进一步的组态。

如果 STEP 7 项目和 WinCC 项目要分别位于几台计算机上（例如，通常在 DCS 系统中，AS 和 OS 的组态全都在 ES 上完成，然后把 OS 下载到目标计算机上），就需要用 STEP 7 软件的下载功能。

第四步：设置目标计算机的路径。
- 选择 WinCC 项目，并使用级联菜单打开"对象属性"。
- 选择"目标 OS 和备用 OS"标签。可直接输入目标计算机的路径或单击"浏览"按钮，如图 13-11 所示。
- 单击"浏览"按钮。在"选择目标 OS"对话框中，选择所需要的网络驱动器和文件夹，单击"确定"按钮，如图 13-12 所示。
- 检查目标计算机的路径（如图 13-13 所示），然后关闭"属性"对话框。

第五步：装载项目到目标计算机上。
- 选择 WinCC 应用程序中的 WinCC 项目。
- 使用级联菜单启动"PLC＞下载"功能。
- 在对话框中，选择装载操作的范围、"整个 WinCC 项目"或"修改"。缺省状态下，"修改"选项已激活。"整个 WinCC 项目"选项在下列条件下是惟一可用的选项，即

- 当确实已经第一次将项目装载到系统时;
- 当作为导致丢失在线修改能力的 WinCC 项目组态的结果时;
- 当待机服务器仍然没有装载主站服务器的 WinCC 项目时。

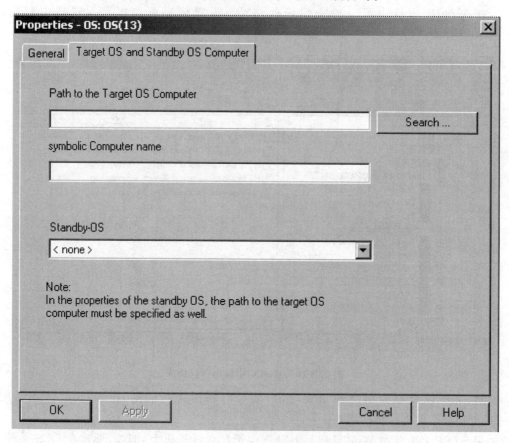

图 13-11 指定目标计算机的路径和名称

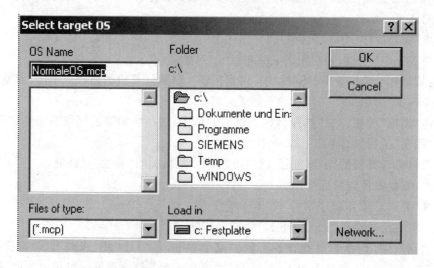

图 13-12 指定目标文件夹

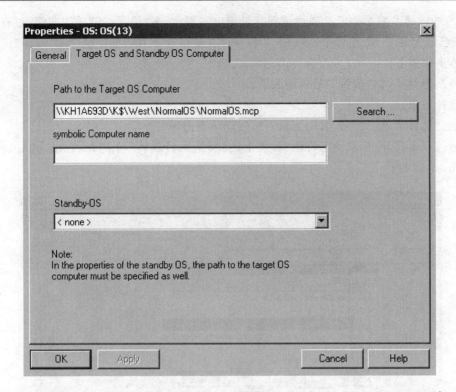

图 13-13　OS 传输设置对话框

13.2　集成诊断功能

全集成自动化的另外一个具体体现是，可提供对系统来说极为重要的集成诊断功能。与其他 SIMATIC 组件相连接，SIMATIC WinCC 支持对正在运行的系统和过程的诊断，即
- 直接从 WinCC 进入 STEP 7 硬件诊断。
- 从 WinCC 画面调用 STEP 7 程序块。
- 应用 WinCC 通道诊断软件的通讯连接诊断。
- 应用 WinCC/ProAgent 的可靠的过程诊断。

这里着重讲解 WinCC 到硬件诊断的条目跳转和到网络的条目跳转。

13.2.1　WinCC 到硬件诊断的梯形环跳转

到硬件诊断的条目跳转将允许从 WinCC 运行系统直接跳转到相关 AS 的 STEP 7 功能"硬件诊断"。因此，它可使故障诊断快速、方便。

无论是否带有操作员权限检查，都可以组态到硬件诊断的条目跳转。

在组态期间，重要的是要记住，到硬件诊断的条目跳转只有在特定条件下才可执行。要求如下：
- "编译 OS"功能必须已经执行；
- 如果将要组态具有专门操作员控制等级的操作员权限，则必须已经使用用户管理器创建了该等级；

- AS 的连接参数必须已经通过过程变量确定。因此,在"编译 OS"操作期间,过程变量必须已经存在于 S7 连接中。STEP 7 符号可在变量选择对话框中隐含地"编译"。

具体步骤如下:
- 将图形对象(如"按钮")插入画面中。
- 选择对象。
- 通过选择菜单中的"查看>工具栏",启动动态向导。
- 通过双击打开"标准动态特性"标签上的"网络条目跳转"(Ladder rung jump)向导,如图 13-14 所示。

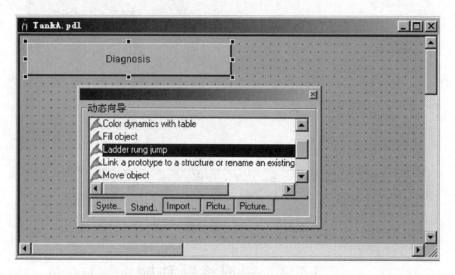

图 13-14 向导选择对话框

向导随后将指导用户完成需要的组态步骤。选择将要用来执行网络条目跳转的触发器,如图 13-15 所示。单击"继续"按钮。

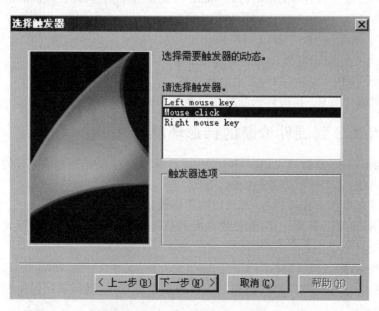

图 13-15 "选择触发器"对话框

- 选择对象的属性,诸如 ToolTipText,如图 13-16 所示。该属性在以下步骤中将被连接到所选变量上。

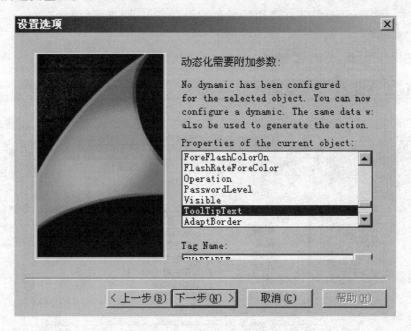

图 13-16 选择对象的属性

- 设置将通过其执行条目跳转的变量。单击"选择"按钮,打开"变量选择"对话框。选择变量,然后单击"确定"按钮,关闭对话框。单击"继续"按钮。
- 当执行条目跳转时,设置是否将要检查 STEP 7 写授权。如果想要执行检查,则还必须设置授权等级,如图 13-17 所示。单击"继续"按钮。

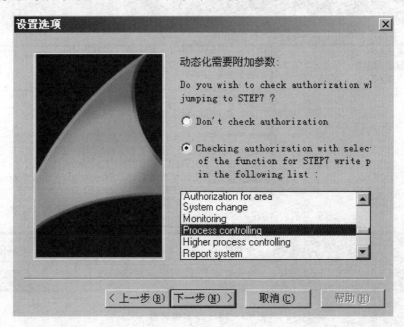

图 13-17 设置检查授权选项对话框

- 显示已经选择的选项概况。检查选项,然后单击"完成"按钮。
- 当组态条目跳转时,将创建一个执行跳转的脚本。必须重新编写用于跳转到硬件诊断的脚本。为此,可打开正在使用的对象的级联菜单,并选择"属性"选项,以打开"对象属性"对话框。
- 打开"事件"标签,并浏览"按钮>鼠标>鼠标动作",如图 13-18 所示。

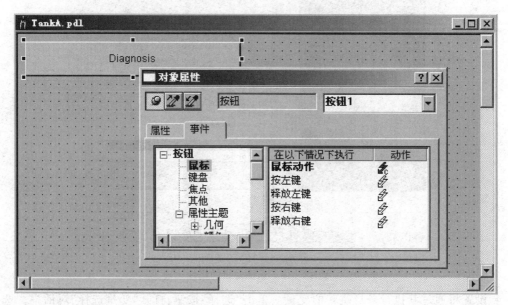

图 13-18 按钮对象属性对话框

- 双击"动作"列中的符号,编辑器打开,显示脚本,如图 13-19 所示。

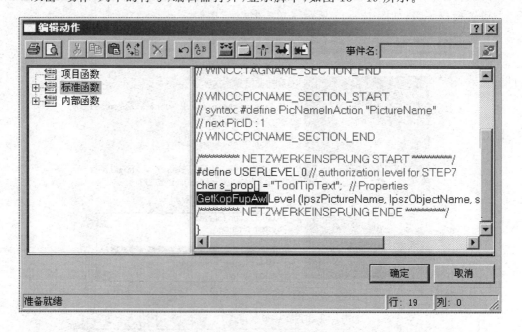

图 13-19 脚本编辑器

- 用 GetHWDiag 对条目 GetKopFupAwlLevel 进行更换。
- 关闭对话框,并编译已修改的脚本。

13.2.2　WinCC 到网络入口跳转

使用网络条目跳转,可以直接从 WinCC 运行系统跳转到相应的 STEP 7 程序编辑器 LAD/FBD/STL,并聚焦于属于该过程变量的 STEP 7 符号上。这将使故障诊断快速、方便。

在组态期间,重要的是要记住,网络条目跳转只有在特定条件下才可执行。要求如下:
- "编译 OS"功能必须已经执行。
- 在 S7 程序中,必须已经生成参考列表。
- 如果将要组态具有专门操作员控制等级的操作员权限,则必须已经使用用户管理器创建了该等级。
- 因为条目跳转是使用过程变量来完成的,所以该过程变量必须存在于由"编译 OS"功能所创建的 S7 连接中。STEP 7 符号可在变量选择对话框中隐含地"编译"。

具体步骤如下:
- 将图形对象(如"按钮")插入到视图。
- 选择对象。
- 通过选择菜单中的"查看＞工具栏",启动动态向导。
- 通过双击打开"标准动态"标签上的"网络条目跳转"(Ladder ring jump)向导,如图 13-20 所示。

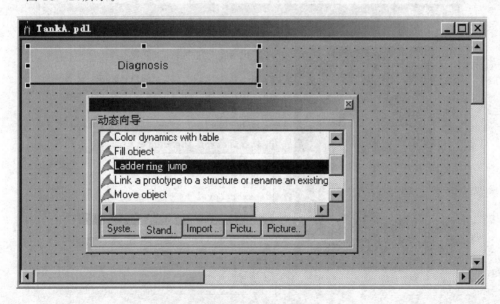

图 13-20　选择网络条目跳转对话框

- 向导随后将指导用户完成必要的组态步骤。选择将要用来执行网络条目跳转的触发器,如图 13-21 所示。单击"继续"按钮。
- 选择诸如对象的属性,如 ToolTipText。该属性在下面的步骤中将连接到所选择的变量上,如图 13-22 所示。

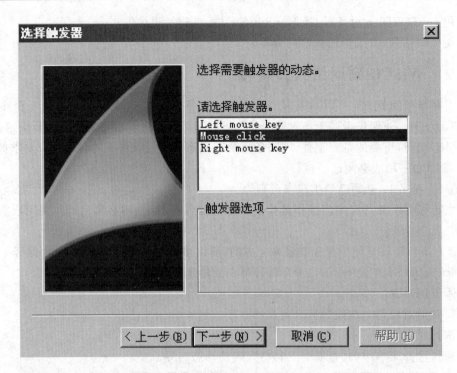

图 13 – 21 "选择触发器"对话框

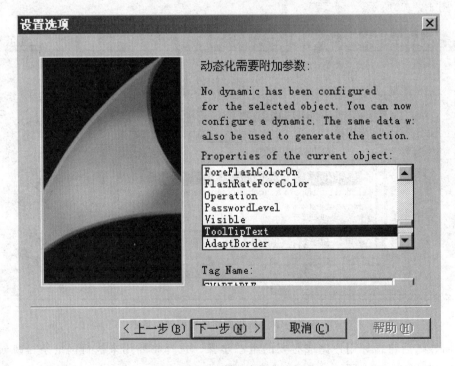

图 13 – 22 选择对象属性对话框

现在即可设置将要应用网络条目跳转的变量。单击"选择"按钮,打开变量选择对话框,选择变量;然后单击"确定"按钮,关闭对话框。单击"继续"按钮。

当完成网络条目跳转时,设置是否将要检查 STEP 7 写授权。如果希望执行检查,则还必须设置授权等级,如图 13 - 23 所示。单击"继续"按钮。

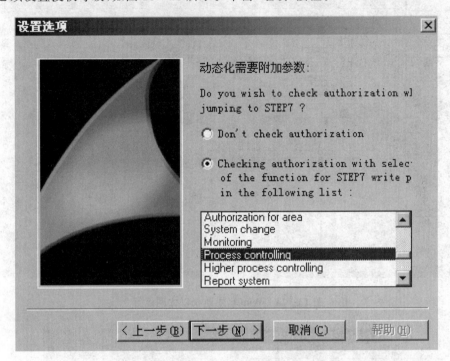

图 13 - 23　选择检查授权对话框

- 显示已经选择的选项的概况。检查选项,然后单击"完成"按钮。

如果随后在运行系统选择了刚组态的按钮,则 STEP 7 的程序编辑器 LAD/FBD/STL 将打开,并显示所选变量的使用位置。

13.3　使用 WinCC 进行工业以太网网络管理

西门子工业以太网交换机(OSM/ESM)集成 SNMP 简单网络管理协议,可实现:
- 对工业以太网交换机的 IP 地址、端口通讯速度以及数据表的查询和更改设置。
- 统计信息报文的数量、状态等信息;查询历史数据。
- 生成事件、报警报文。

在 WinCC 中可以直接监视以太网的运行状况,如图 13 - 24 所示。

组态步骤如下:

第一步:在 STEP 7 中创建 PC 站。
- 打开 PC 站的硬件配置,增加 OPC Server 应用,如图 13 - 25 所示。
- 在 OPC Server 属性选项卡中,选择 SNMP 属性;然后选择 Edit plant configuration...,如图 13 - 26 所示。

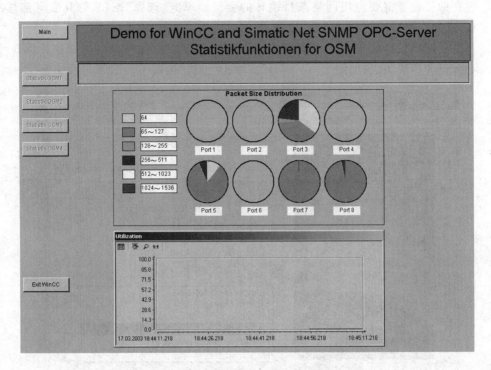

图 13-24 WinCC 中监视以太网运行

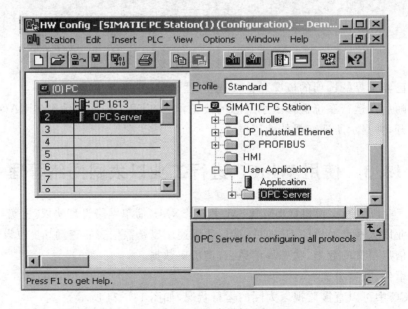

图 13-25 在 STEP 7 中增加 OPC Server

- 选择 Add 按钮,增加一个节点。输入以太网交换机的名称和 IP 地址,如图 13-27 所示。
- 增加一个 TCP 连接,如图 13-28 所示。
- 在 Adrresses 属性下填写工业以太网交换机的 IP 地址,如图 13-29 所示。

第 13 章 全集成自动化

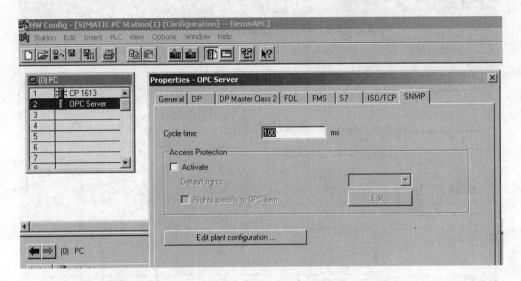

图 13 – 26　OPC Server 属性配置

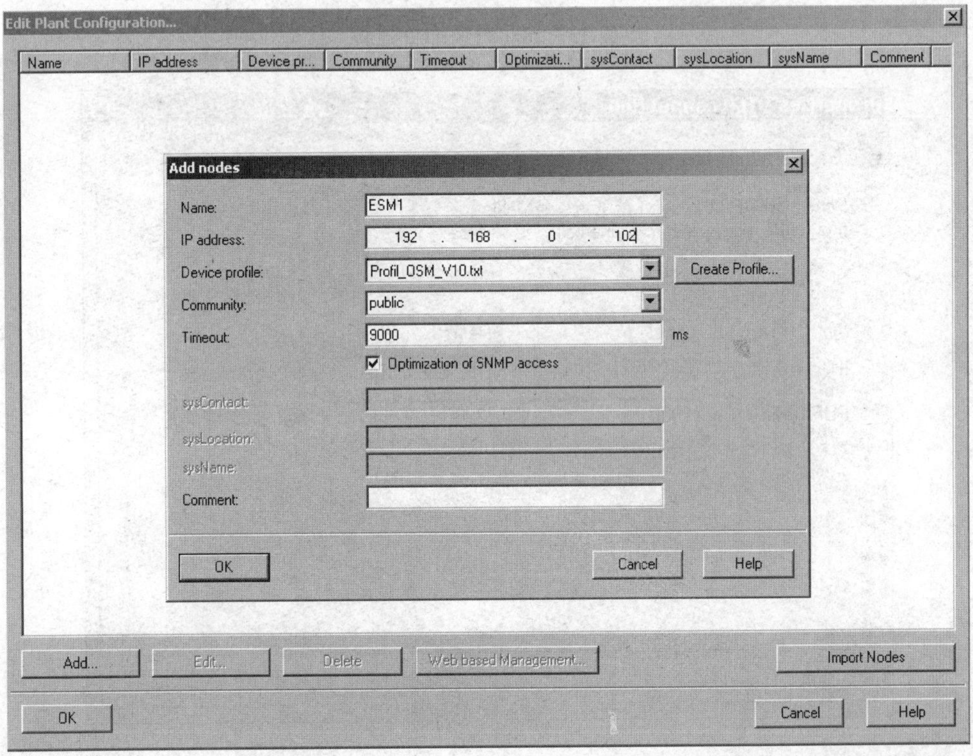

图 13 – 27　配置以太网交换机

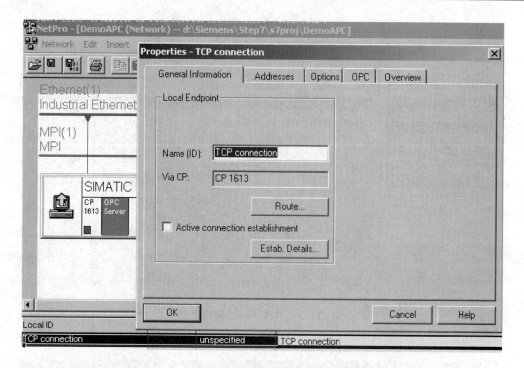

图 13-28 配置 TCP 连接

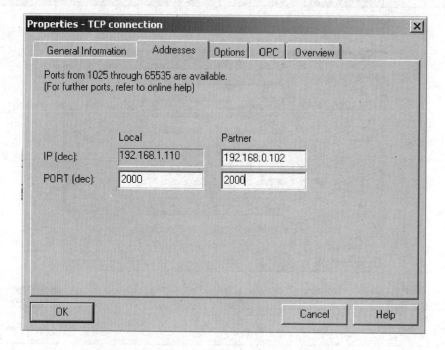

图 13-29 配置工业以太网交换机的 IP 地址

- 编译并下载到 PC 站,然后关闭硬件配置。

第二步:WinCC 中的组态。

- 在 WinCC 中添加 OCX 控件,如图 13-30 所示。

第 13 章 全集成自动化   219

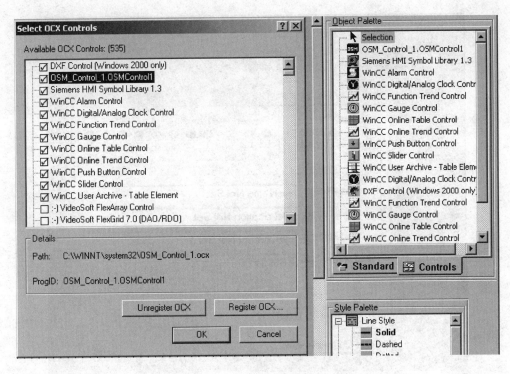

图 13 - 30　在 WinCC 中添加 OCX 控件

- 在画面中加入 OCX 控件，并在属性中填写 ConnectionName，如图 13 - 31 所示。

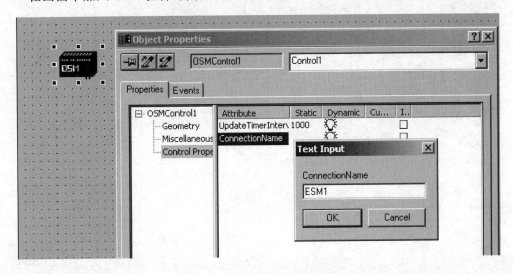

图 13 - 31　配置 OCX 控件属性

- 保存并运行 WinCC。如果以太网交换机运行正常，则显示为绿色；否则显示为红色。双击 OSM 图标，可以监控以太网的运行状态，如图 13 - 32 所示。

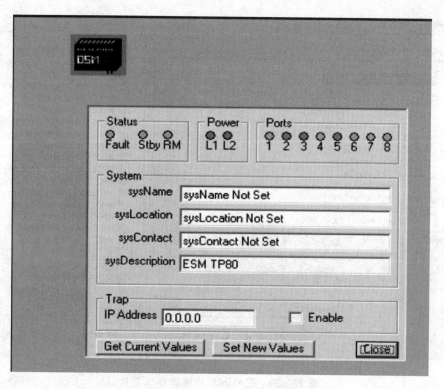

图 13-32 WinCC 运行画面

第 14 章 WinCC 的开放性

14.1 开放性概述

从一开始,SIMATIC WinCC 就代表了最高水平的开放性和集成性,因为,它始终如一地以 Microsoft 技术作为后盾。WinCC 几乎集成了 Microsoft 所有的开放性技术,包括ActiveX,9OPC,VBA,VBS,OLE 以及 Microsoft 强大而高效的数据库 Microsoft SQL Server 2000,如图14-1 所示。

下面,逐一较详细介绍每个开放性技术。

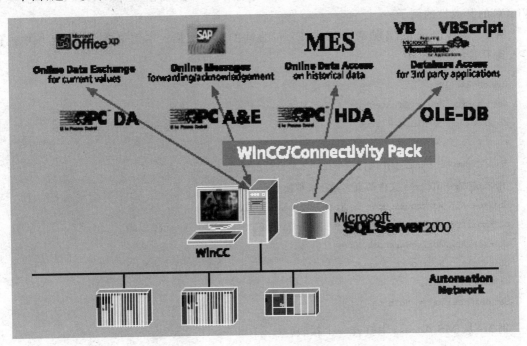

图 14-1 WinCC 开放性示意图

14.2 Microsoft Windows 2000/XP——开放的操作系统

WinCC 是市场上第一个基于 Microsoft Windows 95/NT 32 位软件技术的过程可视化 HMI 系统。如今,Windows 2000(Advanced)Server 和 Windows XP 专业版甚至 Windows Server 2003 是 WinCC Server,Client 和单站系统开放性的平台。

14.3 VBScript 和 C - Script——编写脚本的明智选择

通常情况下，画面、逻辑操作以及动画通过简单的对话框来进行组态。在需要时，可以通过编写脚本的方式来完成一些特殊的任务，例如转换值、初始化报表以及生成操作员行为记录等。VBS 脚本具有自己的编辑工具和调试工具。脚本自身可以访问所有 WinCC 图形对象的属性和方法，可访问 ActiveX 控件和其他制造商的对象模型。所以，可以控制对象的动态行为，与其他制造商的对象模型建立连接，例如与 Excel 和 SQL 数据库进行数据交换。

14.3.1 VBScript 实现开放性数据交换

VBScript 是微软的基于 Visual Basic 运行的脚本语言。因为它非常容易，所以 VBScript 特别适合于初学者。另外，它的开放性吸引了很多 WinCC 的高级用户。可以用 VBScript 操纵 WinCC 的变量、对象，并编写独立于画面的动作。下面就举几个用 VBScript 来实现 WinCC 的开放性的例子。

例 1 用 VBScript 实现 WinCC 与 Excel 之间的数据交换。本例中，输入/输出域中的值写入到了 Excel 表格中。

```
Dim objExcelApp
Set objExcelApp = CreateObject("Excel.Application")
objExcelApp.Visible = True
'
'ExcelExample.xls 必须在执行这个过程之前已经创建好
'用 ExcelExample.xls 文件的真实路径来替换<path>
ObjExcelApp.Workbooks.Open "<path>\ExcelExample.xls"
objExcelApp.Cells(4,3).Value = ScreenItems("IOField1").OutputValue
objExcelApp.ActiveWorkbook.Save
objExcelApp.Workbooks.Close
objExcelApp.Quit
Set objExcelApp = Nothing
```

例 2 从 MS Access 中打开一个报表。

```
Dim objAccessApp
Set objAccessApp = CreateObject("Access.Application")
objAccessApp.Visible = True
'
'DbSample.mdb and RPT_WINCC_DATA 必须在执行这段过程之前已经创建好
'用数据库文件 DbSample.mdb 的真实路径替代<path>
objAccessApp.OpenCurrentDatabase "<path>\DbSample.mdb", False
objAccessApp.DoCmd.OpenReport "RPT_WINCC_DATA", 2
objAccessApp.CloseCurrentDatabase
Set objAccessApp = Nothing
```

例 3 用 VBScript 打开 MS Explorer。

```
Dim objIE
Set objIE = CreateObject("InternetExplorer.Application")
objIE.Navigate "http://www.siemens.com.cn"
Do
Loop While objIE.Busy
objIE.Resizable = True
objIE.Width = 500
objIE.Height = 500
objIE.Left = 0
objIE.Top = 0
objIE.Visible = True
```

例 4 用 VBScript 组态数据库连接。

在本例中，WinCC 变量值通过 ODBC driver 写到 Access 数据库。基本过程如下：

① 创建 Access 数据库，在数据库中创建一张 WinCC_DATA 数据表。表中有两个字段 (ID, TagValue)，ID 值是自动产生的值。

② 创建 ODBC 数据源，名称定义为 SampleDSN 指向上面的 Access Database。

③ 编写下列程序。

```
Dim objConnection
Dim strConnectionString
Dim lngValue
Dim strSQL
Dim objCommand
strConnectionString = "Provider = MSDASQL;DSN = SampleDSN;UID = ;PWD = ;"
lngValue = HMIRuntime.Tags("Tag1").Read
strSQL = "INSERT INTO WINCC_DATA (TagValue) VALUES (" & lngValue & ");"
Set objConnection = CreateObject("ADODB.Connection")
objConnection.ConnectionString = strConnectionString
objConnection.Open
Set objCommand = CreateObject("ADODB.Command")
With objCommand
    .ActiveConnection = objConnection
    .CommandText = strSQL
End With
objCommand.Execute
Set objCommand = Nothing
objConnection.Close
Set objConnection = Nothing
```

在上面的例子中，使用了 VB 中的数据库访问控件 ADO。ADO 控件是一种 OLE DB 的控件。它也可以用作 ODBC 方式访问数据库。

14.3.2 C-Script 实现开放性数据交换

C-Script 是功能最全的脚本系统,它可以操纵 WinCC 所有对象的组态和运行属性。通过 C-Script,同样也可以进行一些开放性的操作。

例1 用 C-Script 进行文件操作。

第一段代码是组态一个按钮后触发的动作。其主要功能是从文件中读出字符串值,并把值送回 WinCC 变量。

```
#include "apdefap.h"
void OnClick(char* lpszPictureName, char* lpszObjectName, char* lpszPropertyName)
{
FILE * datei;
char t[20];
char x[20];
char * z;
datei = fopen("C:\\Temp\\variablen.txt ","r"); //open file to read
if (datei ! = NULL)
{
z = fgets(t,20,datei); //read 1. string from file
strncpy(&x[0],&t[0],strlen(&t[0]) - 1); //copy string in 2. Array except of \n
SetTagChar("Text_1",x);
z = fgets(t,20,datei);
SetTagChar("Text_2",t);
}
fclose(datei); //close file
}
```

第二段代码是把 WinCC 中的变量字符串值写到文件中。

```
#include "apdefap.h"
void OnClick(char* lpszPictureName, char* lpszObjectName, char* lpszPropertyName)
{
FILE * datei;
char * a;
char * b;
datei = fopen( "C:\\Temp\\variablen.txt","w"); //open file to write
if( datei ! = NULL )
{
a = GetTagChar("Text_1");
b = GetTagChar("Text_2");
fprintf( datei," % s\n % s", a,b);
}
fclose( datei ); //close file
}
```

例 2 用 C – Script 调用系统时间。

```
#include "apdefap.h"
char* _main(char * lpszPictureName, char * lpszObjectName, char * lpszProperty)
{
#pragma code("kernel32.dll")
VOID GetLocalTime(LPSYSTEMTIME lpSystemTime);
#pragma code()

SYSTEMTIME sysTime;
Char szTime[6] = " ";
GetLocalTime(&sysTime);
Sprintf(szTime,"%02d:%02d",sysTime.wHour,sysTime.wMinute);
Return szTime;
}
```

14.4 ActiveX 控件——应用程序模块的开放接口

ActiveX 是基于 COM(Component Object Model)的可视化控件结构的商标名称。它是一种封装技术，提供封装 COM 组件并将其置入应用程序(如(但不限于)Web 浏览器)的一种方法。ActiveX 控件是 VBX 的后继产品，也可认为曾称做 OLE Custom Control(或 OCX)的组件是 ActiveX 控件。在操作系统中注册的所有 ActiveX 控件均可用于 WinCC。

14.4.1 在 WinCC 中直接插入 ActiveX 控件

图形编辑器的对象选项板中的"控件"标签包括控件选择。这些控件可以直接插入画面。借助"选择 OCX 控件"对话框(如图 14 - 2 所示)，可根据需要改变选择。单个控件可以从选择中删除。使用已在操作系统中注册的 ActiveX 控件可完善控件列表。

"选择 OCX 控件"对话框中，在"可用的 OCX 控件(数目)"区域中，显示已在操作系统中注册的所有 ActiveX 控件。在读入注册信息之后，确切的数字显示在该区域的标题中。红色复选标记表示可在对象选项板的"控件"标签中获得的控件。所选择的 ActiveX 控件的路径和程序标识号均显示在"详细资料"区域中。

1. 打开"选择 OCX 控件"对话框

右击标签"控件"，在快捷菜单中，选择"添加/删除"，对话框"选择 OCX 控件"打开。

也可从 WinCC 项目管理器中打开"选择 OCX 控件"对话框。右击浏览窗口中的"图形编辑器"，选择快捷菜单中的"选择 ActiveX 控件"。

2. 添加 ActiveX 控件到对象选项板

单击"可用的 OCX 控件"区域中紧邻期望控件名称的矩形框。红色复选标记表示一旦使用"确定"按钮确认更改，就可以在对象选项板"控件"标签中获得该控件。

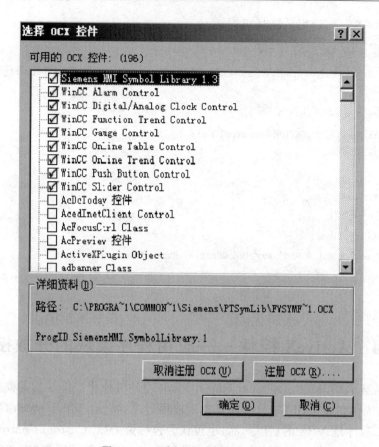

图 14-2 "选择 OCX 控件"对话框

3. 从对象选项板删除 ActiveX 控件

单击"可用的 OCX 控件"区域中紧邻期望控件名称的红色复选标记,红色复选标记消失。一旦使用"确定"按钮确认更改,则相关控件就不能再从对象选项板中的"控件"标签中获得。

注意:

使用来自第三方供应商的 ActiveX 控件,可能导致错误以及降低性能或者系统阻塞。本软件的用户自己负责解决由于采用外部 ActiveX 控件引起的问题。

建议使用前要进行全面的测试。

在对象选项板中插入可用的 ActiveX 控件后,就可以用拖放的方式,把 ActiveX 控件插入图形画面中。

14.4.2 用 VBScript 访问 ActiveX 控件

前提条件是画面中已经插入了外部的 ActiveX 控件。这里,可以用 VBScript 中的 ScreenItems 对象来访问修改 ActiveX 控件对象的属性。例如在画面中插入了一个 ActiveX 控件,给它命名为 Control1,那么可以通过以下的代码修改它的属性,例如,高度、宽度以及其他特殊属性等。

```
Dim Control
Set Control = ScreenItems("Control1")
```

```
Control.Height = 5
```

一定要记住,VBScript 是操作对象的运行态属性;而 VBA 是操纵对象的组态属性。下面的例子是用 VBA 来在画面中插入 ActiveX 控件。

14.4.3 用 VBA 组态 ActiveX 控件

本例中,用 VBA 在画面中插入一个 ActiveX 控件的 WinCC Gauge 控件,并调整控件的属性。

```
Sub AddActiveXControl()
Dim objActiveXControl As HMIActiveXControl
Set objActiveXControl = ActiveDocument.HMIObjects.AddActiveXControl("WinCC_Gauge", "XGAUGE.XGaugeCtrl.1")
End Sub
```

下面的例子中,在当前打开的画面中插入了 WinCC Gauge 控件,并把它命名为 WinCC_Gauge2,然后修改了一些属性。其中 AddActiveXControl 函数的参数需要注意,第一,参数为插入控件的名称;第二,属性为 ProgID,它的值可以从控件选择对话框的左下角得到,如图 14-3 所示。

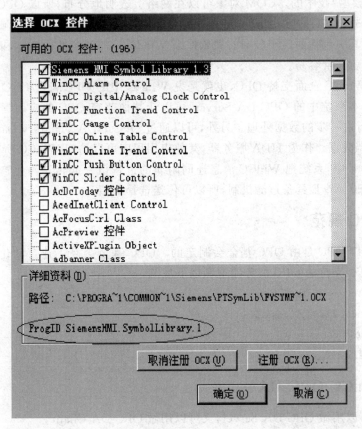

图 14-3 在"选择 OCX 控件"对话框中修改属性

```
Sub AddActiveXControl()
Dim objActiveXControl As HMIActiveXControl
Set objActiveXControl = ActiveDocument.HMIObjects.AddActiveXControl("WinCC_Gauge2", "XGAUGE.XGaugeCtrl.1")
'
'move ActiveX-control:
objActiveXControl.Top = 40
objActiveXControl.Left = 60
'
'Change individual property:
objActiveXControl.Properties("BackColor").value = RGB(255,0,0)
End Sub
```

14.5 OPC——过程通讯的开放性接口

通常在一个工厂解决方案中集中不同制造厂商的仪器和应用程序是一件复杂的工作。在这种背景下产生了 OPC(OLE for Process Control)标准。在目前的情况下，OPC 是基于微软 COM(组件对象模型)技术的。COM 对象可以在网络上透明地分布，所以 OPC Client 可以通过 DCOM(分布式 COM)的方式访问 OPC 服务器。现在 300 多家自动化领域的著名厂商都支持 OPC 接口，其中包括西门子公司。微软保证 Windows 的兼容性。这样，集成各个厂家的设备和应用程序就非常容易。

SIMATIC WinCC 全面支持 OPC，也就是说 WinCC 中的 OPC 符合 OPC 基金会的 OPC 规范。集成在基本系统中的 OPC DA Server，可以让其他兼容 OPC 的应用程序访问 WinCC 的过程数据，进行进一步的数据处理。另外，可以通过 OPC HDA (History Data Access)来访问 WinCC 的归档数据。作为 HDA 服务器，其他应用程序可以访问 WinCC 所有的历史数据。

在 OPC A&E 中，系统把 WinCC 消息连同附属的过程值一起传送给生产层或管理层的消息定购者。OPC A&E 具备过滤机制，所以可传送选择的值。

14.5.1 OPC 规范

标准软件接口 OPC 是由 OPC 基金会制定的。OPC 基金会是工业自动化领域的主导公司的联盟。WinCC 支持的 OPC 服务器遵循以下规范：

OPC Data Access 1.0a 和 2.0；
OPC Historical Data Access 1.1；
OPC Alarm&Events 1.0；
OPC XML Data Access 1.0。

14.5.2 WinCC OPC DA

WinCC 既可以用做 OPC DA Server，又可以用做 OPC DA Client。

1. WinCC 作为 OPC DA Server

因为有了 OPC DA Server，外部应用程序可以访问 WinCC 项目中的所有数据。这些应用程序可以和 WinCC 运行在同一台计算机上，也可以运行在网络中的另外一台计算机上。通过 OPC DA，WinCC Tag 可被导出到 Excel 中，如图 14-4 所示。

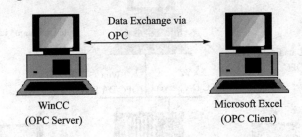

图 14-4　WinCC 通过 OPC 与 Excel 通讯

2. WinCC 作为 OPC DA Client

在 WinCC 管理器中加入 OPC 通讯通道后，WinCC 就可以作为 WinCC Client 使用。这在前面通讯一章中已经有较详细的讲解，如图 14-5 所示。

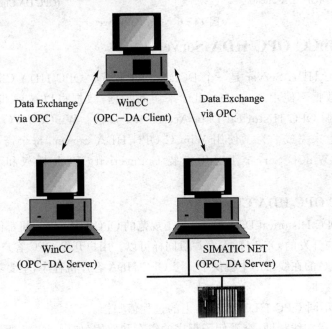

图 14-5　WinCC 作为 OPC DA Client

3. 使用多个 OPC Servers

多个 OPC DA Server 可以安装在同一台计算机上，并且可以同时并行运行。这样，WinCC OPC DA Server 和其他（第三方）OPC DA Server 可以同时在一台计算机上相互独立运行。WinCC OPC DA Client 可以通过第三方供应商提供的 OPC DA Server 来访问自动化设备上的过程数据。例如，MS Excel 中的 OPC Client 可以通过 WinCC OPC DA Server 来访问 WinCC 的数据，如图 14-6 所示。

有很多制造商都提供 OPC DA Server，每个 OPC DA Server 都有一个惟一的名字（ProgID）作为区分使用。OPC DA Client 必须用这个名字来访问 OPC Server。WinCC V6 中 OPC DA Server 的名字为 OPCServer.WinCC。

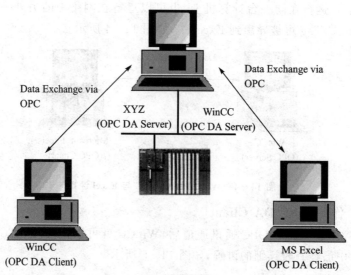

图 14-6 多个 OPC Server

14.5.3 WinCC OPC HDA Server

WinCC OPC HDA Server 是一个 DCOM 应用程序。OPC HDA Client 可以访问 Server 上的所有归档数据。使用 Item Handles 来访问数据，数据可以被读和分析。WinCC OPC HDA Server 遵循 OPC Historical Data Access 1.1 规范。WinCC OPC HDA Server 只能在 WinCC Server 上来完成。为了使用 WinCC OPC HDA Server，每个需要作为 WinCC OPC HDA Server 的 WinCC Server 上必须安装 Connectivity Pack 授权和 WinCC 基本系统的授权。

1. WinCC OPC HDA Client

所有遵循 OPC Historical Data Access 1.1 规范的 OPC HDA 客户机都能够访问 WinCC OPC HDA Server，用户开发的 OPC HDA 客户机同样可以。用户开发 OPC 客户机是满足特殊需求的最佳方法。WinCC 的在线帮助中提供了一个 OPC HDA 客户机程序，主要功能如下：

- 分析归档数据；
- 统计控制不同 OPC HDA Server 上的过程值归档。

大家可以参考在线帮助，查看例子程序的组态和使用（如图 14-7 所示）。

2. WinCC OPC HDA Server 中的时间格式

WinCC OPC HDA Server 中的时间间隔是通过起始和终止时间来指定的。指定时间决定了历史数据观测时间段。在指定时间时，必须注意时间的格式。可以通过两种方式指定时间，即

- 绝对时间（UTC）即格林尼治时间；
- 相对时间即相对于服务器的本地时间。

在默认方式下，WinCC OPC HDA Server 使用 UTC（通用协调时间）作为时间基准。

（1）时间格式

  YYYY/MM/DD hh:mm:ss.msmsms;

  Parameters;

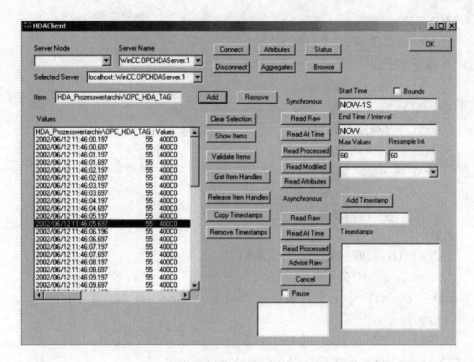

图 14-7 WinCC OPC HDA 客户机例程

YYYY = year;
MM = month;
DD = day;
hh = hours;
mm = minutes;
ss = seconds;
ms = milliseconds。

(2) 输入例子

2002/06/10 09:27:30.000

(3) 指定相对于本地时间的相对时间

若使用这种方式,则输入时间是相对于 Server 的本地时间。本地时区在控制面板的计算机日期/时间中设置。

时间格式是:keyword +/−offset1 +/−offset(n)(关键词+/−偏移量 1+/−偏移量 n)。偏移量根据服务器的本地时间不同而不同。

(4) 关键词 Keywords

NOW = 当前服务器的本地时间;
SECOND = 当前 seconds;
MINUTE = 当前 minute;
HOUR = 当前 hour;
DAY = 当前 day;
WEEK = 当前 week;

MONTH = 当前 month;
YEAR = 当前 year。

(5) 偏移量 Offset

+/-S = seconds 偏差量;
+/-M = minutes 偏差量;
+/-H = hours 偏差量;
+/-D = days 偏差量;
+/-W = weeks 偏差量;
+/-MO = months 偏差量;
+/-Y = years 偏差量。

例如:

DAY - 1D = 前一天(previous day);
DAY-1D + 7H30 = 前一天的 7:30(previous day at 7:30);
MO-1D+5H = 上个月最后一天的 5:00(the last day of the previous month at 5:00);
NOW-1H15M = 1[小]时 15 分以前(one hour and 15 minutes ago);
YEAR+3MO= 今年四月(April of this year)。

14.5.4 WinCC OPC A&E Server

WinCC OPC A&E Server 同样也是一个 DCOM 应用程序。OPC A&E Client 通过订阅的方式跟踪 WinCC 信息的状态变化。OPC A&E Client 在订阅时可以设置过滤条件。过滤条件决定了哪个消息的哪个属性需要显示。

WinCC OPC A&E Server 支持 OPC Alarm&Event 1.0 规范,WinCC OPC A&E Server 同样只能由 WinCC Server 来完成。为了具有 OPC A&E Server 的功能,WinCC Server 除了安装基本系统的授权之外,还需安装 Connectivity Pack。

所有遵循 OPC Alarm&Event 1.0 规范的 OPC A&E 客户机,都能够访问 OPC A&E Server。用户开发的 OPC A&E 客户机同样可以。用户开发 OPC 客户机是满足特殊需求的最佳方法。

OPC A&E 客户机可以用来分析以及归档来自于不同 OPC A&E Server 的消息。

WinCC 的在线帮助提供了一个 OPC A&E 客户机(如图 14-8 所示),具体组态和使用请参阅在线帮助。

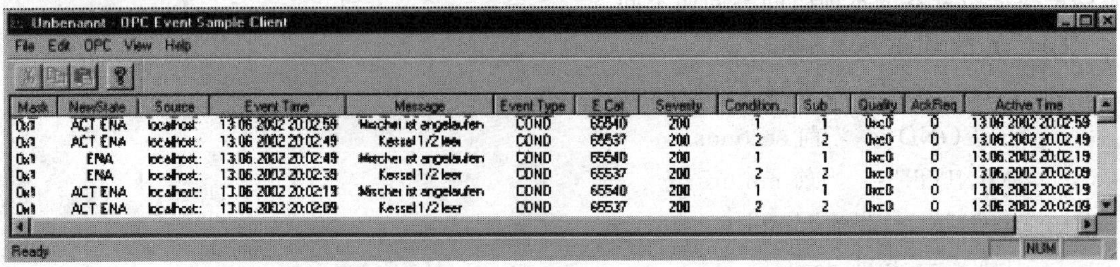

图 14-8 WinCC OPC A&E 客户机例程

14.6 WinCC 数据库直接访问方法

不同的供应商提供了可用于访问数据库的接口。这些接口也允许直接访问 WinCC 归档数据库。例如,使用直接访问可以读出过程值,以便在电子表格程序中进行处理。可以通过 ADO/OLE-DB、OPC HDA 和 ODK API 等多种方式访问数据库。OPC HDA 访问数据库已经在前面讲述了,这里着重讲述使用 ADO/OLE-DB 的方式访问数据库。

14.6.1 使用 ADO/OLE-DB 访问归档数据库

1. OLE-DB

OLE-DB 是一种快速访问不同数据的开放性标准。它与大家熟悉的 ODBC 标准不同。ODBC 是建立在 Windows API 函数基础之上的,只能通过它访问关系型数据库。而 OLE-DB 是建立在 COM 和 DCOM 基础之上的,可以访问关系型数据库或非关系型数据库。

OLE-DB 层和数据库的连接是通过一个数据库提供者(provider)而建立的。OLE-DB 接口和提供者是由不同的制造商提供的。除了 WinCC OLE-DB 接口之外,还可以通过 Microsoft OLE-DB 和 ODBC 来访问 WinCC 的归档数据。

2. WinCC OLE-DB Provider

通过 WinCC OLE-DB Provider,可以直接访问存储在 MS SQL Server 数据库中的数据。在 WinCC 中,采样周期小于或等于某一设定时间周期的数据归档,以一种压缩的方式存放在数据库中。WinCC OLE-DB Provider 允许直接访问这些值。

3. Microsoft OLE-DB/ODBC

使用 Microsoft OLE-DB/ODBC,只能访问没有压缩的过程值和报警消息。如果远程访问 MS SQL Server 数据库,则需要一个 WinCC 客户访问授权(CAL)。

14.6.2 使用 WinCC OLE-DB 访问 WinCC 数据库的方案

1. 访问本地 WinCC 运行数据库

可以在本地机上分析归档数据,如图 14-9 所示。

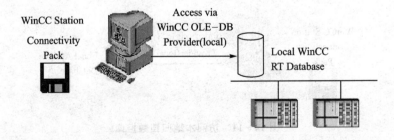

图 14-9 访问本地 WinCC 运行数据库

在 WinCC Station 上需要安装的软件如下:
- WinCC Basic System;
- WinCC Option Connectivity Pack。

2. 远程访问 WinCC 运行数据库

Connectivity Pack Client 远程访问 WinCC Station 上的 WinCC RT 数据库。通过 WinCC OLE – DB Provider，the Connectivity Pack Client 读取过程值归档和报警信息归档（如图 14 – 10 所示）。在 Connectivity Pack Client，数据可以被显示、分析或做更进一步的处理。

在 WinCC Station 上需要安装下列授权软件：
- WinCC Basic System；
- WinCC Option Connectivity Pack。

Connectivity Pack 客户机可以有下列情况：
- WinCC Runtime 运行在客户机上；
- 客户机上没有 WinCC 软件，那么，Connectivity Pack Client 和一个 WinCC Client Access Licence 需要安装在客户机上。

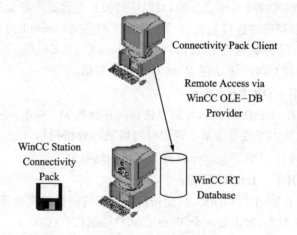

图 14 – 10　远程访问 WinCC 运行数据库

3. 访问本地归档数据库

时间很早的数据库已经从运行数据库拷贝到了本地机的另外一个目录下了。本地归档数据可以显示、查找和分析，如图 14 – 11 所示。

图 14 – 11　访问本地归档数据库

WinCC Station 需要安装下列软件：
- WinCC Basic System；
- WinCC Basic System 授权；
- WinCC Option Connectivity Pack 授权。

4. 远程访问 WinCC 归档数据库

长期归档服务器用来备份过程值归档和报警信息归档。例如，每月使用 Archive Connector，交换出的数据归档可以重新连接到 SQL Server。这些归档可以再次利用 WinCC OLE - DB Provider 来访问，如图 14 - 12 所示。

Connectivity Pack Client 通过 WinCC OLE - DB Provider 来访问归档。利用 VB 应用程序，可以分析归档值。

长期归档服务器需要安装以下软件：
- Connectivity Pack Server；
- WinCC Option Connectivity Pack 的授权。

Connectivity Pack Client 可以有下列情况：
- WinCC Runtime 运行在客户机上；
- 若客户机上没有安装 WinCC 软件，那么，客户机上需要安装 Connectivity Pack Client 和 a WinCC Client Access Licence (CAL)。

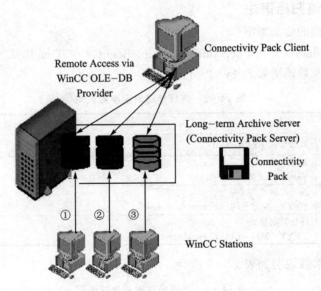

图 14 - 12 远程访问 WinCC 归档数据库

14.6.3 利用 ADO/WinCC OLE - DB 访问数据库的语法

1. 与归档数据库建立连接

使用 ActiveX 数据对象 ADO 建立与数据库的连接，其中最重要的参数是连接字符串（ConnectionString）。连接字符串包含所有访问数据库必需的信息。连接字符串的结构是：Provider = Name of the OLE - DB Provider; Catalog = Database Name; Data Source = Server Name。

连接字符串参数说明如表 14 - 1 所列。

表 14-1 连接字符串参数说明

参 数	说 明
Provider	OLE DB Provider 的名称:WinCCOLEDBProvider
Catalog	WinCC 数据库的名称 对于 WinCC 运行数据库,用数据库的名称末尾加一个 R:<DatabaseName_R>; 如果用 WinCC Archive Connector 连接交换出 WinCC 归档,则用其符号名称
Data Source	服务器名称 本地机:.\WinCC; 远程机:ComputerName\WinCC

例如:

```
Set cnn = CreateObject("ADODB.Connection")
cnn.open
"Provider = WinCCOLEDBProvider.1;Catalog = CC_OpenArch_03_05_27_14_11_46R;Data Source = .\WinCC"
```

2. 查询过程值归档语法

查询过程值归档的语法如下:
TAG:R,<ValueID or ValueName>,<TimeBegin>,<TimeEnd>
选择绝对时间参数说明如表 14-2 所列。

表 14-2 选择绝对时间参数说明

参 数	说 明
ValueID	数据库表中的 ValueID
ValueName	ArchiveName\ValueName 格式的 ValueName 值 ValueName 必须用单引号
TimeBegin	起始时间格式 YYYY - MM - DD hh.mm.ss.mmm
TimeEnd	终止时间格式 YYYY - MM - DD hh.mm.ss.mmm

选择相对时间参数说明如表 14-3 所列。

表 14-3 选择相对时间参数说明

参 数	说 明
ValueID	数据库表中的 ValueID
ValueName	ArchiveName\ValueName 格式的 ValueName 值 ValueName 必须用单引号
TimeBegin	0000 - 00 - 00 00:00:00.000:从记录的开始读起
TimeEnd	0000 - 00 - 00 00:00:00.000:读到记录的结束
例 1	<TimeBegin> = From 2002 - 02 - 02 12:00:00.000 until <TimeEnd> = 0000 - 00 - 00 00:00:10.000:向前读 10 s
例 2	<TimeBegin> = From 0000 - 00 - 00 00:00:10.000 until <TimeEnd> = 2002 - 02 - 02 12:00:00.000:向后读 10 s

在最新的 Connectivity Pack V6.1 及以后的版本中,查寻过程值归档的语法如下:
TAG:R,<ValueID or ValueName>,<TimeBegin>,<TimeEnd>[,<SQL_clause

>][,<TimeStep>

具体参数说明如表 14-4 所列。

表 14-4 查询语法参数说明

参 数	说 明
ValueID	数据库表的 ValueID 可以读取多个变量的值,例如: TAG:R,(ValueID_1;ValueID_2;ValueID_x),<TimeBegin>,<TimeEnd>
ValueName	ValueName 的格式为'ArchiveName\Value_Name',参数<ValueName> 必须用单引号,可以读取多个变量的值,例如: TAG:R,('ValueName_1';'ValueName_2';'ValueName_x'),<TimeBegin>,<TimeEnd>
TimeBegin	起始时间格式:YYYY-MM-DD hh:mm:ss.msc 当使用<TimeStep>参数时,<TimeBegin> 必须是绝对时间,不能使用相对时间
TimeEnd	终止时间格式:YYYY-MM-DD hh:mm:ss.msc
SQL_Clause	SQL 语句中的过滤语法: [WHERE search_condition] [ORDER BY {order_expression [ASC|DESC]}] "ORDER BY" 只能使用标准分类排序,"{order_expression [ASC|DESC]}" ! 例如:下面查询返回变量 ValueName_1 和 ValueName_2 所有大于 100 和小于 50 的值 TAG:R,('ValueName_1';'ValueName_2'),<TimeBegin>,<TimeEnd>,WHERE Value > 100 OR Value < 50
TimeStep	规定时间间隔内的值将被集结处理,起始时间由<TimeBegin>决定 格式:TIMESTEP=x,y x = 间隔时间,以秒计算(Interval in seconds) y = 数据集结方式(Aggregation type) 根据集结的方式,间隔时间内的所有值将被返回 集结方式定义如下: ● 没有插补值(interpolation) 在间隔时间内,如果没有值存在的话,就不返回结果 　1 (FIRST):First value 　2 (LAST):Last value 　3 (MIN):Minimum value 　4 (MAX):Maximum value 　5 (AVG):Average value 　6 (SUM):Sum 　7 (COUNT):Value count ● 需要插补值(interpolation) 每个间隔内都会返回一个间隔值。这里只使用线性插值,不使用外推插值 　257 (FIRST_INTERPOLATED):First value 　258 (FIRST_INTERPOLATED):Last value 　259 (MIN_INTERPOLATED):Minimum value 　260 (MAX_INTERPOLATED):Maximum value 　261 (AVG_INTERPOLATED):Average value 　262 (SUM_INTERPOLATED):Sum 　263 (COUNT_INTERPOLATED):Value count 例如:如果 TIMESTEP=60,257,每间隔 60 s,就会返回一个插补值 TAG:R,1,'2004-07-09 09:03:00.000','0000-00-00 00:10:00.000','TIMESTEP=60,257'

3. 查询报警信息归档语法

查询报警信息归档的语法如下：

ALARMVIEW:SELECT * FROM <ViewName>[WHERE <Condition>..., optional]

查询报警信息归档语法参数说明如表 14-5 所列。

表 14-5 查询报警信息归档语法参数说明

参数	说明
ViewName	数据库表的名称。数据表由期望的语言来指定 AlgViewDEU：德语消息归档数据 AlgViewENU：英语消息归档数据 AlgViewESP：西班牙语消息归档数据 AlgViewFRA：法语消息归档数据 AlgViewITA：意大利语消息归档数据
Condition	过滤条件，例如： DateTime>'2003-06-01' AND DateTime<'2003-07-01' DateTime>'2003-06-01 17:30:00' MsgNr = 5MsgNr in (4, 5) State = 2 用时间过滤，只能用绝对时间

4. 查询用户归档的方法

在最新的 Connectivity Pack V6.1 中，可以通过 MS OLE-DB 访问用户归档的数据，语法如下：

建立连接（例如 VB 语言）：

```
Set conn = CreateObject("ADODB.Connection")
conn.open "Provider = SQLOLEDB.1; Integrated Security = SSPI; Persist Security
Info = false; Initial Catalog = CC_OpenArch_03_05_27_14_11_46R; Data
Source = .\WinCC"
```

读值：

```
SELECT * FROM UA#<ArchiveName>[WHERE <Condition>..., optional]
```

写值：

```
UPDATE UA#<ArchiveName>.<Column_n> = <Value> [WHERE <Condition>..., optional]
```

插入一个数据集：

```
INSERT INTO UA#<ArchiveName> (ID,<Column_1>,<Column_2>,<Column_n>) VALUES (<ID_Value>, Value_1,Value_2,Value_n)
```

删除一个数据集：

```
DELETE FROM UA#<ArchiveName> WHERE ID = <ID_Number>
```

参数说明如表 14-6 所列。

表 14-6 用户归档查询条件说明

参 数	说 明
归档名称(ArchiveName)	用户归档的名称,例如 archive1
条件(condition)	过滤条件,例如: LastAccess>'2004-06-01' AND LastAccess<'2004-07-01' DateTime>'2004-06-01 17:30:00' ID = 5 ID > 3

14.6.4　ADO/WinCC OLE-DB 数据库访问的实例

1. 用 WinCC OLE-DB 读取过程值归档

在本例中,变量 Tag1 最后 10 min 的值从 WinCC 运行数据库中读出,并显示在一个 ListView 中。输出值限制在 1 000 以内。

基本过程如下:
- 创建一个 WinCC Tag,命名为 Tag1。
- 创建一个过程值归档,命名为 PVArchive1。把 Tag1 和归档相连接。
- 创建一个 VB 工程,连接 MS Windows Common Controls 6.0 "ListView Control",命名为 ListView1。ListView1 中的列由脚本创建。
- 创建一个命令按钮,把下面的脚本拷贝到按钮事件中。
- 在脚本中把 WinCC Runtime Database 的名称 CC_OpenArch_03_05_27_14_11_46R 改为自己的工程数据库的名称。数据库名称可通过 SQL Server Group ><Computer Name>/WinCC > Databases ><DatabaseName_R>来查看。
- 激活 WinCC 工程,启动 VB 应用程序。
- 单击"命令"按钮。

```
Dim sPro As String
Dim sDsn As String
Dim sSer As String
Dim sCon As String
Dim sSql As String
Dim conn As Object
Dim oRs As Object
Dim oCom As Object
Dim oItem As ListItem
Dim m, n, s

'# 为 ADODB 创建 connection string
sPro = "Provider = WinCCOLEDBProvider.1;"
sDsn = "Catalog = CC_OpenArch_03_05_27_14_11_46R;"
sSer = "Data Source = .\WinCC"
```

```
sCon = sPro + sDsn + sSer
'# 在 sSql 定义命令文本(相对时间)
sSql = "TAG:R,'PVArchive\Tag1','0000-00-00 00:10:00.000','0000-00-00 00:00:00.000'"
'sSql = "TAG:R,1,'0000-00-00 00:10:00.000','0000-00-00 00:00:00.000'"
MsgBox "Open with:" & vbCr & sCon & vbCr & sSql & vbCr
'# 建立连接
Set conn = CreateObject("ADODB.Connection")
conn.ConnectionString = sCon
conn.CursorLocation = 3
conn.Open
'# 使用命令文本进行查询
Set oRs = CreateObject("ADODB.Recordset")
Set oCom = CreateObject("ADODB.Command")
oCom.CommandType = 1
Set oCom.ActiveConnection = conn
oCom.CommandText = sSql
'# 填充记录集
Set oRs = oCom.Execute
m = oRs.Fields.Count
'# 用记录集填充标准 listview 对象
ListView1.ColumnHeaders.Clear
ListView1.ColumnHeaders.Add , , CStr(oRs.Fields(1).Name), 140
ListView1.ColumnHeaders.Add , , CStr(oRs.Fields(2).Name), 70
ListView1.ColumnHeaders.Add , , CStr(oRs.Fields(3).Name), 70
If (m > 0) Then
oRs.MoveFirst
n = 0
Do While Not oRs.EOF
n = n + 1
s = Left(CStr(oRs.Fields(1).Value), 23)
Set oItem = ListView1.ListItems.Add()
oItem.Text = Left(CStr(oRs.Fields(1).Value), 23)
oItem.SubItems(1) = FormatNumber(oRs.Fields(2).Value, 4)
oItem.SubItems(2) = Hex(oRs.Fields(3).Value)
If (n > 1000) Then Exit Do
oRs.MoveNext
Loop
oRs.Close
Else
End If
```

```
Set oRs = Nothing
conn.Close
Set conn = Nothing
```

2. 用 ADO/WinCC OLE–DB 查看报警信息归档

在这个例子中,从报警消息归档数据中读取 10 min 时间间隔的数据。数据带有时间标记,消息编号、状态和消息类型显示在 ListView 对象中。具体过程如下:
- 在报警记录中组态报警,激活报警记录。
- 创建一个 VB 工程,连接 MS Windows Common Controls "6.0 ListView Control",命名为 ListView1。ListView1 中的列由脚本创建。
- 创建一个命令按钮,把下面的脚本拷贝到按钮事件中。
- 在脚本中把 WinCC Runtime Database 的名称 CC_OpenArch_03_05_27_14_11_46R 改为自己的工程数据库的名称。数据库名称可在 SQL Enterprise Manager 中通过 SQL Server Group＞＜ComputerName＞/WinCC＞Databases＞＜Database Name R＞查看。
- 激活 WinCC 工程,启动 VB 应用程序。
- 单击"命令"按钮。

```
Dim sPro As String
Dim sDsn As String
Dim sSer As String
Dim sCon As String
Dim sSql As String

Dim conn As Object
Dim oRs As Object
Dim oCom As Object
Dim oItem As ListItem

Dim m, n, s

'# 为 ADODB 创建 connection string
sPro = "Provider=WinCCOLEDBProvider.1;"
sDsn = "Catalog=CC_OpenArch_03_05_27_14_11_46R;"
sSer = "Data Source=.\WinCC"
sCon = sPro + sDsn + sSer


'# 在 sSql 定义命令文本(相对时间)
sSql = "ALARMVIEW:Select * FROM AlgViewEnu WHERE DateTime>'2003-07-30 11:30:00'
AND DateTime<'2003-07-30 11:40:00'"
'sSql = "ALARMVIEW:Select * FROM AlgViewEnu WHERE MsgNr = 5"
'sSql = "ALARMVIEW:Select * FROM AlgViewEnu"
MsgBox "Open with:" & vbCr & sCon & vbCr & sSql & vbCr
```

```
'# 建立连接
Set conn = CreateObject("ADODB.Connection")
conn.ConnectionString = sCon
conn.CursorLocation = 3
conn.Open

'# 使用命令文本进行查询
Set oRs = CreateObject("ADODB.Recordset")
Set oCom = CreateObject("ADODB.Command")
oCom.CommandType = 1
Set oCom.ActiveConnection = conn
oCom.CommandText = sSql

'# 填充记录集
Set oRs = oCom.Execute
m = oRs.Fields.Count

'# 用记录集填充标准 listview 对象
ListView1.ListItems.Clear
ListView1.ColumnHeaders.Clear
ListView1.ColumnHeaders.Add , , CStr(oRs.Fields(2).Name), 140
ListView1.ColumnHeaders.Add , , CStr(oRs.Fields(0).Name), 60
ListView1.ColumnHeaders.Add , , CStr(oRs.Fields(1).Name), 60
ListView1.ColumnHeaders.Add , , CStr(oRs.Fields(34).Name), 100
If (m > 0) Then
oRs.MoveFirst
n = 0
Do While Not oRs.EOF
n = n + 1
If (n < 1000) Then
s = Left(CStr(oRs.Fields(1).Value), 23)
Set oItem = ListView1.ListItems.Add()
oItem.Text = CStr(oRs.Fields(2).Value)
oItem.SubItems(1) = CStr(oRs.Fields(0).Value)
oItem.SubItems(2) = CStr(oRs.Fields(1).Value)
oItem.SubItems(3) = CStr(oRs.Fields(34).Value)
End If
oRs.MoveNext
Loop
oRs.Close
Else
End If
Set oRs = Nothing
conn.Close
Set conn = Nothing
```

14.7 Microsoft SQL Server 2000——高性能的实时数据库

Microsoft SQL Server 2000 及其实时响应、性能和工业标准,已经全部集成在 WinCC 的基本系统中。在个案中,WinCC 可以以压缩的方式每秒存储 10 000 个过程值或 100 条消息,然后用 WinCC 集成的工具分析显示数据。通过多种开放接口(SQL,ODBC,OLE - DB 和 OPC HDA),可以用外部工具更进一步分析数据库中的数据。

14.7.1 WinCC 的归档系统

WinCC 的归档包括过程值归档和消息归档。由于在 WinCC V6.0 的集成数据库中采用了 MS SQL Server 2000,所以归档的内容与 WinCC 5.1 有所不同。一般情况下,在 WinCC 的工程目录下有个特别的文件来管理组态数据信息,文件名称是 WinCC 的项目名称后跟.mdf 文件扩展名。例如,如果 WinCC 的工程名为 WinccStation,那么主数据库的名称为 WinccStation.mdf。在 WinCC 的工程目录下还有个特别的文件(主数据库文件)来管理运行状态下的数据。文件的名称是 WinCC 的项目名称后跟 RT 和.mdf 文件扩展名。例如,如果 WinCC 的工程名为 WinccStation,那么主数据库的名称为 WinccStationRT.mdf,运行数据存放在所谓的数据片断(segments)中。由工程师来组态最大容量和启动新的数据片断的时间周期,如图 14 - 13 所示。如果容量超限或更新时间周期到如图 14 - 14 中的(2)时,报警记录和

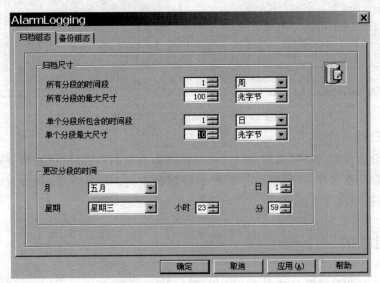

图 14 - 13 归档数据库参数对话框

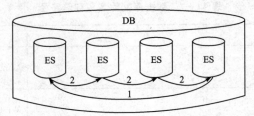

图 14 - 14 归档数据库结构示意图

变量记录就会启动新的数据归档片断。当数据片断的总体尺寸达到最大时,如图 14-14 中的(1)所示,最早的数据片断就会被覆盖,重新开始归档。为了防止数据丢失,组态工程师可以输入一个网络路径和一个可选路径来实现备份功能。

1. 变量归档

变量归档在运行状态下,有两种类型:把归档周期小于等于 1 min 的归档称为快速归档;把归档周期大于 1 min 的归档称为慢速归档。在 WinCC V6.0 SP2 中,用户可以自由选择归档模式(快速/慢速),如图 14-15 所示。不同类型的归档,在硬盘上的文件名称也不同。

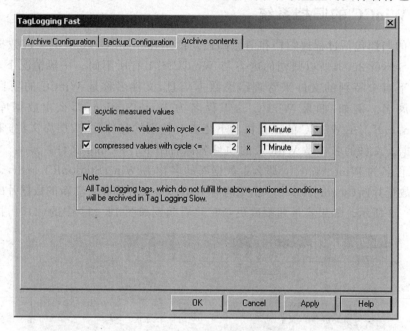

图 14-15 归档模式选择对话框

2. 报警归档

报警归档分为长期归档和短期归档。长期归档和变量归档一样,把数据分成多个数据片断。短期归档存储在内存中,同时也把数据备份在硬盘上。一旦电源断电,当电源重新恢复后,备份数据将被加载在内存中。

14.7.2 归档的路径和名称

数据库文件名和存储路径如表 14-7 所列。

表 14-7 数据库文件名和存储路径

类 型	名 称	路 径
运行数据库文件 (主数据库文件)	ProjectNameRT.mdf 例如 WinCCtestRT.mdf	WinCC 项目文件夹的根目录下
组态数据库文件	ProjectName.mdf 例如 WinCCtest.mdf	WinCC 项目文件夹的根目录下

续表 14-7

类 型		名 称	路 径
变量记录	快速归档	＜computername＞_＜projectname＞_TLG_F_Start-Timestamp_EndTimestamp.mdf 或＜computername＞_＜projectname＞_TLG_F_YYYYMMDDhhmm.mdf 例如 SHAYA21232C_OpConPack_TLG_F_200311260539_200311290255.mdf	WinCC 项目路径的 ArchiveManager 文件夹下的 TagLoggingFast 文件夹
	慢速归档	＜computername＞_＜projectname＞_TLG_S_Start-Timestamp_EndTimestamp.mdf 或＜computername＞_＜projectname＞_TLG_S_YYYYMMDDhhmm.mdf 例如 SHAYA21232C_OpConPack_TLG_S_200311260539_200311290255.mdf	WinCC 项目路径的 ArchiveManager 文件夹下的 TagLoggingSlow 文件夹
报警记录		＜computername＞_＜projectname＞_ALG_StartTimestamp_EndTimestamp.mdf 或＜computername＞_＜projectname＞_ALG_YYYYMMDDhhmm.mdf 例如 SHAYA21232C_OpConPack_ALG_200311260538_200311290350.mdf	WinCC 项目路径的 ArchiveManager 文件夹下的 AlarmLogging 文件夹

具体在 Windows 管理器中的位置，请参照图 14-16。

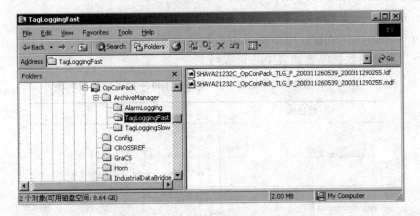

图 14-16 WinCC 归档数据库文件路径图

14.7.3 用 MS SQL Server 2000 查看归档数据

在某些情况下，可以直接从 MS SQL Server 2000 Enterprise Manager 中直接观看 WinCC 的归档数据，如图 14-17 所示。通过"开始"＞"程序"＞Microsoft SQL Server 2000＞Enterprise Manager 打开 SQL Server 管理器。

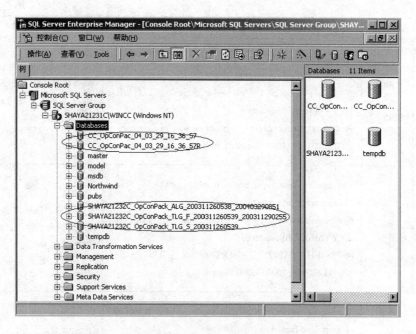

图 14-17　Microsoft SQL Server 2000 Enterprise Manager

下面是在 Enterprise Manager 中，与 WinCC 相关的数据库（如图 14-17 所示）。

WinCC Databases：

- CC_Project_Data_Time；
- CC_Project_Data_TimeR；
- Computername_Project_ALG_Time；
- Computername_Project_TLG_F_Time；
- Computername_Project_TLG_S_Time。

其中一些重要的数据库表如表 14-8 所列。

表 14-8　WinCC 归档在 SQL Server 2000 中的关键数据库表

数据库	数据库表
TagLoggingRT	Archive TagCompressed TagUncompressed
AlarmLoggingRT	AlgCSDataDEU MsArcLong

可通过如图 14-18 所示的方式打开数据库表；也可以通过 Enterprise Manager 中的 SQL 查询功能进行选择性查询，如图 14-19 所示。

第 14 章 WinCC 的开放性

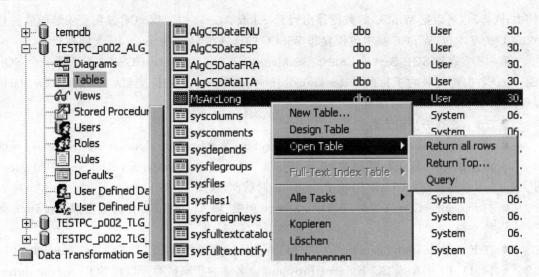

图 14-18 在 MS SQL Server 中打开数据库表

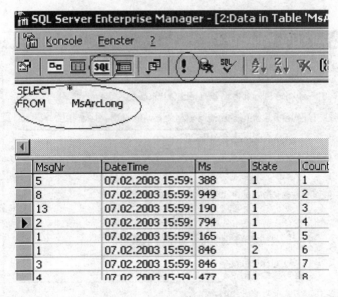

图 14-19 SQL 语句查询数据库

14.7.4 数据转换服务

数据转换服务 DTS(Data Transformation Services)是 MS SQL Server 集成的一个非常有用的工具。它提供了图形化和可编程的界面,主要功能是数据能够从各种数据源中抽取出来,并导出到其他一些格式的文件中,例如 Excel 表单、文本文件。也就是说,数据可以从多个分布数据源中抽取出来,并把它传输合并到一个或多个目标文件中去。

当使用 DTS 时,可以用 WinCC OLE-DB Provider 来访问 WinCC 的数据库。数据查询在 DTS 中的 Package 中定义。DTS 中的 Package 同样可以绑定到它的脚本,以实现时间控制的查询和数据传输。

下面举一个例子来说明如何使用 DTS 和定义 Package,把 WinCC 的数据导出到文本文件中;同样,也可以把 WinCC 的数据导出到 Excel 或 Access 中。WinCC 站需要安装的软件是 WinCC 的基本包、WinCC 基本包授权和 WinCC 的选件包 Connectivity Pack 的授权。

第一步:启动 SQL Server Enterprise Manager,在 SQL Server Group 下选择一个 SQL Server。右击相关联的子目录 Data Transformation Service,从快捷菜单中选择 New Package,打开 DTS Package 对话框。

第二步:在这一步组态数据源。

- 从 Connection 菜单中选择 Other Connection 菜单项,打开 Connection Properties 对话框。在 Data Source 项目中,选择 WinCC OLE - DB Provider for Archives,单击 Properties 按钮,打开 Data Link Properties 对话框,如图 14 - 20 所示。
- 打开 Connection 选项卡,在 Data Source 项中,输入.\WinCC 作为数据源,Location 保持空白。
- 在 Enter the initial catalog to use 中,输入目标运行数据库名称 CC_ProjName_04_07_14_11_10_01R 或 CC_ExternalBrowsing。名称的正确拼写可以在 SQL Server Enterprise Manager 中的 Databases 查找到。

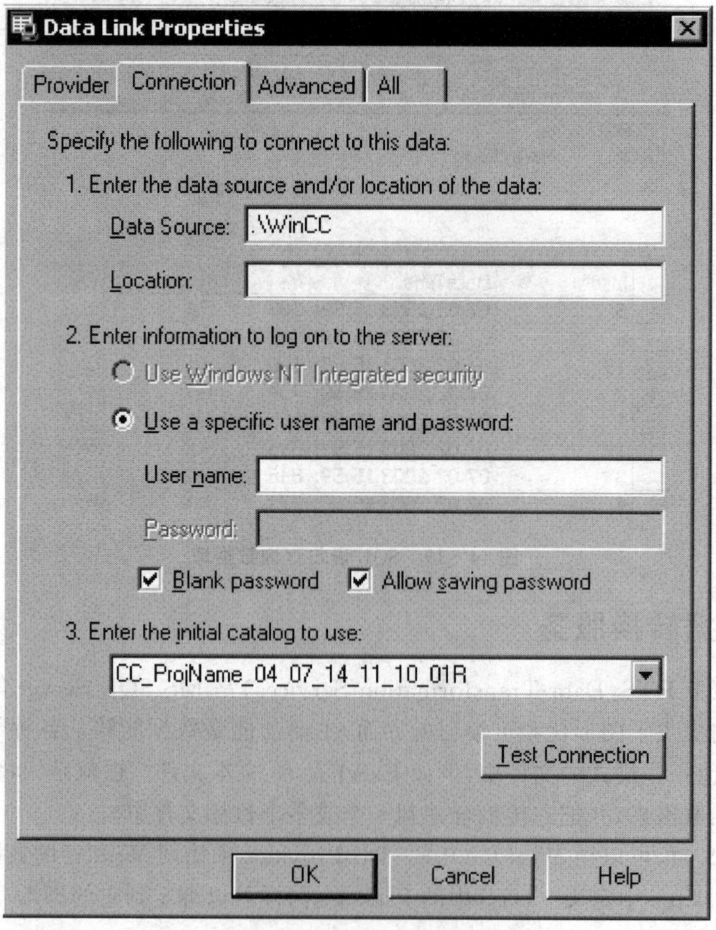

图 14 - 20 数据源组态

第三步:组态数据目的地,本例中使用文本文件。
- 在 DTS Package 对话框中的 Connection 菜单中,选择 Text File(Destination)菜单项。
- 在 File Name 中,输入将要导入数据的文本文件的名字,单击 Properties 按钮,可以选择导出数据的具体格式。
- 单击 OK 按钮关闭对话框。DTS Package 对话框显示两个符号代表数据源和数据目的地。

第四步:组态数据传输。
- 在 DTS Package 对话框中,单击背景防止选择任何一个图标符号。
- 在 Task 菜单中,选择 Transform Data Task,鼠标发生变化,显示附加文本。
- 首先单击 WinCC OLE - DB Provider for Archives 指定数据源,然后单击文本文件 Text File(Destination)指定传输的目的地。至此,DTS Package 对话框中源和目的地之间显示一个箭头。

第五步:双击箭头,打开 Transform Data Task Properties 对话框,如图 14 - 21 所示。
- 在 Source 选项卡上,激活选项 SQL query,输入查询条件。例如,查询 Tag:R,1,′0000 - 00 - 00 00:00:00.000′,′0000 - 00 - 00 00:10:00.000′,读取 ValueID 1 的前 10 min 的归档值。

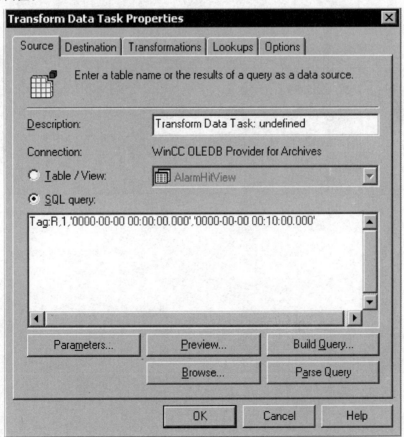

图 14 - 21　数据查询组态

- 切换到 Destination 选项卡,单击 Execute 按钮,退出 Define Columns,不进行任何输入。
- 切换到 Transformations 选项卡,输入名称,例如 DTSTransformation_1。在此选项卡的 Source 和 Destination 的输入会用箭头连接起来。单击 OK 按钮关闭对话框。

第六步:保存新创建的 DTS Package,单击 Execute 按钮执行 Package,数据会以指定的格式存储在文本文件中。

第15章　WinCC 浏览器/服务器结构

15.1　WinCC Web Navigator 功能概述

B/S 结构,即 Browser/Server(浏览器/服务器)结构,是随着 Internet 技术的兴起对 C/S 结构的一种变化或者改进的结构。在这种结构下,用户界面完全通过 WWW 浏览技术,结合浏览器的多种 Script 语言和 ActiveX 技术,是一种全新的软件系统构造技术。B/S 结构是建立在广域网基础上的。不过,采用 B/S 结构,客户端只能完成浏览、查询和数据输入等简单功能,绝大部分工作由服务器承担,这使得服务器的负担很重。采用 C/S 结构时,客户端和服务器端都能够处理任务。这虽然对客户机的要求较高,但可以减轻服务器的压力。所以,采用 C/S 结构还是采用 B/S 结构,要视具体情况而定。

WinCC Web Navigator 是 WinCC 实现 B/S 结构的组件;用于 WinCC V6.0 基本系统的 Web Navigator 提供了通过 Internet/Intranet 监控工业过程的解决方案。Web Navigator 采用强大而最优的事件驱动方式作为数据传输的方式。

Web Navigator 可被称为"瘦客户",也就是说可以通过打开的 IE 浏览器来控制监控运行的 WinCC 工程,而不需要在客户机上安装整个 WinCC 的基本系统。WinCC 的工程和相关的 WinCC 应用都位于服务器上。

通过 Internet 来控制和监控,安全性是必须考虑的问题。Web Navigator 支持所有目前已知的安全标准(银行和保险部门使用),包括用户名和密码登录、防火墙技术、安全 ID 卡、SSL 加密和 VPN 技术。

15.2　WinCC Web Navigator Server 可组态系统结构

在设计 Web Server 时,必须考虑安全性和系统条件。

1. 岛状结构

在岛状结构中,Web Client 不连接到 Intranet,只是给运行的 WinCC 项目充当 HMI。这种结构经济实惠,如图 15-1 所示。

2. 在 WinCC Server 上建立 WinCC Web Navigator Server

WinCC Server 和 WinCC Web Navigator Server 组件安装在一台机器上。WinCC Web Navigator Client 可以通过 Internet/Intranet 来控制监控运行的 WinCC 项目。使用 WinCC Web Navigator Client 可以扩展 Client-Server 结构。为了免受 Internet 攻击,必须采用防火墙。第一个防火墙保护 WinCC Web Navigator Server 免受 Internet 攻击,第二个防火墙为 Intranet 提供额外安全保障,如图 15-2 所示。

3. WinCC Server 和 WinCC Web Navigator Server 分离

WinCC Web Navigator Server 上的工程不与 PLC 设备进行连接,WinCC Server 上的工

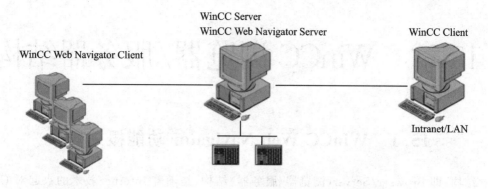

图 15-1　岛状结构

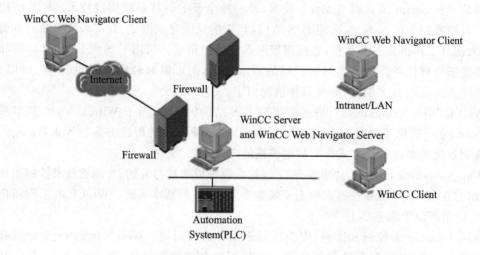

图 15-2　WinCC Server 上建立 WinCC Web Navigator Server

程通过网络 1∶1 镜像到 WinCC Web Navigator Server 上。它们之间的数据通过 OPC 通道进行同步。

　　WinCC Web Navigator Server 需要足够数量的 OPC 变量授权。同样,采用了两个防火墙来防止非法访问,如图 15-3 所示。

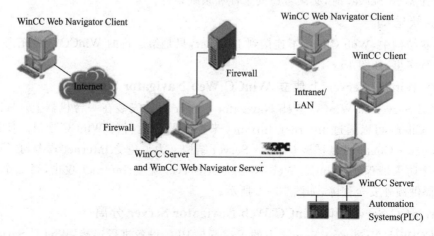

图 15-3　WinCC Server 和 WinCC Web Navigator Server 分离

另外,WinCC Server 和 WinCC Web Navigator Server 也可以通过过程总线进行连接,数据同步借助过程总线来实现,如图 15-4 所示。

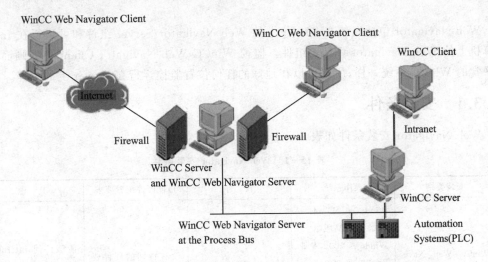

图 15-4 WinCC Server 和 WinCC Web Navigator Server 通过过程总线进行连接

4. 专用 Web Server

专用 Web Server(Dedicated Web Server)可以同时访问多个下级 WinCC 服务器,支持两个下级 WinCC Server 使用 WinCC Redundancy 进行冗余切换。在 WinCC Client 上安装 Web Navigator Server,就可实现专用 Web Server 的功能,如图 15-5 所示。

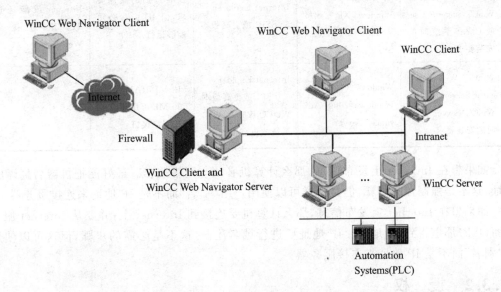

图 15-5 Dedicated Web Server

15.3 安装组态

Web Navigator 包括安装在 Server 上的 Web Navigator Server 组件和可运行在 Internet 计算机上的 Web Navigator Client 组件。监控 WinCC Web Navigator Client 上的画面,就如同平常的 WinCC 系统一样,所以可以在地球的任何位置监控运行在 Server 上的工程。

15.3.1 安装条件

Web Navigator 安装条件如表 15-1 所列。

表 15-1 Web Navigator 安装条件

安装类别	操作系统	软 件	最低硬件配置要求	其 他
WinCC Web Navigator Client 安装要求	Windows NT 4.0 SP6a 或更高版本 Windows 2000 专业版 SP2 或 SP3 Windows XP Home Windows XP 专业版 Windows XP 专业版 SP1	Internet Explorer 6.0 SP1 或更高版本	没有特别的硬件要求,但 IE 6.0 必须能够运行	能够访问 Internet/Intranet 或能通过 TCP/IP 连接到 Web Server
WinCC Web Navigator Server 运行在 WinCC Singer-User 或 Client 系统时的安装要求	Windows 2000 专业版 SP2 或 SP3 Windows XP 专业版 Windows XP 专业版 SP1	Internet Explorer 6.0 SP1 或更高版本	没有特别的硬件要求,但 IE 6.0 必须能够运行	能够访问 Internet/Intranet 或能通过 TCP/IP 连接到 Web Server
WinCC Web Navigator Server 运行在 WinCC Server 系统时的安装要求	Windows 2000 Server Windows 2000 Advanced Server	Internet Explorer 6.0 SP1 或更高版本 WinCC V6.0 基本系统或更高版本	512 MB RAM 500 MB 可用硬盘空间,网络接口	(*****)

如果想在 Intranet 上发布信息,那么计算机必须与网络兼容。最好能把机器名翻译成 IP 地址,这不是强制性的步骤,但是这样可以使用户用"别名"而不是 IP 地址来连接服务器。

如果想在 Internet 上发布信息,那么计算机要连接到 Internet 上,并要从 Internet 服务供应商(ISP)那里得到 IP 地址。IP 地址要进行域名注册,这不是必需的步骤,但这可以使用户用"别名"而不是 IP 地址来连接服务器。

15.3.2 授 权

1. WinCC Web Navigator Client

WinCC Web Navigator Client 不需要授权。

2. WinCC Web Navigator Server

WinCC RT 基本运行系统授权。

如果没有本地 WinCC Client 连接,则不需要 WinCC Server 的授权。即使 WinCC Client 作为专职 WinCC Web Navigator Server,也不需要 WinCC Server 授权。

15.3.3　安装步骤

在 Windows 2000 专业版/XP 操作系统下安装 WinCC Web Navigator Server。

1. 安装 Internet Information Service(IIS)

在安装 Web Navigator Server 之前,必须安装 Internet Information Service(IIS)。
- 插入 Windows CD-ROM。
- 从 Windows 2000/XP 的"开始"菜单中,选择 Settings＞Control Panel,然后单击"添加/删除 Windows 组件"按钮,打开如图 15-6 所示的对话框。

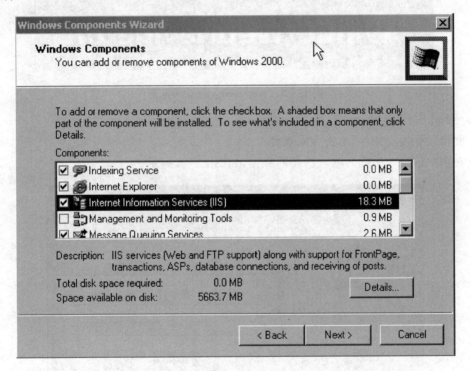

图 15-6　添加 Windows 组件

- 在选择窗口,选择 Internet Information Service(IIS)选项。
- 单击 Next 按钮,Windows 开始传输文件,继续引导安装。

2. 安装 Web Navigator Server
- 插入包含有 WinCC Web Navigator 的光盘。安装程序会在几秒后自动运行(自动运行功能没有被禁止),如图 15-7 所示。安装程序也可以手动运行。
- 单击 Install Software。
- 安装 WinCC Web Navigator Server,单击 WinCC Web Navigator Server 后,安装程序会指导您一步一步进行安装。

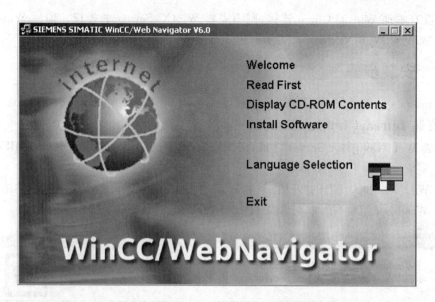

图 15-7 Web Navigator 安装画面

3. 安装用户注册
- 阅读接受授权条件，单击 Yes 按钮。
- 在用户信息对话框内输入所需的数据，如图 15-8 所示。

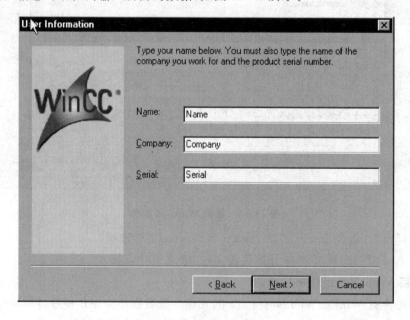

图 15-8 用户信息输入

- 单击 Next 按钮。
- 单击 OK 按钮，确认 Registration Confirmation 对话框中输入的信息。

4. 文件夹选项
- 在 Target Path 对话框中，选择要安装 WinCC Web Navigator Server 的文件夹。推荐

文件夹为 C:\Program Files\Siemens\WinCC\Web Navigator\Server\，如图 15-9 所示。

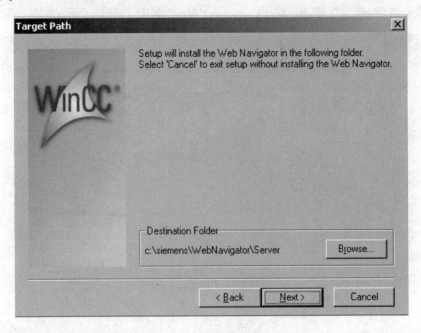

图 15-9　选择安装路径

- 单击 Next 按钮。
- 单击 Next 按钮，确认在对话框中的输入。

5．安装授权

授权对话框中显示了所需授权的列表。选择 Yes, the authorization should be performed during the install 选项后，插入授权软盘，如图 15-10 所示。

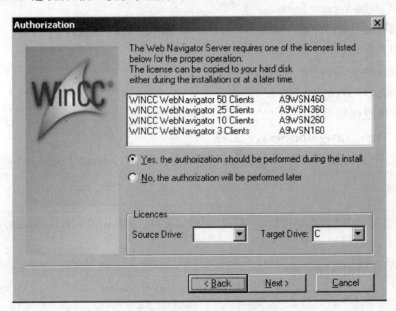

图 15-10　安装授权

- 单击 Next 按钮。下一个对话框显示所选的设置，如果想改变设置，单击 Back 按钮；否则单击 Next 按钮，WinCC Web Navigator Server 将开始传输文件。
- 完成安装后，单击 Yes，Restart Computer Now，如图 15-11 所示。

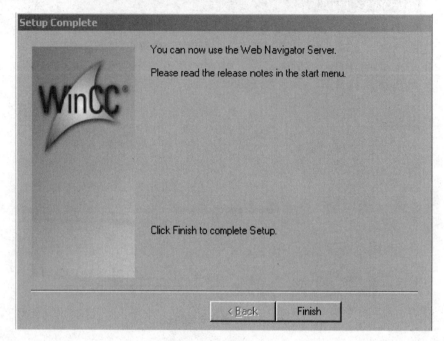

图 15-11 安装完成

15.3.4 组态 Web 工程

组态分以下步骤：
- 组态 Web Navigator Server。
- 发布能够运行在 WinCC Web Navigator Client 上的过程画面。
- 组态用户管理。
- 组态 Internet Explorer Settings。
- 安装 WinCC Web Navigator Client。
- 创建新的过程画面。

1. 组态 Web Navigator Server 工程

这里用光盘上的演示工程来做讲解。把光盘上的 Webdemo Project 拷贝到本地计算机上。

第一步：
- 从 Windows"开始"菜单中启动 WinCC：SIMATIC>WinCC>Windows Control Center 6.0。
- 打开 Web Demopro Ject。
- 在如图 15-12 所示的对话框中，选择 Start server locally。

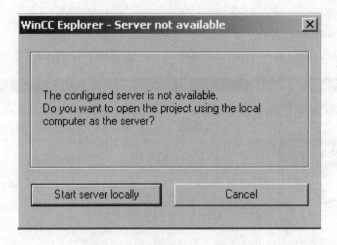

图 15-12　本地打开 WinCC 项目

- 在 WinCC 管理器的项目导航窗口中,右击 Computer,从快捷菜单中选择 Properties 命令条。
- 在计算机名称中,输入你的计算机名。
- 单击 OK 按钮。工程重新打开后或 WinCC 重新启动后,改动才能生效。退出工程,重新启动工程。

第二步:打开 WinCC Web Configurator 对话框。

- 在 WinCC 的导航窗口中,右击 Web Navigator。
- 在弹出窗口中,单击 Web Configuator 命令菜单,出现如图 15-13 所示的对话框。

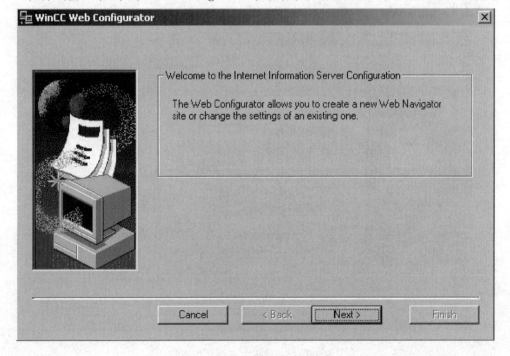

图 15-13　Web Navigator 组态起始对话框

- 单击 Next 按钮。

第三步:定义标准 Web Site。

- 当第一次启动 WinCC Web 组态时,有一个对话框提供了两个选项,如图 15-14 所示。

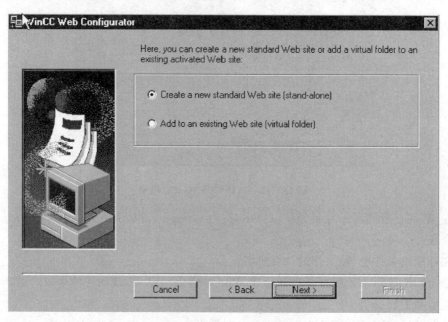

图 15-14 Web 站点类型选择

- 选择创建新的标准 Web Site(stand-alone),单击 Next 按钮,出现如图 15-15 所示的对话框。

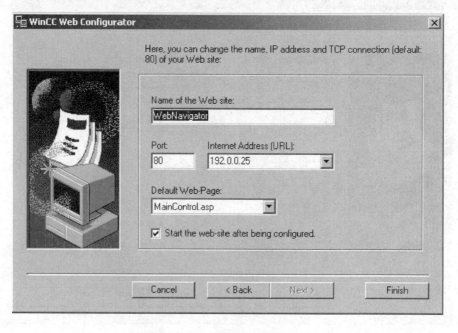

图 15-15 Web 站点参数组态

- 作为 Web Site 的名称,输入 Web Navigator,从可选的区域中选择 IP 地址。
- 单击 Finish 按钮,完成 Server 组态。

第四步:检查启动的 Web Site(Web)。
- 通过选择 Settings＞Control Panel＞Administrative Tools＞,启动 Internet Information Services Management。
- 在导航窗口中选择计算机。在 Windows XP 中,子文件夹 Web Sites 必须被选中。数据窗口将显示相应的 Web Sites。检查 Web Site 的信息,Stopped 显示在期望站点的旁边,如图 15 - 16 所示。例如 Web Navigator,当 Web Site 需要启动时,通过右击 Web Site,选择快捷菜单中的 Start 命令。

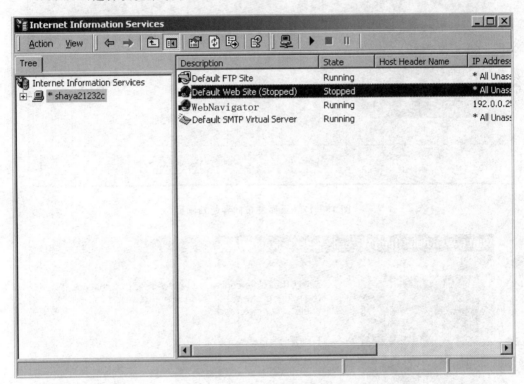

图 15 - 16　Web IIS 服务启动检查

- 关闭对话框。Web Site 已经启动。

2. 发布过程画面

第五步:启动 Web View Publisher。
- 在 WinCC Explorer 的导航窗口中,右击 Web Navigator。
- 在快捷菜单中,单击 Web View Publisher 命令,出现如图 15 - 17 所示的画面。
- 单击 Next 按钮。

第六步:发布画面,如图 15 - 18 所示。
- WinCC 工程中的画面文件夹和 Web 访问的文件夹一般是正确的。
- 单击 Next 按钮。

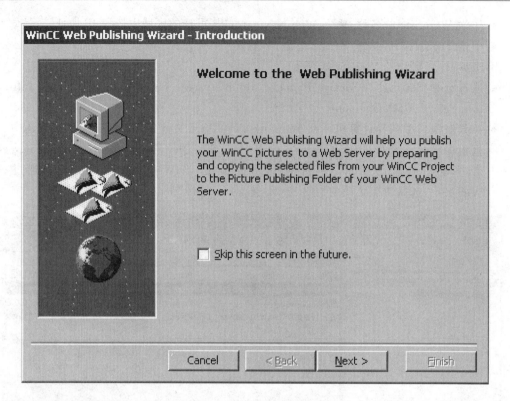

图 15-17　页面发布向导起始画面

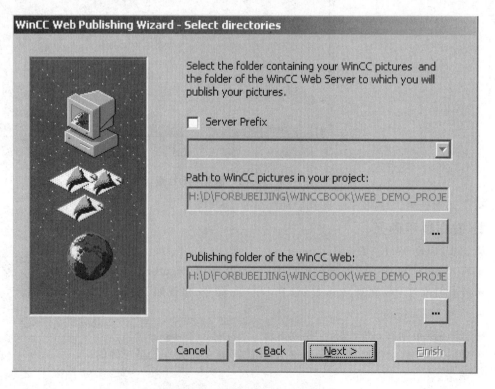

图 15-18　选择远程发布画面的路径

- 单击 >> 按钮来选择所有文件,如图 15-19 所示。

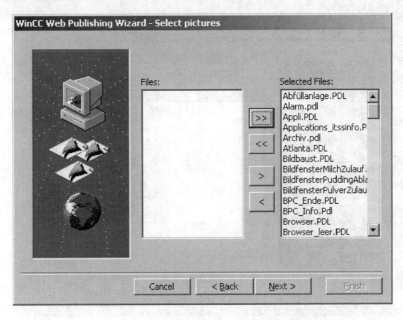

图 15-19 选择要发布的画面

- 单击 Next 按钮,进入下一个对话框。
- 单击 > 按钮,选择需要发布的 C 项目函数,如图 15-20 所示。

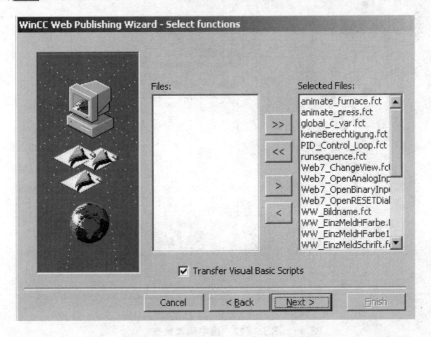

图 15-20 选择要发布的 C 项目函数

- 单击 Check-Box,选择是否发布 VB Script。
- 单击 Next 按钮,进入下一个对话框。

- 在这个对话框中,选择需要发布的在过程画面(*.PDL)中引用的位图文件,如图 15-21 所示。

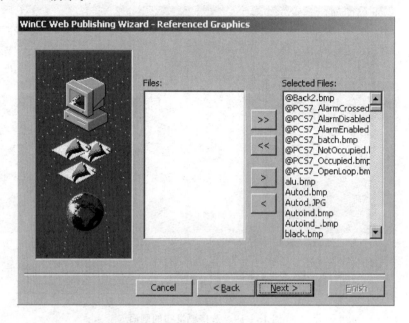

图 15-21　选择画面引用位图

- 单击 Next 按钮,进入下一个对话框。
- 启动 Check Scripts 选择框,如图 15-22 所示。

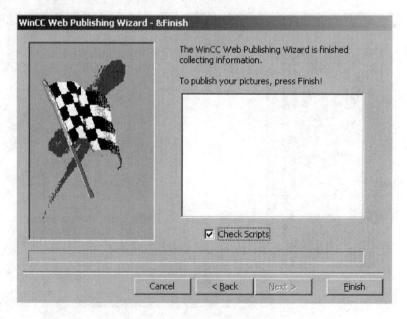

图 15-22　选中脚本检查

- 单击 Finish 按钮,在 Web Site 上发布画面,如图 15-23 所示。
- 单击 OK 按钮,确认完成,退出操作。

第15章 WinCC 浏览器/服务器结构

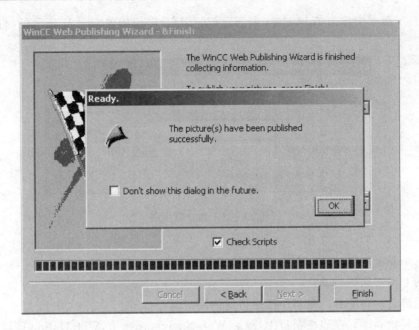

图 15-23 Web 服务器组态完成

3. 组态用户管理

第七步：WinCC 用户管理。

- 在 WinCC Explorer 的导航窗口中，右击 User Administrator。
- 在快捷菜单中选择 Open 命令，出现如图 15-24 所示的对话框。

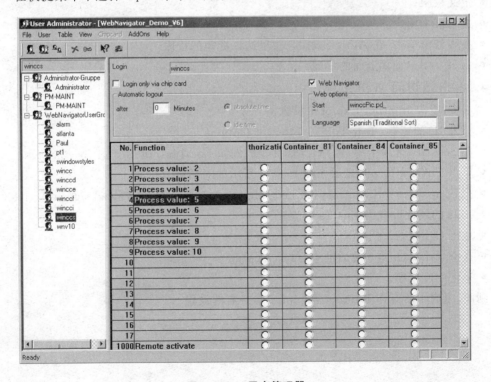

图 15-24 用户管理器

在 user 菜单中单击 Add User 来创建新的用户，出现如图 15-25 所示的对话框。

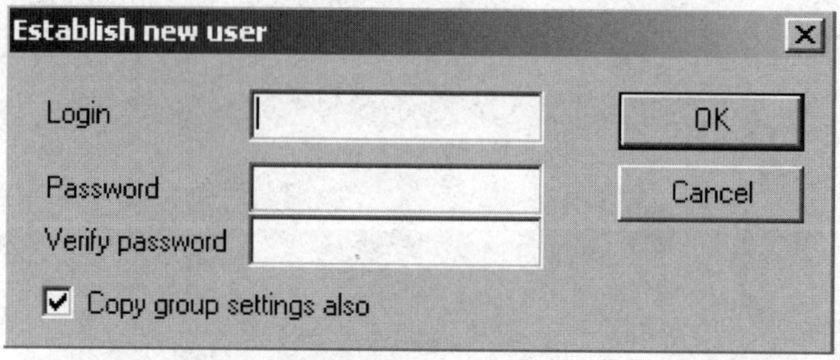

图 15-25 建立新用户

- 在 Establish new user 对话框中输入必要的数据。
- 单击 OK 按钮进行确认。
- 在用户管理器的导航窗口中选中特定的用户。
- 定义起始画面。在表格窗口中，激活 Web Navigator 选项，Web Option 区域将会显示。单击 Start Picture 的 ... 按钮，在打开的对话框中选择合适的起始画面，单击 OK 按钮。
- 定义语言。单击 Language 的 ... 按钮，选择合适的语言，例如 English (United States)。单击 OK 按钮。
- 定义权限。
- 选中某个用户。
- 在表格窗口中，在 Authorization 栏里选择期望的权限。
- 为每个用户重复上面的步骤。

4. 客户端访问 Web 工程

第八步：组态 Internet Explorer 设置。

- 打开 IE 浏览器，单击 Tools>Internet Options。
- 在 Security 选项卡中，选择合适的区域，例如 Local intranet，如图 15-26 所示。
- 单击 Custom Level，显示如图 15-27 所示的对话框。
- 把 Script ActiveX controls marked safe for scripting 和 Download signed ActiveX controls 的属性设置为 Enable。
- 单击 OK 按钮。
- 在 Internet Option 对话框中，单击 Apply。
- 单击 OK 按钮。

到此，完成了所有在 Internet Explorer 中必需的设置。

第 15 章 WinCC 浏览器/服务器结构

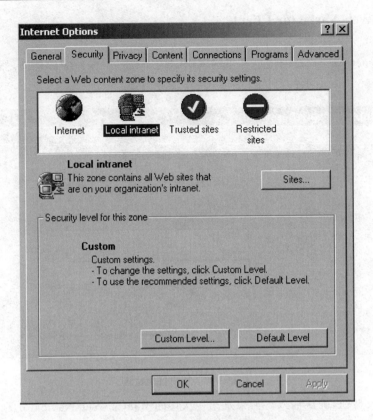

图 15-26 IE 浏览器设置

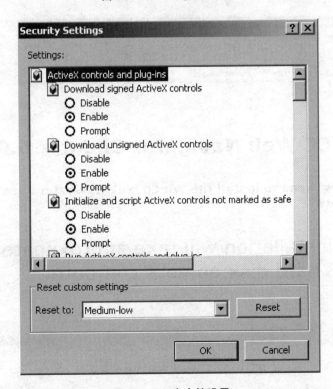

图 15-27 安全性设置

5. 安装 Web Navigator Client

第九步：
- 在 Internet Explorer 的地址栏里输入 Web Navigator Server 的地址，然后按回车键。
- 在如图 15-28 所示的对话框中输入用户名和密码。

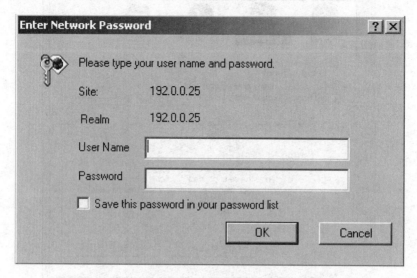

图 15-28 用户登录检查

- 单击 OK 按钮，确认输入。如果是第一次访问 WinCC Web Navigator Server，将显示如图 15-29 所示的对话框。

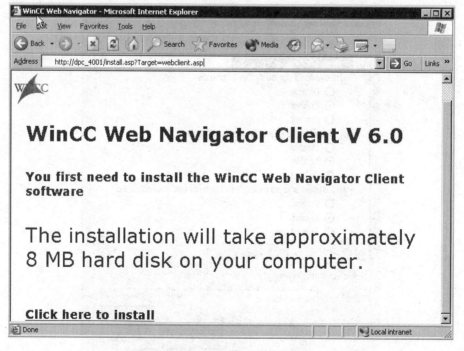

图 15-29 Web 客户机首次登录画面

- 单击 Click here to install 链接，把程序拷贝到客户机上。
- 在图 15-30 所示的对话框中单击 Open 按钮。

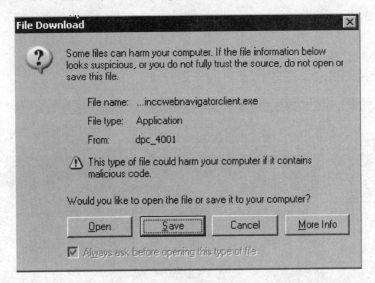

图 15-30 安装 Web 客户机程序

- 文件将会被下载、解压，WinCC Web Navigator Client 会安装在客户机上如图 15-31 指定的路径中。

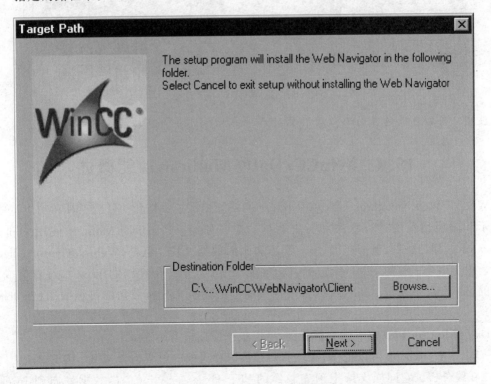

图 15-31 Web 客户机安装路径

- 在接下来的对话框中,选择 Web Navigator Client 安装路径。
- 单击 Next 按钮。

成功安装 WinCC Web Navigator Client 软件后,客户机会被连接到正在运行的服务器工程中。

第十步:Web 工程。

用户定义的起始画面会被显示,如图 15-32 所示。

图 15-32 登录 Web 服务器

注意 每幅更改的画面都必须用 Web View Publisher 重新转换成网页。

15.4 WinCC/Dat@Monitor 功能概述

WinCC/Web Navigator - Dat@Monitor 网络版提供了一整套的分析工具和功能,可以交互显示和分析目前的过程状态和历史数据。在服务器一边,Dat@Monitor 使用了和 Web Navigator 一样的机制,例如通讯、用户管理和画面数据处理。但是,Web Navigator Client 端完全表现为一个完整的 HMI 系统,而 Dat@Monitor 只是一个纯粹的 WinCC 过程值或历史数据的显示和评估系统。用户可以采用预先制作的模板来分析公司的过程数据(例如报表、统计)。

Dat@Monitor 包含以下的分析工具,可以根据应用自由挑选。

- Dat@Workbook 可以把 WinCC 的归档数据和当前的过程值集成到 MS Excel 中,支持在线分析。它同样支持把预先制作的基于 Excel 的 WinCC 的数据发布到 Internet/Intranet 上。

- Dat@View 用来显示分析 WinCC 运行系统/中央归档服务器或 WinCC 长期归档服务器上的历史数据。数据可以以表格或曲线的形式显示。
- Dat@Symphony 是通过使用 MS Internet Explorer 来监控和浏览过程画面的(只是用来显示)。

15.4.1 Dat@Monitor 授权

WinCC/Dat@Monitor Client 端上不需要任何授权。但是对于每个 WinCC/Dat@Monitor Client，Server 端必须安装一个 Dat@Monitor Web Edition 的授权。如果没有授权，则系统只能在演示模式下运行 30 天。之后，Dat@Monitor 将不能启动，除非安装了合法的授权。

15.4.2 WinCC/Dat@Workbook

WinCC/Dat@Monitor 中的工具 Dat@Workbook 是 Excel 中的一个插件(add - in)，主要是在 Excel 表格中显示 WinCC 的过程值或归档值。除了显示过程值之外，还可以显示附加信息，例如变量(tag)的时间标签。WinCC 数据可以在 Excel 表格中进行更进一步的处理，例如以图表或报表的形式；还可以通过 Internet 来访问数据。

WinCC/Dat@Workbook 的组态步骤如下：
- 利用 Export Engineer Data 的功能，系统会产生一个 XML 文件。这个文件包含了正在打开的 WinCC 工程的相关信息。
- 利用 Excel 的 Dat@Workbook Wizard 插件，工程的相关数据导入到 Excel 的工作簿中，需要显示的变量值也组态好。数据既可从 XML 文件传入，也可从本地 WinCC 项目中传入。使用包含有 XML 的文件，可以做到过程和分析分离。
- 利用 Excel 的 Dat@Workbook 插件，变量值显示在 Excel 表格中；也可以在 Excel 中进行更进一步的处理。

15.4.3 WinCC/Dat@View

WinCC/Dat@View 用来显示 WinCC 运行系统、中央归档服务器以及 WinCC 长期归档服务器的历史数据，如图 15 - 33 所示。报警显示在表格中，过程值显示在表格或曲线中。

WinCC/Dat@View 提供了几种显示选项和功能：
- 表格中显示报警；
- 表格中显示变量值；
- 趋势中显示变量值；
- 连接/断开归档数据库。

WinCC/Dat@View 数据源既可以来自于交换出的归档，也可以来自于 WinCC 项目，或者可以是指定计算机正在运行的归档。当显示查询结果时，可以使用额外的功能：
- 当查询报警时，可以定义过滤条件；
- 查询结果可以打印输出或导出。

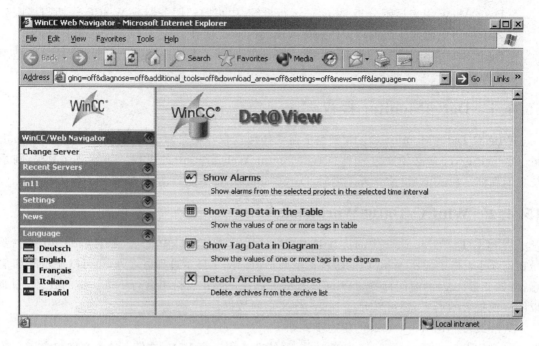

图 15-33 WinCC/Dat@View

15.4.4 WinCC/Dat@Symphony

Dat@Symphony 纯粹是用来监视和浏览过程画面的,使用的工具是 MS Internet Explorer。

Dat@Symphony 在服务器端使用的机理和 Web Navigator 一样,例如通讯、用户管理以及画面数据的处理。但是 Web Navigator Client 完全表现为一个 HMI 系统,而 Dat@Symphony 只是用来显示 WinCC 的过程画面。当用户登录时会提示只能监视。

要求如下:

① 用户管理 在 WinCC 项目的用户管理器中,用户必须给系统分配 1002 "Dat@Monitor – Just Monitor" 授权。

② 授 权 在 WinCC 计算机上,需要 Dat@Monitor Web Edition 授权。

③ Web 工程 WinCC 工程必须在 Dat@Monitor 服务器上发布,并且组态 Web 访问。Dat@Monitor 必须安装在 WinCC 计算机上,Web Server 启动和组态过程以及 Web 工程的发布过程可以在 Web Navigator 的文档中找到。

第 16 章 工厂智能

16.1 工厂智能概述

在目前的工厂自动化以及过程自动化系统中,一方面要求控制过程相对集中,另一方面要求在一个组织内的所有层面和站点之间实现持续的信息流动。SIMATIC WinCC 针对这样的要求提供了完整的解决方案:在过程可视化方面,提供了客户机/服务器模式;在 IT 及商务集成中,工厂智能提供了成套的选件。基础透明和过程优化,带来的是快速的投资回报。

工厂智能的基础是信息的智能化使用,由此改善公司的业务流程。工厂智能的目的是缩减工厂的投资,减少浪费,提高生产设备的使用率,确保公司获得最高的效率和最大的利润。WinCC V6.0 是实施这种理念最好的起点。因为 WinCC 有一个集成的基于微软 SQL Server 2000 的历史数据库,可以采集重要的生产数据;使用智能功能和工具后,可以把过程数据处理为与决策决定相关的消息。这样,公司中的操作员、工厂经理或公司的任何人,在任何时间和任何地点都可以访问数据,如图 16-1 所示。

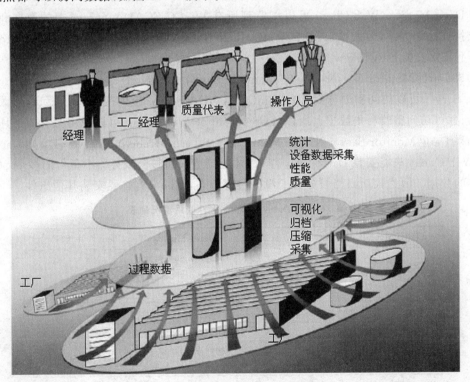

图 16-1 工厂智能示意图

16.2 工厂智能组件

通常,在很多情况下会遇到以下问题:

怎样长期归档数据?怎样创建特定的报表?怎样分析原始的、聚合的数据?怎样把 WinCC 的数据传送给其他应用程序,例如 MES(通过 OPC)、用户特定的应用程序(VB)和 SPC(通过使用 OPC 客户机)?怎样把数据写回 WinCC?不同系统之间怎样实现数据传输?

在基本系统中,WinCC 提供了多种显示和评估工具。在工厂智能中,这些工具可以作为优化生产的智能工具。

16.2.1 WinCC/Dat@Monitor

WinCC/Dat@Monitor 可从任何一台机器上显示和评估当前的过程状态和历史数据,只需要能够连接互联网的标准工具,例如 Microsoft Internet Explorer 或 Microsoft Excel。在第 15 章介绍过这些工具的主要功能,它主要包括三个组件 Dat@Symphony、Dat@Workbook、Dat@View。这三个组件应用时应考虑实际情况,如表 16-1 所列。现举例如下:

如果 Dat@Monitor Server 建立在 WinCC 的单站或 WinCC 的 Server 上,则 Dat@Monitor Web Client 可以安装所有三个组件来访问 Dat@Monitor Server 的画面、变量和归档。

如果 Dat@Monitor Server 建立在 WinCC 的 SCADA Client 上(专用 Dat@Monitor Server),则 Dat@Monitor Web Client 可以浏览到所有 WinCC SCADA Server 上的数据和画面,并且支持冗余。但是,因为 WinCC SCADA Client 上没有归档数据,所以 Dat@Monitor Web Client 不需要安装 Dat@View 组件。

如果 Dat@Monitor Server 建立在 WinCC Central Archiving Server 上,则 Central Archiving Server 可以访问和浏览到所有 WinCC SCADA Server 上的变量、画面和归档数据,支持冗余,并可访问整改历史数据。所以,Dat@Monitor Web Client 可以使用所有的工具。

如果 Dat@Monitor Server 建立在 WinCC Long Term Archiving Server 上,则 Dat@Monitor Web Client 只能安装 Dat@View 组件,才能浏览长期归档服务器中备份的多个 SCADA 服务器的数据。因为长期归档服务器上没有过程组态,所以没有必要安装其他组件。

表 16-1 Dat@Monitor 组件使用情况列表

Dat@Monitor Web Server 建立基础	Dat@Monitor Web Client 可用组件
WinCC Server/WinCC Single Station	Dat@Symphony, Dat@Workbook, Dat@View
WinCC SCADA Client	Dat@Symphony, Dat@Workbook
WinCC Central Archiving Server	Dat@Symphony, Dat@Workbook, Dat@View
WinCC Long Term Archiving Server	Dat@View

16.2.2 SIMATIC WinBDE

SIMATIC WinBDE 是机器能效数据管理,涵盖范围为单个机器和整个生产设备。WinBDE 计算关键性能指标(KPI)、OEE、MTBF 和 MTBTR,例如有效性、性能、质量和利用率,减少停机时间和提高使用效率。SIMATIC WinBDE 的工作原理如图 16-2 所示。

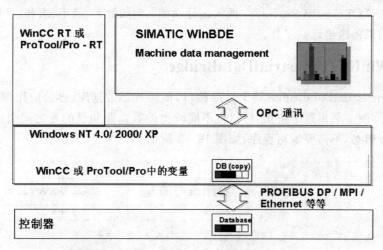

图 16-2 WinBDE 原理示意图

SIMATIC WinBDE 系统可被设计为三种形式:WinBDE Workstation,WinBDE Supervisor 和 WinBDE Terminal Server Clients。

- **WinBDE Workstation** 直接在 SIMATIC Panel PC 或标准 PC 上采集、比较和处理机器数据,最多可连接 32 台机器或机器单元。
- **WinBDE Supervisor** 可以建立在 SIMATIC Panel PC 或标准 PC 上,用来集中评估对比单个机器上的数据,集中定制化 WinBDE 应用程序。
- **WinBDE Terminal Server Clients** 如果安装了相应授权的话,WinBDE Workstation 和 WinBDE Supervisor 可以在 Windows 2000 Server 的 Terminal Services 下执行。最多可以有 10 台 Terminal Server 的客户机访问 WinBDE 的评估结果。

16.2.3 WinCC/Connectivity Pack

由于二次开发或外部评估的需求,WinCC 开放了它的接口。WinCC/Connectivity Pack 包含四个主要的接口组件:OPC HDA Server,OPC A&E Server,OPC XML DA Server 以及 WinCC OLE-DB 接口。利用 WinCC/Connectivity Pack,可以通过 WinCC OLE-DB 或 OPC HDA 访问 WinCC 的归档数据,也可以通过 OPC XML 跨操作系统平台访问 WinCC 的当前值。同样,还可以利用 OPC A&E 把 WinCC 的消息传递给其他系统。

可以在下列情况下使用 WinCC/Connectivity Pack:

- 多个不同的 OPC Client 访问 WinCC OPC Server(OPC XML, OPC A&E, OPC HDA)。
- 支持 OLE-DB 的标准应用程序访问 WinCC 数据。

- 用户应用程序，如 VB 应用程序访问和分析 WinCC 数据。
- MES 应用程序访问 WinCC 数据。
- 本地或远程访问 WinCC Server 运行数据或长期归档数据。

在最新的 WinCC Connectivity Pack V6.1 中，可以一次读写多个归档值，用户归档的值同样可通过 WinCC OLE-DB 接口读取；在使用外部工具评估 WinCC 过程值或消息归档时，可以通过 WinCC OLE-DB Provider，插入统计功能，例如最大、最小、求和、平均值以及标准方差等，并把结果传送给评估工具。

16.2.4 WinCC/IndustrialDataBridge

WinCC/IndustrialDataBridge 基于标准接口，衔接外部数据库、办公应用程序以及 IT 系统之间的通讯间隙。利用这个桥梁，可以在不同种类的数据源和目的地之间交换变量与归档数据，只需进行组态，不需要编写程序，如图 16-3 所示。

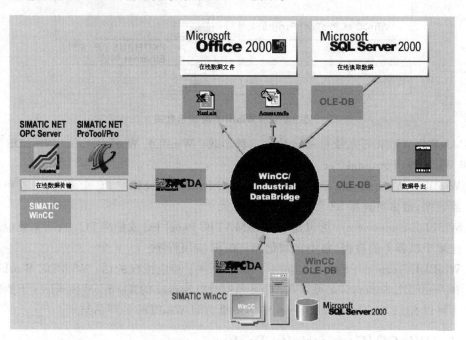

图 16-3　WinCC/IndustrialDataBridge

IndustrialDataBridge 在数据源接口与目标接口之间建立连接，数据传输依赖于值的变化，或依赖于时间周期参数，或依赖于某个特定的事件发生。

通过 IndustrialDataBridge，数据可以在不同制造商的自动化系统之间进行传输，例如 OPC 接口。

过程数据可以存储为多种 Office 格式，例如 Excel 或 Access。同样，能够集成大型数据库来归档大量数据。

IndustrialDataBridge 具有 Send/Receive 接口。通过它，可以把数据传输到 SIMATIC S5 或 S7 站，或其他具有 Send/Receive 功能的设备。

在采集生产数据时，SQL 数据库可以作为数据目的地，数据能够从数据源 OPC 模块以事件驱动的模式传输,或用 Send/Receive 模块直接从 PLC 传送。

16.3 工厂智能实例解析

下面举一个虚拟的聚乙烯瓶生产工厂的例子,具体说明工厂智能的设计思路及其部件选取方法。

16.3.1 问题解析

工厂面临日益增长的竞争:
- 容 量 工厂的机器容量非常充足,但是有时会因为机器故障或原材料丢失,而使生产量不足。
- 质 量 材料厚度有时差异很大。客户需要一个质量证明,确保所有瓶子的尺寸在标准值的±0.5%之内。
- 稽 查 工厂的产品同样要供应给制药工业,所以要求能够追踪制造每个瓶子的原材料以及原材料供货时的状况。

针对这些问题,工厂的主管会采取哪些措施呢?

他可能会增加机器容量和产品的库存。产品会在装货之前进行彻底的检查。然而,这会增加巨额开支。另外,原材料追踪是不可能的,工厂只能支付费用给供应商,让他来进行这项工作。工厂的主管通常会辨别隐藏的问题,教育员工严把质量和效率关。因此,每个相关工作人员都能访问工厂内部网上的相关产品和质量报表数据。工厂的管理者会学习工厂智能的有关知识来决定实施。

董事会颁布了下列目标:
- 产出品、角料和停机必须从所有机器中采集记录。
- 可以通过电子报表的方式,将这些数据分发到连接在工厂局域网上的所有 50 台计算机上。
- 每台机器的操作员能在任何时刻访问这些分析数据。
- 所有的数据要归档,以追踪产品的原材料和目前的过程状态。
- 质量保证办公室掌管过程参数和产品质量的关系,减少停机时间。
- 产品定单能够从生产计划系统传送到控制系统。相反,每个班次的 KPI 能够从控制系统传回运行在 Oracle 格式下的生产计划系统。

16.3.2 工厂拓扑结构

工厂拓扑结构如图 16-4 所示。其生产过程如下:
- 原材料货盘顺行到两个注射浇铸机器(IM);
- 结果部件顺行到四个吹铸机器中(BM);
- 做好的瓶子送到两台贴签机中(EM);
- 瓶子在打包机(PL)中打包装车。

所有的设备基于 PC 和可视化,且独立运行(单站),但工厂存在一个以态网生产网络,将近 50 台 PC 连接在工厂内部网上(Intranet)。在生产过程中有 10 台本地操作站。

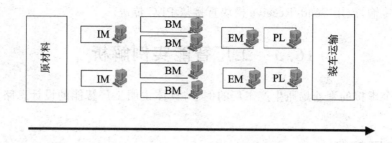

图 16 - 4　虚拟工厂拓扑图

16.3.3　方案设计实施

把现场 10 台操作站 PC 用现存的以态网连接起来，设计方案有以下几种。

方案 1

方案 1 如图 16 - 5 所示。

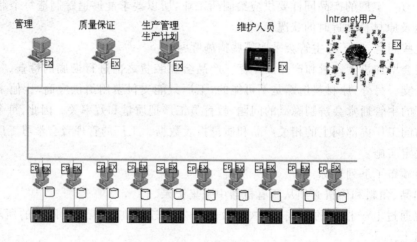

图 16 - 5　方案 1 示意图

主要特点：
- 通过 Connectivity Pack(CP) 访问分散在本地机上的数据；
- 定制化的分析汇报工具，例如基于 MS Excel(EX)。

部件：
- 10 套 Connectivity Pack (CP)；
- 50 套 Client Access License (CAL)；
- 定制应用程序开发。

优点：

系统仍然保持独立特征（单站运行），价格较低。

缺点：
- 多个长期数据归档但不同步（每个操作站各自进行数据归档）；
- 网络复杂，通讯负载较高，安全性管理困难；
- 用于分析的应用程序的运作周期由客户端决定；

- 主要的 WinCC 站需要 Windows Server 操作系统;
- 高可靠性需要由 WinCC 站的硬件来确保。

方案 2

方案 2 如图 16-6 所示。

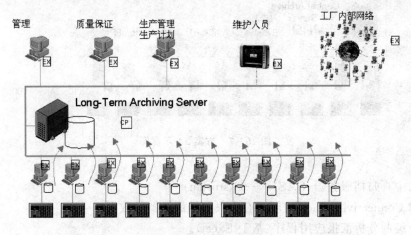

图 16-6 方案 2 示意图

特点:
- 引入中央数据存储库(长期归档服务器 LAS);
- 通过 Connectivity Pack(CP)访问长期归档数据库的数据;
- 具有定制的数据分析汇报应用程序(基于 Excel)。

部件:
- 1 套 CP;
- 50 套 CAL;
- 用户应用程序。

优点:
- 系统仍然没有改变;
- 数据分析与数据采集分离;
- 集中数据长期归档,简化管理;
- 绝对低价;
- 只在长期归档服务器上需要 Server 操作系统。

缺点:
- 数据集中但不同步;
- 最新的数据不在 LAS 中;
- 用于分析的应用程序的运作周期由客户端决定;
- WinCC 的标准报表工具(Dat@Monitor)只能使用有限的功能。

方案 3A

方案 3A 如图 16-7 所示。

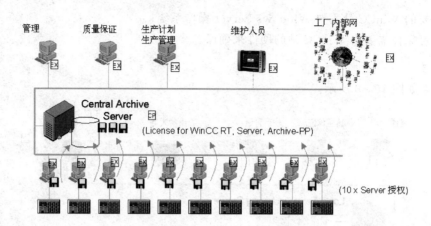

图 16-7　方案 3A 示意图

特点：
- 引入中央归档服务器（CAS）——Historian；
- 通过 Connectivity Pack 访问所有中央归档服务器的数据；
- 用户编制分析汇报应用程序（基于 Excel）。

部件：
- 1 套 CP（Connectivity Pack）；
- 50 套 CAL；
- 10 套 Server；
- 1 套 WinCC RT；
- 归档升级软件包；
- 用户开发应用程序。

优点：
- 现存 WinCC 系统几乎没有改变；
- 在 CAS 重新组态归档；
- 集中长期归档，简化管理；
- 提供同步数据存储，符合 FDA；
- 通过 Connectivity Pack，为所有应用程序提供中央访问点；
- 连续归档，没有任何数据间隙；
- 支持冗余。

缺点：
- 由于增加额外的授权，所以造价较高；
- 分析和归档在同一个系统中；
- 用于分析的应用程序的运作周期由客户机决定。

方案 3B

方案 3B 如图 16-8 所示。

特点：
- 引入中央归档服务器（CAS）——Historian；

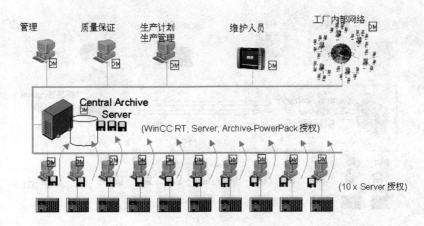

图 16-8 方案 3B 示意图

- 使用 Dat@Mointor(DM)对 CAS 的数据进行分析和汇报。

部件：
- 1 套 DM(50 客户授权)；
- 10 套 Server 授权；
- 1 套 WinCC RT；
- 归档升级软件包。

优点：
- 现存的 WinCC 系统几乎没有改变；
- 归档在 CAS 中重新组态；
- 集中长期归档,简化管理；
- 提供同步数据存储,符合 FDA；
- 通过 Dat@Monitor 进行基于 Web 报表、过程监控等集中分析；
- 对当前数据进行连续性的归档,没有数据间隙；
- 支持冗余。

缺点：
- 由于额外增加授权,这种解决方案造价较高；
- 分析和归档在同一个系统中。

方案 4

方案 4 如图 16-9 所示。

特点：
- 引入中央归档服务器(CAS)；
- 通过 Dat@Monitor(DM)对中央归档数据进行分析汇报；
- 用 IndustrialDataBridge(IDB)实现 CAS 与 OracleRACLE 之间的数据通讯。

部件：
- 1 套 DM(50 客户)；
- 10 套 Server；
- 1 套 WinCC RT；

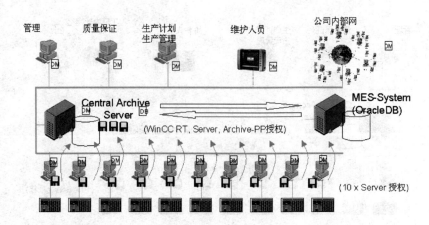

图 16-9 方案 4 示意图

- 归档升级软件包；
- 1 套 IDB。

优点：
- 现存 WinCC 系统几乎没有改变；
- 在 CAS 中重新组态归档；
- 集中长期归档，简化管理；
- 提供同步数据存储，符合 FDA；
- 通过 DM 实现基于 Web 的报表、过程监控等集中分析；
- 当前数据连续归档，数据没有间隙；
- 支持冗余；
- 自动/有计划地进行 WinCC 数据库与 Oracle 之间的数据传输。

缺点：
- 由于额外增加授权，造价较高；
- 分析和归档在同一系统中进行。

至此，完成了所有的既定目标，如表 6-2 所列。

表 16-2 目标完成检查表

既定目标	实现工具
产出品、角料和停机必须从所有机器中采集记录	WinCC CAS＋WinBDE
这些数据要分发到连接在工厂局域网上的所有 50 台计算机上，可以通过电子报表的方式	Dat@Monitor
每台机器的操作员能在任何时刻访问这些分析数据	Dat@Monitor
所有的数据要归档，以追踪产品的原材料和目前的过程状态	WinCC CAS
质量保证办公室掌管过程参数和产品质量的关系，减少停机时间	Dat@Monitor
产品定单能够从生产计划系统传送到控制系统；相反，每个班次的 KPI 能够从控制系统传回运行在 Oracle 格式下的生产计划系统	WinCC CAS＋IDB

附录 A 性能数据

1. 多用户系统中的节点数量

多用户系统的性能数据如表 A-1 所列。

表 A-1 多用户系统的性能数据

项 目	最大数目
服务器数量	12[1]
冗余服务器对数量	12[2]
客户机数量	32[2)3)]
Web 客户机数量	50[4]

1) 中央归档服务器、WinCC 历史归档服务器被当作服务器计算。它们不能用作操作员站。
2) 如果 WinCC 服务器被当作操作站使用,则此服务器的最大客户机数量为 4。
3) 当系统中存在着 Web 客户机的混合组态时,系统中的最大客户机和 Web 客户机数量为 32 个客户机+3 个 Web 客户机。
4) 当系统中存在着 WinCC 客户机的混合组态时,系统中的最大 Web 客户机和客户机数量为 50 个 Web 客户机+1 个 WinCC 客户机。

2. 图形系统

图形系统的性能数据如表 A-2 所列。

表 A-2 图形系统的性能数据

图形系统	项 目	最大数目
组态系统	每个画面的对象数	没有限制[1]
	画面中的层数	32
	每个画面的画面数(PD 文件)	没有限制
	系统画面中固定画面组件的实例	同一画面类型,31 个实例
	以像素为单位的画面	最大:4 096×4 096
	画面对象的最多嵌套层	20
	颜色数量	取决于显示适配器
运行系统	将画面从空屏幕改变为以下画面的时间	时间(单位:s)
	具有标准对象的画面(100 个对象)	1
	具有 2 480 个输入/输出域的画面(8 个内部对象)	2
	具有 1 000 个输入/输出域的画面(1 000 个内部变量)	1
	10 MB 大小的画面(位图)	1
	消息窗口	2
	具有 4 列的表格,每列具有 120 个数值	1[2]

1) 对象的数目和复杂性将影响系统的性能。
2) 数据来自 Tag Logging Fast(快速变量记录)。

3. 报警记录

报警系统的性能数据如表 A-3 所列。

表 A-3　报警系统的性能数据

报警系统	项目	最大数目
组态系统	每个服务器(或单用户系统)可组态的消息	50 000
组态系统	每个消息行的过程变量数	10
组态系统	每个消息行的用户文本块	10
组态系统	消息类别(包括系统消息类别)	18
组态系统	消息类型	16
组态系统	消息优先级	17(0…16)
运行系统	每个长期归档的消息	没有限制
运行系统	每个短期或长期归档窗口中的消息数	1 000[1]
运行系统	每个消息窗口的消息	5 000[1]
运行系统	无丢失消息的连续装载消息数(单用户/服务器)	10 个/s
运行系统	无丢失消息的连续装载消息数(WinCC 中央归档服务器)	100 个/s
运行系统	单用户/服务器的消息超载	2 000/10 s, 每 5 min[2]
运行系统	WinCC 中央归档服务器的消息超载	15 000/10 s, 每 5 min[2]

1) 在单用户工作站或服务器上,或者在每个服务器或每个冗余服务器对的客户机上。

2) 消息超载指存在消息丢失。如果到下一个消息超载的间隔数据小于 5 min,则消息可能会丢失。

4. 变量归档

变量归档系统的性能数据如表 A-4 所列。

表 A-4　变量归档系统的性能数据

变量系统	项目	最大数目
组态系统	每个画面的趋势窗口	25
组态系统	各个趋势窗口的可组态趋势	80
组态系统	每个画面的表格	25
组态系统	每个表格的列	12
组态系统	每个单用户/服务器的归档数	100
组态系统	归档变量[1]	80 000[2]
运行系统	在用于单用户/服务器的数据归档	5 000 个/s[3]
运行系统	在用于 WinCC 中央归档服务器的数据归档	10 000 个/s[3]

1) 取决于用于归档边的归档 PowerPack,在基本系统中已包含 512 个归档变量。

2) WinCC V6.0 最多有 30 000 个变量;V6.0 以后的版本最多有 80 000 个变量。

3) 指定的数值应用于 Tag Logging Fast。

5. 用户归档

用户归档运行系统的性能数据如表 A-5 所列。

表 A-5 用户归档运行系统的性能数据

	项目	最大数目
运行系统	在用于单用户/服务器的用户归档	500
	在用于 WinCC 中央归档服务器的用户归档数据	10 000

6. 报　表

报表组态及运行系统的性能数据如表 A-6 所列。

表 A-6　报表组态及运行系统的性能数据

	项目	最大数目
组态系统	可组态的记录	没有限制
	每个个体的记录行	66
	每个记录的变量[1]	300
运行系统	每个服务器/客户机同时运行的消息顺序报表	1
	系统同时运行的消息顺序报表	3

1) 每个记录的变量数目取决于过程通讯的性能。

7. ANSI-C 和 VBS 脚本

以下是 VB 脚本和 C 脚本之间的定量性能比较区别结果，如表 A-7 所列。

配置 1：基于 Pentium IV 2.5 GHz, 512 MB RAM 的性能，单位为 ms。

配置 2：基于 Pentium III 700 MHz, 512 MB RAM 的性能，单位为 ms。

表 A-7　VB 脚本和 C 脚本之间的性能比较

项目	配置 1		配置 2	
	VBS	ANSI-C	VBS	ANSI-C
设置 1 000 个矩形的颜色	220	1 900	610	4 400
设置 200 个 I/O 的输出值	60	170	170	670
选择具有 1 000 个静态文本的画面，静态文本确定对象名并作为返回值发出	460	260	770	310
读 1 000 个内部变量	920	500	3 650	1 130
重读 1 000 个内部变量	30	120	70	250
执行 10 万次计算	280	70	820	170

执行 10 万次计算的例子如下：

```
VBS:
    for i=1 TO 100000
    value=cos(50) * i
    Next
ANSI-C:
    for(i=0;i<100000;i++)
    {
       dValue=cos(50) * i;
    }
```

附录 B WinCC 兼容性

WinCC 兼容性如表 B-1～表 B-4 所列。

表 B-1 WinCC 中文版与操作系统兼容性一览表

WinCC-ASIA Versions	Microsoft				
	Windows 95 Windows 98	Windows NT	Windows 2000	Windows XP	Internet Explorer
V4.02＋SP1	Windows 95A, Service Pack 1 Windows 98	Window NT 4.0, Service Pack 3, Local versions (Chs,Cht,Kor)			Internet Explorer V4.0 SP1, Version 4.72.3110.0 or higher
V5.0＋SP1		Windows NT 4.0, Service Pack 5 or 6, Local versions(Chs, Cht,Kor), Pan Chinese Windows NT 4, Workstation with latest, Service Pack (currently 3)			Internet Explorer V5 (8 languages: 5 European,3 Asian), S79220－a5314－F000－01, Local language version or any language with coding set appropriately
V5.0＋SP2		Windows NT 4.0, Service Pack 5 or Service Pack 6a, Local versions (Chs,Chtk,Kor)	Windows 2000, Service Pack 1, Local versions (Chs,Cht,Kor), Windows 2000 SP2 MUI		Internet Explorer V4.0 SP1－Version 4.72.3110.8 or higher, Internet Explorer V5.0, Local language version or any language with coding set appropriately
V5.1 ASIA		Windows NT 4.0, Service Pack 6a, Local versions (Chs, Cht, Jap, Kor)	Windows 2000, Service Pack 2, Local versions (Chs, Cht, Jap, Kor), Windows 2000 SP2 MUI		Internet Explorer V5.5 or higher, Internet Explorer V6, Local language version or any language with coding set appropriately

续表 B-1

WinCC-ASIA Versions	Microsoft				
	Windows 95 Windows 98	Windows NT	Windows 2000	Windows XP	Internet Explorer
V6.0 SP1 ASIA			Windows 2000, Service Pack 2/ Service Pack 3, Local versions (Chs, Cht, Jap, Kor), Windows 2000 SP2 / SP3 MUI	Windows XP, Professional SP1a, Local versions (Chs, Cht, Jap, Kor), Windows XP, Professional SP1a MUI	Internet Explorer V6 SP1, Local language version or any language with coding set appropriately

注：Chs = Chinese simplified（简体中文）；
　　Cht = Chinese traditional（繁体中文）；
　　Kor = Korean（韩文）；
　　Jap = Japanese（日文）。

表 B-2　WinCC 与 STEP 7 兼容性一览表

WinCC-Versions	STEP 7 Versions											
	V3.0	V3.1	V3.2	V4.0	V4.01	V4.02	V5.0	V5.0+SP1	V5.1	V5.1 SP6	V5.2	V5.2+SP1
V3.1	×	×	×		×	×						
V4.0				×	×	×						
V4.01			×	×	×	×		×				
V4.02								×				
V4.02 SP1							×	×				
V4.02 SP3							×	×				
V5.0						×	×	×				
V5.0 SP1							×	×	×			
V5.0 SP2									×			
V5.1									×¹⁾		×²⁾	
V5.1 SP1										×	×	×
V6.0											×	×
V6.0 SP1											×	×

1) STEP 7 V5.1 SP2 or SP3 required。

2) Hotfix 0 for WinCC V5.1 required (available on STEP 7 V5.2 CD). Further information regarding this topic can be found in entry ID：14328197。

表 B - 3 WinCC 与 SIMATIC NET 兼容性一览表

SIMATIC NET Versions	WinCC Versions					
	V4.02 SP3	V5.0 SP2	V5.1	V5.1 SP1	V6.0	V6.0 SP1
CD 05/2000	F,L	F,L				
CD 05/2000 SP1		F	F			
CD 07/2001 SP1			F			
CD 07/2001 SP4			F,L			
V6.0 CD 07/2001 SP5 HF2 (for Microsoft Windows 2000>=SP1)					F,L	
V6.1 CD 11/2002 (for Microsoft Windows XP SP1)					F,L	
V6 CD 07/2001 SP5 HF2 (for Microsoft Windows NT 4.0 SP6, for Microsoft Windows 2000>=SP1)				F,L		F,L
V6.1 SP1 CD 11/2002 SP1 (for Microsoft Windows 2000 SP3, for Microsoft Windows XP SP1)				F,L		F,L

注：F=Released。

L=Version of SIMATIC NET which is supplied with SIMATIC WinCC。

表 B - 4 WinCC 与 Web Navigator 兼容性一览表

WinCC/Web Navigator Versions	WinCC Versions					MS Internet Explorer
	V5.0 SP1	V5.0 SP2	V5.1	V5.1 SP1	V6.0 SP1	on WinCC/Web Navigator Clients
V1.0	×	—	—	—	—	V4.01 SP1 or higher
V1.1	—	×	—	—	—	V5.01 or higher
V1.2	—	—	×	—	—	V5.01 or higher
V1.2 SP1	—	—	—	×	—	V5.01 or higher
V6.0	—	—	—	—	×	V6.0 SP1 or higher

附录 C 智能工具

C.1 概　述

智能工具(Smart Tools)是使用 WinCC 时有用的程序集合。安装 WinCC 时，可以选择需要安装的智能工具，如图 C-1 所示。

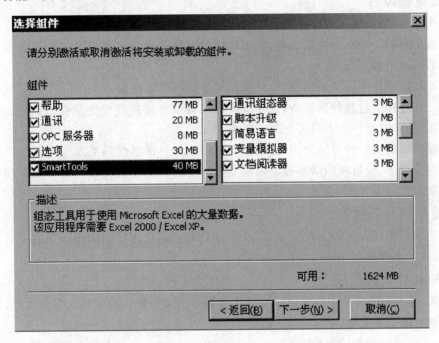

图 C-1　安装 Smart Tools

C.2　智能工具描述

智能工具包括：
- 简易语言；
- 变量导出/导入；
- 变量模拟器；
- 动态向导编辑器；
- 文档阅读器；
- WinCC 交叉索引助手。

1. 简易语言

简易语言（easy language）是将依赖于语言的对象导出和导入 WinCC 过程画面的工具。

简易语言提供了对创建多语言画面的支持。它允许从 WinCC 过程画面中导出依赖于语言的对象，以在 WinCC 外部对其进行翻译。

由 WinCC 文本库管理的对象不是由简易语言处理的。

2. 变量导出/导入

变量导出/导入（tag export/import）即程序将来自当前打开项目的所有连接、数据结构和变量导出到相应的 ASCII 文件，然后可以将它们再导入第二个项目。ASCII 格式允许文件在导入之前由电子表格程序进行处理。

3. 变量模拟器

变量模拟器（WinCC tag simulator）用于模拟内部变量和变量。

变量模拟器的一个典型应用就是，在不连接过程外围设备或连接了过程外围设备但没有运行过程的情况下检测组态。

在不连接过程外围设备的情况下，只有内部变量可以被模拟。

如果已经连接了过程外围设备，则变量模拟器可以直接向过程变量提供数值。这样可以使用户使用原有的硬件对 HMI 系统进行功能测试。

变量模拟器的另一种可能应用是执行项目演示。HMI 系统的展示经常无法进行过程连接。在这些情况下，变量模拟器将控制内部变量。变量模拟器的详细描述可以在相应的在线帮助中找到。

4. 动态向导编辑器

动态向导编辑器（dynamic wizard editor）是一个用于创建自己的动态向导的工具。用动态向导，可以自动重复组态序列。

5. WinCC 文档阅读器

WinCC 报表系统的打印作业可以组态传递到一个文件中。对于较大量的数据，将为每一个报表页面生成一个文件。

借助 WinCC 文档阅读器（WinCC documentation viewer），这些文件可以被显示并且打印出来。

6. WinCC 交叉索引助手

WinCC 交叉索引助手（WinCC cross reference assistant）是一个在脚本中浏览画面名称和变量脚本并补充相关脚本的工具，以便使 WinCC 组件交叉索引查找画面名称和变量，并在交叉索引列表中列出它们。

7. WinCC 通讯组态器

WinCC 通讯组态器（CCComunicationConfigurator.exe）是可用简单的方式设置 WinCC 通讯参数，使之用于可用的网络环境的一种工具。

不具有 100 Mbps 传输速率的以太网局域网，使用 WinCC 通讯组态器是有利的。甚至在由于高负载状况，连接偶尔不稳定时（如未到数据服务器的连接，I/O 域没有显示值），也推荐使用组态器。

WinCC 通讯用标准参数组态，所以它对于通讯出错反应非常灵敏。例如为了向用户快速报告发生的任何错误,或为了确保在客户机计算机的情况下,冗余服务器有短的"错误结束"时间。

在具有低传送率或高网络/CPU负载的网络上,WinCC逻辑网络连接的稳定性受此出错敏感特性的影响,因为预期的反馈时间无法在设备状态监控的低水平机制下达到。

通讯组态器使通讯参数适应已存在的情况,以便保证出错敏感性和连接稳定性之间具有最佳的协调。

8. 组态工具

WinCC组态工具(configuration tool)的目的在于,为在WinCC中组态批量数据提供简单、高效的选件。

Microsoft Excel用做用户界面。本软件非常适合,因为制表格式使得WinCC数据易于显示和操作。此外,它还提供了大量的编辑选项(例如自动填写)。另一个优点是,有经验的用户可以在可用功能不够时,通过使用VBA程序(宏)按需要扩展编辑选项。

WinCC组态工具可以创建新的WinCC项目,并且可以从开始就使用Excel组态项目;还可以在Excel中读取现有的WinCC项目,并进行修改处理。组态在特殊类型的Excel文件夹(又称作WinCC项目文件夹)中执行。该文件夹包含各种类型的电子表格,用于组态指定类型的WinCC对象。WinCC组态工具可用于组态来自数据管理器、报警记录、变量记录和文本库的数据。

附录 D 过程控制组件

D.1 概 述

WinCC 系统的功能可以通过添加选件包来进行扩展。过程控制组件(Basic Process Control)提供基本过程控制数据包和过程控制运行系统的总览。在安装 WinCC 时,单击"用户定义安装"按钮,在"选择组件"对话框中选中"选项"复选框,在右边选择需要安装的组件,如图 D-1 所示。

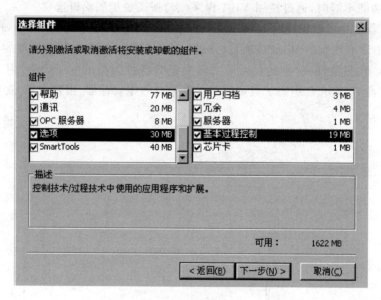

图 D-1 安装 Basic Process Control 组件

过程控制组件包括以下编辑器,如表 D-1 所列。

表 D-1 过程控制组件及其功能描述

编辑器	描 述
OS Project Editor	OS Project Editor 根据 PCS7 的需要组态运行时的用户界面和报警系统。它支持总览画面中按钮的从属定位以及区域顺序组态
Picture Tree Manager	Picture Tree Manager 用来管理系统、子系统、功能名称和图形编辑器画面的层次结构
Time Synchronization	可以使用这个功能通过工业以太网或局域网来组态整个工厂时钟同步。激活时钟主站(time-master)保证所有其他的 OS 或 AS 系统与现在的时钟同步,从站(slave)通过系统总线接受现在的时间来同步其内部时钟
Horn	用这个选项来给 singal module 或声卡输出分配消息类别。其主要功能是为消息系统组态选择合适的信号设备
Lifebeat Monitoring	Lifebeat Monitoring 确保连续监控单个系统 OS 或 AS

D.2 PCS7 环境下组态方式

OS Project Editor 不仅用来创建 Server 工程或者 Client 工程的基本数据,而且还用来创建主画面的预览区、工作区和按钮区。

在 PCS7 中,WinCC 包含在工程师系统(SIMATIC Manager)中对操作站(operation station)进行组态。WinCC Client 可以在工程师站(ES)上组态。利用 SIMATIC Manager 中的 Transfer AS/OS Connection Data 功能,Tags 从 ES 传送到 OS 站(WinCC Server)。传输只是从 ES 到操作员站(OS),数据包创建在 WinCC Server 上。一旦创建后,数据包可以在 WinCC Client 端加载,如图 D-2 所示。

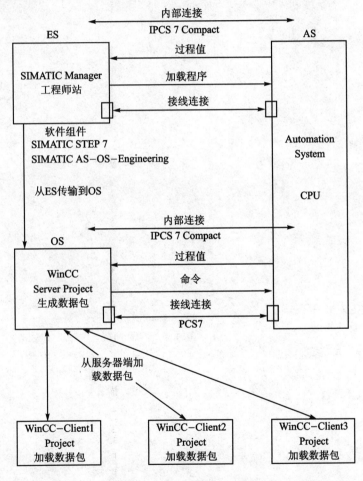

图 D-2 PCS7 系统组态原理图